Strength of Materials

재료역학

이범성 지음

청문각

| 머리말 |

재료역학은 구조물에 작용하는 응력을 해석하기 위한 학문으로, 기계 분야뿐만 아니라 건축, 토목, 조선, 항공, 자동차 등 구조물을 취급하는 모든 분야에서 광범위하게 활용되고 있다.

본인은 다년간 재료역학을 강의해 오면서, 재료역학을 배우는 학생들이 재료역학을 해득하는 데 많은 어려움을 느끼고 있음을 알았다.

또 재료역학은 2년제 대학교에서부터 4년제 대학에 이르기까지 폭넓게 강의가 이루어지고 있는데, 2년제 대학이나 전공에서 차지하는 중요도에 따라 단기간에 재료역학을 이수해야 할 경우가 많이 생긴다.

따라서 본인은 잔학비재에도 불구하고 학생으로 하여금 재료역학의 요점을 쉽게 파악하게 하고, 학교 또는 학과의 사정에 따라 그 깊이를 달리하여 강의할 수 있게 할 수는 없을까 하는 생각에서 펜을 들게 되었다.

이 책은 다음과 같이 구성하였다.

1. 각 단원마다 필요한 공식 또는 요점을 먼저 제시하고, 그에 대한 공식 유도는 뒤에 배치함으로써, 독자로 하여금 먼저 요지를 파악케 하고, 개인의 관심도에 따라 깊이를 달리할 수 있도록 구성하였다. 따라서 단기간에 재료역학의 요지 전반을 파악하여 현장에 활용할 수 있는 능력을 갖추어야 하는 학생들을 위한 좋은 지침서가 되리라 생각한다.

2. 각 절의 말미에 공식에 관련된 예제를 제시하여 각 공식이 어떻게 적용되고 해석되는지 이해될 수 있도록 하였다.

3. 예제는 가급적 쉽고 단순한 것으로 하여 재료역학을 공부하는 데 어려움을 느끼지 않도록 하기 위해 노력하였다.

따라서 이 책은 4년제 대학이나 2년제 대학의 교재 또는 참고서뿐만 아니라 단기간에 요지를 파악하여 현장에 적용하고자 하는 현장기술자나 각종 시험 준비자에게도 좋은 지침서로 활용되기를 기대한다.

끝으로 내용에 착오가 생기지 않도록 세심한 노력을 기울였다 하나, 잔학비재로 다소 불충분하고 미비한 점이 있을 것으로 생각되는 바, 독자 여러분의 기탄없는 충고와 교시를 기대하는 바이다.

이 책을 저술하는 데 참고로 이용한 많은 문헌의 저자들에게 심심한 사의를 표하며, 출판에 협조해 주신 청문각 사장님 이하 여러분에게 감사하는 바이다.

2016년 2월
저자 씀

| 차례 |

제3장 | 조합응력

제4장 | 평면도형의 성질

제8장 | 보의 처짐

제9장 | 부정정보

STRENGTH OF MATERIALS

제1장 개요

1.1   재료역학의 의의

기계(機械)나 항공기, 건축물, 교량 등의 구조물(構造物)들은 많은 부재가 서로 조합(相互組合)되어 외부로부터의 힘에 저항하도록 되어 있다. 재료역학은 이들 구조물이 외부의 힘에 의하여 파괴되거나 붕괴되지 않도록 하기 위하여, 각 부재에 작용하는 힘을 분석하기 위한 학문이다.

1.2   응력

물체에 힘이 작용하면 그 물체 내부에는 이 힘에 저항하여 버티는 내력(耐力)이 생기는데, 이와 같은 내력을 단위면적당(單位面積當) 작용하는 내력의 크기로 나타낸 것을 **응력**(應力, stress)이라고 한다. 즉 응력이란 단위면적당(면적이 1일 때) 작용하는 힘의 크기로, 미터계 공학단위로는 kgf/mm^2가 사용되고 있으며, 인치 파운드 단위로는 lb/in^2 또는 psi가 사용되고 있고, 국제단위계(SI단위계)에서는 N/m^2, 또는 Pa(pascal)이 사용되고 있다.

이와 같이 단위계는 시대 및 나라에 따라 여러 가지로 달리 사용되고 있기 때문에, 상당히 불편하고 혼란을 초래할 소지가 있다. 따라서 ISO(국제표준화기구)에서는 국제단위계를 제정하여, 모든 국가에 이의 사용을 권장하고 있다.

따라서 이 책에서는 국제적인 추세에 따르기 위하여 특별히 필요한 경우를 제외하고는 SI단위인 Pa을 사용하기로 한다.

또 파스칼(Pa)은 매우 작은 양의 단위이므로, 킬로(k), 메가(M), 기가(G) 등의 접두어를 사용하여 표시하는데, 그 크기는 다음과 같다.

$$1\,Pa = 1\,N/m^2$$

$$1\,kPa = 10^3\,Pa = 10^3\,N/m^2$$

$$1\,MPa = 10^6\,Pa = 10^6\,N/m^2$$

$$1\,GPa = 10^9\,Pa = 10^9\,N/m^2$$

1.3 | 수직응력

물체의 단면에 수직방향으로 작용하는 힘을 **수직력**(垂直力, normal force)이라 하고, 이와 같은 수직력에 의하여 물체의 단면에 수직으로 작용하는 단위면적당의 내력을 수직응력(垂直應力, normal stress)이라고 한다. 즉 그림 1-1과 같이 단면적 A인 재료의 단면에 수직방향으로 하중 P가 작용할 때의 수직응력 σ(sigma라고 읽는다)는 다음과 같이 된다.

$$수직응력 \quad \sigma = \frac{P}{A}$$

이 수직응력은, 다시 그림 1-1(a)와 같이 인장하중에 의해 생기는 응력인 **인장응력**(tensile stress)과 그림 1-1(b)와 같이 압축하중에 의해 생기는 응력인 **압축응력**(compressive stress)으로 분류하고, 인장의 경우 +, 압축의 경우 -의 부호를 붙여 그 방향을 표시한다.

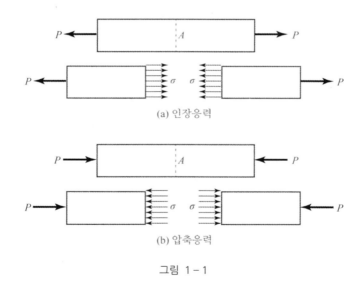

(a) 인장응력

(b) 압축응력

그림 1-1

예제 01

지름이 5 cm 되는 연강봉의 단면에, 수직방향으로 8 kN의 인장하중이 작용할 때 발생하는 수직 응력의 크기는 몇 MPa인가?

> **풀이** 연강봉의 단면적 $A = \dfrac{\pi d^2}{4} = \dfrac{0.05^2 \pi}{4} \fallingdotseq 0.002 \ \mathrm{m}^2$이므로, 연강봉의 단면에 작용하는 수직응력
>
> $$\sigma = \frac{P}{A} = \frac{8{,}000}{0.002} = 4{,}000{,}000 \ \mathrm{N/m}^2 = 4 \ \mathrm{MN/m}^2 = 4 \ \mathrm{MPa}$$

예제 02

> 그림 1−2(a)와 같이 벽에 못을 박아 강선의 한쪽 끝을 그림 1−2(b)와 같이 감아 걸고, 반대편 한쪽 끝에는 액자를 걸어 매달았다. 액자 무게가 5 N이고, 강선의 지름이 0.4 mm일 때 강선단면에 작용하는 수직응력의 크기는 몇 MPa인가?
>
>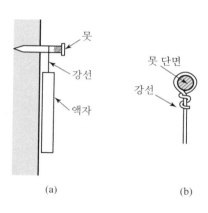
>
> (a)   (b)
>
> 그림 1−2
>
> **풀이** 강선의 단면적 $A = \dfrac{\pi d^2}{4} = \dfrac{\pi \times 0.4^2}{4} \fallingdotseq 0.126 \ \mathrm{mm}^2$이므로,
>
> 강선의 단면에 작용하는 수직응력
>
> $$\sigma = \frac{P}{A} = \frac{5}{0.126} = 39.68 \ \mathrm{N/mm}^2 = 39.68 \ \mathrm{MN/m}^2 = 39.68 \ \mathrm{MPa}$$

1.4 전단응력

물체의 단면에 평행하게 작용하는 힘을 **전단력**(剪斷力, shearing force)이라 하고, 이와 같은 전단력에 의하여 단면에 평행하게 작용하는 단위면적당의 내력을 **전단응력**(剪斷應力, shearing stress)이라고 한다. 즉 그림 1−3과 같이 단면적 A에 나란하게 하중 P가

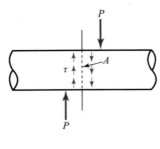

그림 1-3

작용할 때, 전단응력 τ(tau라고 읽는다)는 다음 식과 같이 된다.

$$\text{전단응력} \quad \tau = \frac{P}{A}$$

전단응력은 시계방향일 때의 응력을 +, 시계반대방향일 때의 응력을 - 로 하여 그 방향을 표시한다.

예제 01

지름이 5 cm 되는 연강봉의 단면에 평행한 방향으로 8 kN의 하중이 작용할 때, 발생하는 전단응력의 크기는 몇 MPa인가?

풀이 연강봉의 단면적 $A = \dfrac{\pi d^2}{4} = \dfrac{\pi \times 0.05^2}{4} ≒ 0.002 \text{ m}^2$이므로,

연강봉의 단면에 작용하는 전단응력

$$\tau = \frac{P}{A} = \frac{8,000}{0.002} = 4,000,000 \text{ N/m}^2 = 4 \text{ MN/m}^2 = 4 \text{ MPa}$$

예제 02

그림 1-2와 같이 벽에 못을 박아 강선의 한쪽 끝을 걸고, 반대편 한쪽 끝에는 액자를 걸어 매달았다. 액자 무게가 5 N이고, 못 단면의 지름이 2 mm일 때 못 단면에 작용하는 전단응력의 크기는 몇 MPa인가?

풀이 못의 단면적 $A = \dfrac{\pi d^2}{4} = \dfrac{\pi \times 2^2}{4} ≒ 3.142 \text{ mm}^2$이므로,

못의 단면에 작용하는 전단응력

$$\tau = \frac{P}{A} = \frac{5}{3.142} = 1.591 \text{ N/mm}^2 = 1.591 \text{ MN/m}^2 = 1.591 \text{ MPa}$$

1.5 　변형률

모든 재료는 힘을 받으면 그 내부에 응력이 발생하는 동시에 변형을 일으키게 되는데, 변형되기 전의 양에 대한 변형된 양의 비율을 **변형률**(變形率, strain)이라고 한다.

변형률은 다음과 같이 수직응력에 의한 수직응력방향의 변형률인 종변형률과 수직응력과 직각방향의 변형률인 횡변형률, 전단응력에 의한 변형률인 전단변형률, 그리고 수직응력에 의한 체적의 변화율인 체적변형률로 구분된다.

1.5.1 종변형률

물체에 수직하중이 작용하여 변형되었을 때, 그 하중이 작용하는 방향으로 변형된 길이의 변형되기 전의 길이에 대한 비율을 **종변형률**(從變形率, longitudinal strain) 또는 **세로변형률**이라 한다.

그림 1-4와 같이 길이 l인 물체의 축방향으로, 인장하중 P가 작용하여 그 길이가 δ(delta라고 읽는다)만큼 늘어났다고 하면, 종변형률 ϵ(epsilon이라 읽는다)은 다음 식으로 표시한다.

$$종변형률 \ \ \epsilon = \frac{\delta}{l}$$

이 종변형률은 다시 인장응력을 받아 늘어날 때의 변형률인 **인장변형률**(tensile strain)과 압축하중을 받아 줄어들 때의 변형률인 **압축변형률**(compressive strain)로 구분하여 부른다.

이때 인장변형률은 +의 부호를 붙이며, 압축변형률은 -의 부호를 붙여 표시한다.

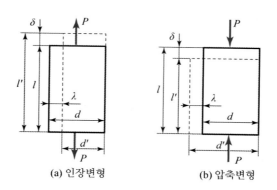

(a) 인장변형　　　(b) 압축변형

그림 1-4 인장변형과 압축변형

1.5.2 횡변형률

물체에 하중이 작용하여 하중이 작용하는 방향으로 늘어나면, 그와 직각방향의 치수는 줄어들게 된다. 이와 같이 하중이 작용하는 방향과 수직방향으로 변형된 양의 변형되기 전의 양에 대한 비율을 **횡변형률**(橫變形率, lateral strain) 또는 **가로변형률**이라고 한다.

즉 그림 1−4(a)와 같이 축방향으로 인장하중 P가 작용하면, 그 길이가 늘어나는 동시에 그의 가로방향의 치수는 줄어들게 된다.

그림 1−4(a)에서 d인 봉의 지름이 d'가 되었다면, 횡변형량 $\lambda = d' - d$(λ는 lambda로 읽는다)가 되어, 횡변형률 ϵ'는 다음 식으로 된다.

$$\epsilon' = \frac{d' - d}{d} = -\frac{\lambda}{d}$$

예제 01

길이 2 m, 지름 5 cm인 재료가 축방향으로 인장하중을 받아, 그 길이가 0.25 cm 늘어났고, 지름은 0.004 cm만큼 감소하였다. 이때의 종변형률과 횡변형률을 각각 구하라.

풀이 지름 $d = 5$ cm, 길이 $l = 2$ m $= 200$ cm, 종변형량 $\delta = 0.25$ cm, 횡변형량 $\lambda = -0.004$ cm이므로

$$\text{종변형률} \ \ \epsilon = \frac{\delta}{l} = \frac{0.25}{200} = 0.00125$$

$$\text{횡변형률} \ \ \epsilon' = \frac{\lambda}{d} = \frac{-0.004}{5} = -0.0008$$

예제 02

그림 1−2와 같이 벽에 못을 박아 강선의 한쪽 끝을 걸고, 반대편 한쪽 끝에는 액자를 걸어 매달았다. 강선의 변형률을 조사하기 위하여 액자를 매달기 전에 강선에 100 mm 간격으로 표점을 찍어 놓고, 액자를 매단 후 표점거리를 재어보니 100.2 mm였으며, 이때 강선의 지름은 0.4 mm로부터 0.3996 mm로 변형되었다고 하면 강선의 종변형률과 횡변형률은 각각 얼마인가?

풀이 최초의 지름 $d = 0.4$ mm, 최초의 길이 $l = 100$ mm,

종변형량 $\delta = 100.2 - 100.0 = 0.2$ mm,

횡변형량 $\lambda = d' - d = 0.3995 - 0.4 = -0.0005$ mm이므로

$$\text{종변형률} \ \ \epsilon = \frac{\delta}{l} = \frac{0.2}{100} = 0.002$$

$$\text{횡변형률} \ \ \epsilon' = \frac{\lambda}{d} = \frac{-0.0005}{0.4} = -0.00125$$

1.5.3 전단변형률

그림 1−5(a)와 같이 재료의 길이방향으로 일정거리 떨어진 두 단면에 평행한 전단응력이 작용하면, 두 단면 사이의 재료는 그림 1−5(b)와 같이 평행사변형 형태로 변형된다.

즉, 거리 l만큼 떨어져 서로 반대방향으로 전단응력이 작용하면 직사각형 형태의 요소 ABCD는 평행사변형 형태인 ABC′D′로 변형된다. 이때 점 C는 C′로, D는 D′로 이동하며 δ만큼의 변형이 생기게 된다. 이와 같이 전단응력에 의하여 변형된 양을 전단응력을 받고 있는 층의 두께 l로 나눈 것을 **전단변형률**(剪斷變形率, shearing strain)이라 하고, 다음 식으로 표시한다.

$$전단변형률 \ \ \gamma = \frac{CC'}{AC} = \frac{\delta}{l}$$

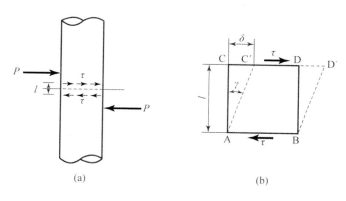

(a) (b)

그림 1 − 5 전단응력의 발생과 전단변형률

> **참고** 전단변형률은 전단응력에 의하여 변형되어 이루어진 각 γ로 나타내는데, 이를 전단각이라고도 하며, 전단변형량 δ와 전단응력을 받는 층의 두께 l과는 다음과 같은 관계가 성립한다.
>
> $$\tan\gamma = \frac{CC'}{AC} = \frac{\delta}{l}$$
>
> 여기서 γ가 rad 단위이고 미소하다면 $\tan\gamma \fallingdotseq \gamma$가 되어 이 식은 다음과 같이 된다.
>
> $$\gamma = \frac{\delta}{l}$$
>
> 즉 전단변형률은 전단각을 의미하는 것으로 볼 수 있으며, 전단응력을 받는 층의 단위두께당 전단변형량으로 정의된다.

예제 01

어떤 재료 속의 각 변의 길이 $a=200$ mm인 정육면체의 요소가, $\tau=60$ N/mm^{2}의 전단응력을 받아 $\delta=0.5$ mm의 전단변형량이 발생하였다. 이때의 전단변형률은 얼마인가?

풀이 전단변형률 $\gamma = \dfrac{\delta}{l} = \dfrac{0.5}{200} = 0.0025$

예제 02

그림 1.2와 같이 벽에 못을 박아 강선의 한쪽 끝을 걸고, 반대편 한쪽 끝에는 액자를 걸어 매달았다. 벽면과 강선이 매달린 부분까지의 거리가 4 mm이고, 못이 액자 무게에 의하여 변형 된 치수를 재어보니 0.012 mm였다면, 이때의 전단변형률은 얼마인가?

풀이 전단변형률 $\gamma = \dfrac{\delta}{l} = \dfrac{0.012}{4} = 0.003$

1.5.4 체적변형률

물체가 외력을 받아 체적이 변화했을 경우, 변화되기 전의 체적에 대한 변화된 체적 변화량의 비를 **체적변형률**(體積變形率, bulk strain)이라 한다.

즉 그림 1−6과 같이 어떤 물체 내부의 체적 V인 정육면체 요소의 각각의 면에 수직응력 σ를 받아, 그 체적이 ΔV만큼 변화하였을 때, 변화된 체적 ΔV를 변화되기 전의 체적 V로 나누어 준 것을 체적변형률이라 하며, 체적변형률 ϵ_V는 다음 식과 같이 된다.

$$\epsilon_V = \frac{\Delta V}{V}$$

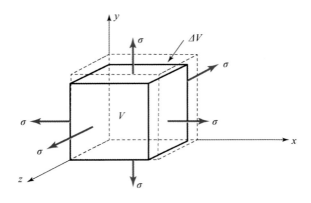

그림 1−6 체적변형

예제 01

체적 1,200 mm³인 정육면체 형태로 된 물체의 각각의 면에, 수직으로 압축력이 작용하여 체적이 1,196 mm³로 감소하였다. 이 물체의 체적변형률은 얼마인가?

풀이 체적변형률 $\epsilon_V = \dfrac{\Delta V}{V} = \dfrac{1,196 - 1,200}{1,200} = \dfrac{-4}{1,200} \fallingdotseq -0.003$

예제 02

체적 1,500 mm³인 강구를 물 속에 집어넣고, 물 속에서의 체적을 측정해보니 수압이 작용하여 체적이 1,495 mm³로 감소하였다. 이때 강구의 체적변형률은 얼마인가?

풀이 체적변형률 $\epsilon_V = \dfrac{\Delta V}{V} = \dfrac{1,495 - 1,500}{1,500} = \dfrac{-5}{1,500} \fallingdotseq -0.003$

1.6 재료의 응력-변형률 선도

재료의 항복강도, 인장강도, 탄성계수 등의 기계적 성질을 결정하는 시험법에 인장시험이 있다. **인장시험**(引張試驗, tensile test)이란, 시험할 재료에 인장력을 가하고, 그 힘을 증가시켜 가면서 매순간에 있어서의 재료의 변형량을 측정하여, 재료의 항복강도, 인장강도, 탄성계수 등의 기계적 성질을 결정하는 시험법으로, 그 한 예를 들면 다음과 같다.

1) 우선 시험할 구조물 등으로부터 재료를 채취하여, 그림 1−7과 같은 형태로 시험편을 가공한 후, 규격에 제시한 대로 길이 L만큼의 거리를 두고, 두 개의 점을 표시하는데 이 두 점 간의 거리를 표점거리라고 한다(그림 1−7은 KS B 0801에 규정된 제4호 시험편 형상임).

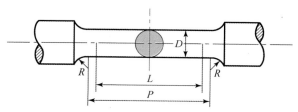

표점거리 : L=50 mm, 평행부의 길이 : P=약 60 mm
지   름 : D=14 mm, 어깨의 반지름 : R=15 mm 이상

그림 1−7 인장시험편(KS B 0801 4호 시험편)

2) 큰 하중을 가할 수 있는 하중 부가장치와 부가한 하중을 측정할 수 있는 하중측정 장치가 갖추어져 있는 인장시험기라고 하는 시험기의 척(chuck)에 1)에서 제작된 시험편을 장착하고, 시험편의 길이 방향으로 인장력을 서서히 작용시켜 가면서, 매순간에 있어서의 인장력과 표점거리의 변형량을 측정한다.

3) 앞의 2)에서 구한 인장력을 시험편의 단면적으로 나누어 응력을 구하고, 변형량을 변형되기 전의 길이(**표점거리**) L로 나누어 변형률을 구한 다음, 가로방향의 축에 변형률 ϵ, 세로방향의 축에 응력 σ로 하여, 변형률에 따른 인장응력의 변화를 나타낸 것을 **응력－변형률 선도**(stress-strain diagram)라고 한다.

이때 하중을 단면적이 감소되기 전의 시험편의 단면적으로 나누어 구한 응력 σ를 **공칭응력**(公稱應力, mominal stress), 하중에 의하여 감소된 단면적으로 나누어 얻은 응력을 **진응력**(眞應力, true stress)이라 하는데, 변형률에 대하여 공칭응력의 변화를 나타낸 곡선을 **공칭응력 선도**(nominal stress-strain diagram), 진응력을 나타낸 곡선을 **진응력 선도**(true stress-strain diagram)라고 하며, 보통 실용적으로 사용하고 있는 것은 공칭응력 선도이다.

그림 1－8은 연강(構造用軟鋼)을 인장시험하여 얻은 응력－변형률 선도로, OB는 공칭응력선도, OB'는 진응력 선도를 나타낸다.

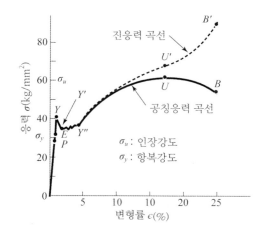

그림 1－8 연강의 응력 - 변형률 선도

그림 1－8의 응력－변형률 선도에서 각 점을 설명하면 다음과 같다.

P : **비례한도**(比例限度, Proprotional Limit)～응력과 변형률이 서로 비례관계가 성립되는 한계의 응력

E : **탄성한도**(彈性限度, elastic limit)～시험편에 가했던 응력을 제거했을 때, 변형률이 0이 되는 한계의 응력으로, 일반적으로 탄성한도 점 E와 비례한도 점 P는 거의 일치한다.

Y : **상항복점**(上降伏點, upper yield point)～순간적으로 응력이 감소하기 시작하는 점으로, 이 점에서의 응력을 그 재료의 항복강도라고 한다.

Y' : **하항복점**(下降伏點, lower yield point)～응력의 증가없이 변형률이 갑자기 증가하기 시작하는 점

Y'' : 변형률의 증가와 더불어 응력이 서서히 증가하기 시작하는 점으로, 이와 같이 변형률의 증가와 함께 응력이 증가하는 현상은, 점 Y'에서 Y''에 이르는 소성 변형에 의하여 재료가 단단해졌기 때문인데, 이를 **가공경화**(加工硬化, strain hardening)현상이라 한다.

U : **최대응력**(最大應力, maximum stress)～응력－변형률 선도에서 최대점의 응력을 말하며, 이 점에서의 응력을 **인장강도**(tensile strength) 또는 **극한강도**(ultimate strength)라 한다.

B : **파단응력**(破斷應力, breaking stress)～시험편이 파단되는 점에서의 응력

이와 같은 인장시험 시, 시험편은 길이방향으로 늘어나는 동시에, 길이방향과 수직인 방향의 단면은 수축되어 단면적이 감소하는데, 항복점 Y'까지는 단면적의 감소량이 극히 적어, 진응력은 공칭응력과 별 차이가 없으나, 항복점 Y'를 지나면, 소성변형에 의한 단면적의 감소로 인하여 진응력이 공칭응력보다 점점 더 커지게 되다가, 인장강도점 U'에서부터는 진응력이 급격히 증대되는데, 이는 그림 1－9와 같이 시험편 일부분의 단면적이 갑자기 감소하는 이른바 **넥킹**(necking)현상이 나타나기 때문이다.

응력－변형률 선도는 재료에 따라 각기 다른 특성을 가지는데, 특히 잘 늘어나는 성질을 가진 연강과 같은 **연성**(延性, ductile) 재료에서는 항복점이 잘 나타나나, 유리와 같이 잘 늘어나지 않고 깨지기 쉬운 **취성**(脆性, brittle) 재료에서는 항복점이 뚜렷하게 나타나지 않으며, 넥킹현상도 나타나지 않는다. 따라서 이와 같이 항복점이 나타나지 않는 재료의 경우에는 잔류 신연율(변형률)이 0.2%가 될 때의 응력을 항복점으로 한다.

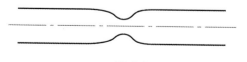

그림 1－9 시험편의 넥킹현상

1.7 허용응력과 안전계수

건축 구조물이나 기계 구조물 등은 어떤 형태로든 외력을 받아 이에 저항하도록 되어 있다. 따라서 이러한 구조물 등의 설계자(設計者)는 재료가 외력에 의하여 파괴되지 않고, 영구변형도 생기지 않도록 구조물을 설계해야 한다. 이와 같이 구조물을 이루는 재료가 외력에 대하여 파괴되거나 영구변형이 생기지 않도록 하기 위해서는, 재료에 발생하는 응력이 재료의 극한강도 또는 탄성한도보다 작게 해야 한다는 것은 자명한 사실이다. 그런데 인장강도 또는 탄성한도에 정확히 맞추어 구조물을 설계하면 예상치 못한 과도한 하중이 작용하거나, 응력해석의 부정확성, 구조물 제작의 부정확성 등에 의하여 파괴 또는 영구변형이 생길 수 있다.

따라서 재료가 파괴 또는 영구변형이 생기지 않도록 하기 위해서는, 예상치 못한 과도한 하중, 응력해석의 부정확성, 구조물 제작의 부정확성 등을 고려하여, 재료의 극한강도 또는 탄성한도 이내의 어느 적절한 응력의 허용치를 결정하여 사용하지 않으면 안 되는데, 이를 **허용응력**(許容應力, allowable stress) 또는 **사용응력**(使用應力, working stress)이라고 하고, 그 재료의 기준강도 σ_b를 **안전계수**(安全係數, safety factor) S로 나누어 결정한다.

$$\text{허용응력} \quad \sigma_a = \frac{\text{재료의 기준강도}}{\text{안전계수}} = \frac{\sigma_b}{S}$$

여기서 기준강도(基準强度)는 재료와 사용목적에 따라 다르며, 보통 연성재료(延性材料, ductile materials)는 항복점, 취성재료(脆性材料, brittle materials)는 극한강도(極限强度), 반복하중(反復荷重)을 받는 부재에 있어서는 피로한도(疲勞限度), 고온상태(高溫狀態)에서 사용되는 재료에서는 크리프 한도(creep limit) 등을 기준강도로 잡는다.

식에서 안전계수는 재료의 강도에 대한 안전을 확보하기 위한 값으로 보통 1보다 큰 값을 사용하며, 재료의 종류와 하중을 받는 형태에 따라 달라지는데, 언윈(W. C. Unwinn)은 재료 및 하중을 고려하여 표 1-1과 같은 안전계수 값을 제시하였다.

표 1-1 언윈의 안전계수

재료	정하중	동하중		충격하중
		반복하중	교번하중	
취성재료	4	6	10	15
연강, 단강	3	5	8	12
주강	3	5	8	15
연성재료	5	6	9	15
목재	7	10	15	20
석재, 벽돌	20	30	–	–

예제 01

극한강도가 20 MPa인 주철을 정하중을 받는 데에 사용하고자 한다. 이때의 허용응력을 얼마로 하면 좋겠는가? 단, 주철은 취성재료로 간주한다.

풀이 허용응력 $\sigma_a = \dfrac{\sigma_b}{S} = \dfrac{20}{4} = 5\,\mathrm{MPa}$

예제 02

그림 1-2와 같이 벽에 못을 박아 강선의 한쪽 끝을 걸고, 반대편 한쪽 끝에는 액자를 걸어 매달았다. 강선의 항복강도가 15 MPa이라면, 강선의 허용응력을 얼마로 하여야 하는가? 단, 강선의 재료는 연강이다.

풀이 강선은 연강이므로 기준강도를 항복강도로 하여 $\sigma_b = 15\,\mathrm{MPa}$로 하며, 액자가 강선에 매달려 있는 경우에는, 정하중이 작용하는 것으로 볼 수 있으므로, 안전계수 $S=3$을 적용하여 다음과 같이 구한다.

$$\text{허용응력}\quad \sigma_a = \frac{\sigma_b}{S} = \frac{15}{3} = 5\,\mathrm{MPa}$$

1.8 훅의 법칙

1.8.1 수직응력에서의 훅의 법칙

1678년 영국의 수학자 훅(R. Hooke, 1635~1703)은 그림 1-10(a)와 같이 단면적 A, 길이 l인 강철봉을 단면에 수직하게 힘 P로 잡아당길 때, 길이의 변형량 δ는,

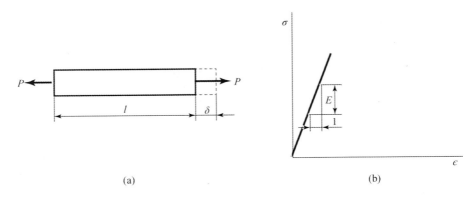

그림 1 - 10 수직하중을 받는 강철봉(a)과 수직응력과 변형률 선도(b)

탄성한도 내에서 길이 l과 인장력 P에 비례하고, 단면적 A에 반비례한다는 것을 밝혀내었는데, 이것을 식으로 표시하면 다음과 같다.

$$\text{길이의 변형량 } \delta = \frac{Pl}{AE} \qquad \text{ⓐ}$$

여기서 E는 비례상수로, 재질에 따라 일정한 값을 가지는데, 이를 **종탄성계수**(modulus of elasticity) 또는 **영계수**(Young's modulus)라고 한다.

앞에서 응력 σ와 하중 P는 $P = \sigma A$의 관계에 있고, 종변형률을 ϵ이라 하면, 길이변형량 $\delta = l\epsilon$이므로, 이와 같은 관계를 각각 식 ⓐ에 대입하면 다음 식과 같이 된다.

$$\sigma = E\epsilon$$

이 식을 **훅의 법칙**(Hooke's law)**식**이라 하는데, 이를 말로 표현하면 "재료의 탄성한계 내에서 응력과 변형률은 비례한다"라고 할 수 있으며, 그래프로 나타내면 그림 1 - 10(b)와 같다.

예제 01

지름 $d=50$ mm, 길이 $l=3.5$ m인 연강봉에 인장하중 $P=1{,}500$ N의 인장하중이 작용할 때, 연강봉의 늘어난 양은? 단, 연강봉의 종탄성계수 $E=2.1\times10^5$ MPa이다.

풀이 연강봉의 길이 변형량

$$\delta = \frac{Pl}{AE} = \frac{Pl}{\dfrac{\pi d^2}{4}E} = \frac{4Pl}{\pi d^2 E} = \frac{4\times1{,}500\times3.5}{\pi\times0.05^2\times2.1\times10^{11}} \fallingdotseq 0.000013\,\text{m} = 0.013\,\text{mm}$$

예제_02

그림 1-2와 같이 벽에 못을 박아 강선의 한쪽 끝을 걸고 반대편 한쪽 끝에는 액자를 걸어 매달았다. 액자 무게가 5 N이고, 강선의 지름이 0.4 mm, 길이 $l=20$ cm, 종탄성계수 $E=2.1\times10^5$ MPa이라고 하면 강선의 길이 변형량은 얼마인가?

풀이 강선의 지름 $d=0.4$ mm $=4\times10^{-4}$ m, 길이 $l=20$ cm $=0.2$ m이고, 액자 무게 $P=5$ N이므로 강선의 길이 변형량

$$\delta=\frac{Pl}{AE}=\frac{Pl}{\frac{\pi d^2}{4}E}=\frac{4Pl}{\pi d^2 E}=\frac{4\times5\times0.2}{\pi\times4\times10^{-4}\times2.1\times10^{11}}$$

$$\fallingdotseq 1.5\times10^{-8}\,\text{m}=1.5\times10^{-5}\,\text{mm}$$

1.8.2 전단응력에서의 훅의 법칙

그림 1-11(a)와 같이 전단응력하에서도 "재료의 탄성한계 내에서 전단응력과 전단 변형률은 비례한다." 즉 전단응력을 τ, 전단변형률을 γ라 하면

$$\tau=G\gamma$$

의 관계가 성립하는데, 이 관계를 **전단응력상태에서의 훅의 법칙식**이라고 한다.

식에서 G는 비례상수로, 재질에 따라 일정한 값을 가지는데, 이를 **전단탄성계수** (modulus of rigidity) 또는 **횡탄성계수**(modulus of lateral elasticity)라고 한다.

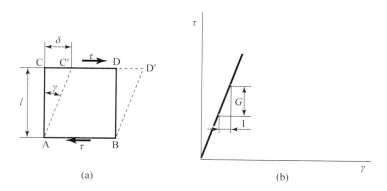

그림 1-11 전단응력과 전단변형률의 관계모식도(a)와 전단응력과 변형률 선도(b)

예제 01

지름 $d = 50\,\text{mm}$의 단면에 나란하게 $P = 2,000\,\text{N}$의 전단하중이 작용하여 0.0006 rad의 전단변형률이 발생하였다. 이 재료의 전단탄성계수는?

풀이 전단응력

$$\tau = \frac{P}{A} = \frac{P}{\dfrac{\pi d^2}{4}} = \frac{4P}{\pi d^2} = \frac{4 \times 2,000}{\pi \times 0.05^2} = 1,018,602\,\text{N/m}^2 \fallingdotseq 1.02\,\text{Mpa}$$

이므로 전단탄성계수

$$G = \frac{\tau}{\gamma} = \frac{1.02}{0.0006} = 1,700\,\text{MPa}$$

예제 02

그림 1-2와 같이 벽에 못을 박아 강선의 한쪽 끝을 걸고, 반대편 한쪽 끝에는 액자를 걸어 매달았다. 액자 무게는 5 N이고, 못 단면의 지름은 2 mm이다. 이때 못에 0.0005 rad의 전단변형률이 발생하였다면 이 못의 전단탄성계수는 얼마인가?

풀이 못 단면의 지름이 2 mm이므로, 못의 단면적

$$A = \frac{\pi d^2}{4} = \frac{2^2 \pi}{4} \fallingdotseq 3.142\,\text{mm}^2$$

이고, 못의 단면에 작용하는 전단응력

$$\tau = \frac{P}{A} = \frac{5}{3.142} = 1.591\,\text{N/mm}^2 = 1.591\,\text{MN/m}^2 = 1.591\,\text{MPa}$$

이므로, 전단탄성계수

$$G = \frac{\tau}{\gamma} = \frac{1.591}{0.0005} = 3,182\,\text{MPa}$$

1.9 탄성계수 사이의 관계

1.9.1 푸아송비

물체가 길이 방향으로 인장력(軸引張力)을 받으면, 길이방향의 치수는 늘어나고 이와 수직방향으로의 치수는 줄어든다.

예를 들어, 고무줄을 길이방향으로 잡아당겨 늘이면, 이와 수직방향의 단면치수는

줄어들게 되는 것을 볼 수 있다. 이와 반대로 길이방향으로 압축력(壓縮力)을 가하면, 길이방향으로는 줄어들지만 이와 수직방향의 단면치수는 늘어난다.

이와 같이 한 방향의 길이가 변화하면, 그와 수직방향의 단면치수에 변화가 생기게 되는데, 그것은 재료에 따라 일정한 비율로 변화된다. 즉 재료의 탄성한계 내에서, 그 재료의 종변형률과 횡변형률의 비는 일정한 값을 갖는데, 이와 같은 비율을 **푸아송비** (Poisson's ratio)라 하며, 종변형률을 ϵ, 횡변형률을 ϵ'이라고 하면 다음 식으로 정의된다.

$$\text{푸아송비} \quad \nu = \frac{\epsilon'}{\epsilon}$$

이 푸아송비라는 명칭은, 프랑스의 수학 및 물리학자인 푸아송(S. D. Poisson, 1781~1840)이 "탄성체에 있어서 종방향의 인장변형률과 횡방향의 수축변형률의 비는 일정하다"라는 사실을 밝혀낸 데에서 유래한다.

푸아송비는 금속의 경우 $\nu = 0.25 \sim 0.35$, 고무의 경우 $\nu = 0.5$, 콘크리트의 경우 $\nu = 0.1$ 정도의 값을 가지고 있다.

또한 푸아송비의 역수를 **푸아송수**(Poisson's number)라 하며, 다음 식으로 된다.

$$\text{푸아송수} \quad m = \frac{1}{\nu} = \frac{\epsilon}{\epsilon'}$$

예제 01

어떤 판재를 인장시험하여, 인장방향의 변형률과 이와 수직방향의 변형률을 측정하였더니, 인장방향의 변형률은 0.0015였고, 이와 수직방향의 변형률은 0.0004였다. 이 재료의 푸아송비와 푸아송수는?

풀이 푸아송비 $\nu = \dfrac{\epsilon'}{\epsilon} = \dfrac{0.0004}{0.0015} \fallingdotseq 0.27$

푸아송수 $m = \dfrac{1}{\nu} = \dfrac{\epsilon}{\epsilon'} = \dfrac{0.0015}{0.0004} = 3.75$

1.9.2 탄성계수 사이의 관계

종탄성계수 E, 전단탄성계수 G, 체적탄성계수 K 사이에는 서로 일정한 관계가 있는데, 그것을 정리하면 다음과 같다.

1) 종탄성계수 E와 전단탄성계수 G 사이의 관계

$$G = \frac{E}{2(1+\nu)} \tag{1}$$

식에서 ν는 푸아송비이다.

2) 종탄성계수 E와 체적탄성계수 K 사이의 관계

$$K = \frac{E}{3(1-2\nu)} \tag{2}$$

3) 종탄성계수 E, 전단탄성계수 G, 체적탄성계수 K 사이의 관계

$$\frac{9}{E} = \frac{3}{G} + \frac{1}{K} \tag{3}$$

이상의 관계식으로부터, 재료의 E, G, K 중 한 가지를 알면, 나머지 다른 탄성계수를 구할 수 있는데, 탄성계수 중에서 E 및 G는 실험을 통하여 비교적 간단히 구할 수 있으나, K는 실험을 통하여 직접 구하는 것이 대단히 어려우므로, 위의 공식을 사용하여 구한다.

예를 들어 인장시험에서, 종탄성계수 E와 푸아송비 ν를 구할 수 있고, 이것을 식 (1)에 대입하면 전단탄성계수 G를 구할 수 있으며, 식 (2)에 대입하면 체적탄성계수 K를 얻을 수 있게 되는 것이다.

예제 01

연강을 인장시험하여 종탄성계수 $E = 210\,\text{GPa}$과 푸아송비 $\nu = 0.33$을 얻었다. 이 재료의 전단탄성계수와 체적탄성계수를 구하라.

풀이 전단탄성계수 $G = \dfrac{E}{2(1+\nu)} = \dfrac{210}{2(1+0.33)} \approx 79\,\text{GPa}$

체적탄성계수 $K = \dfrac{E}{3(1-2\nu)} = \dfrac{210}{3(1-2\times0.33)} \approx 206\,\text{GPa}$

1.10 응력집중

그림 1-12와 같이 중앙에 원형상의 구멍이 있는, 폭 b, 두께 t인 판의 길이방향으로 인장하중 P가 작용할 경우, 구멍의 중심을 통과하는 단면에 발생되는 응력분포를 보면, 구멍의 가장자리에 있는 점 m과 점 n에서 가장 큰 응력이 발생하고, 점 m과 점 n으로부터 멀어질수록 차차 응력이 감소하는 것을 볼 수 있는데, 이와 같이 단면의 모양이 급변하는 부분에 국부적으로 응력이 크게 발생되는 현상을 **응력집중**(應力集中, stress concentration)현상이라고 한다.

응력집중현상은, 부재에 구멍(hole)가공, 노치(notch)가공 등으로 인하여 단면형상이 갑자기 변화하는 부분에서 발생하는데, 외력을 받는 구조재에서 파단이 일어나기 시작하는 곳은 대부분 이와 같이 응력집중이 생기는 곳으로, 설계 시 응력집중현상을 고려해야 한다.

그림 1-12에서 점 m과 점 n에서 일어나는 응력을 최대응력(最大應力)이라 하고 σ_{max}으로 표시하며, 원형구멍의 중심을 지나는 단면에 응력이 균일하게 분포하여 작용한다고 가정하여 계산한 응력을 **평균응력**(不均應力, average stress)이라 하는데, 평균 응력 σ_{av}는 다음 식과 같이 된다.

$$\sigma_{av} = \frac{하중}{단면적} = \frac{P}{(b-d)t}$$

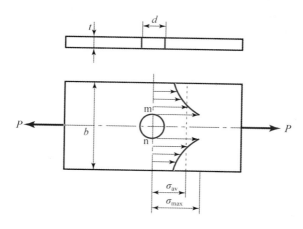

그림 1-12 구멍 주위에 발생하는 응력분포

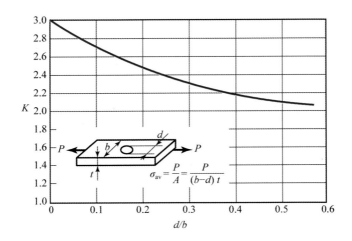

그림 1-13 원형구멍 뚫이 평판에서의 구멍지름 d와 응력집중계수 K와의 관계선도

여기서 최대응력 $\sigma_{\max}$과 평균응력 σ_{av}의 비를 **형상계수**(形狀係數, geometrical factor) 또는 **응력집중계수**(應力集中係數, stress concentration factor) K라 하고, 다음 식으로 된다.

$$K = \frac{\sigma_{\max}}{\sigma_{av}}$$

탄성한계 내에서 응력집중계수의 값은 노치형상과 하중의 종류에 의하여 결정되며, 부재의 크기나 재질에는 관계가 없다.

그림 1-13은 원형구멍이 난 평판에 인장력이 작용할 때 구멍지름 d에 대한 응력집 중계수 K의 변화에 대한 실험결과를 보여준다. 그림에서 평판의 폭 b가 일정하다고 할 때 구멍지름 d가 커질수록 응력집중계수 K는 감소하는 것을 볼 수 있다.

그림 1-14는 단뿔이 원통에 축방향으로 인장력이 작용할 때, 모서리 반지름 r에 대한 응력집중계수 K의 변화를 나타낸다. 그림에서 보는 바와 같이, 소단지름 d가 일정하다고 할 때, 모서리 반지름 r이 커질수록 응력집중계수 K는 감소한다는 것을 알 수 있으며, 소단지름 d에 대한 대단지름 D의 비 D/d에 따라서도 그 값이 달라지는 것을 볼 수 있다.

따라서 지름차가 크거나 모서리 반지름 r이 작아지면, 응력집중계수는 커지게 되어 재료의 내력은 저하하게 된다.

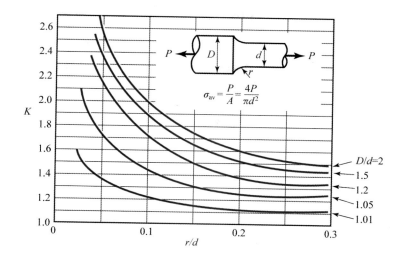

그림 1 – 14 단붙이 원통에서 모서리 반지름 r과 응력집중계수 K와의 관계선도

예제 01

그림 1 – 12와 같이, 중앙에 지름 $d=3$ cm인 구멍이 있는, 폭 $b=30$ cm, 두께 $t=5$ cm인 판재의 길이방향으로 인장하중 200 MN이 작용할 때, 구멍의 중심을 지나는 단면에서의 최대응력은 얼마인가? 단, 이때의 응력집중계수 $K=2.7$이다.

풀이 평균응력

$$\sigma_{av} = \frac{P}{(b-d)t} = \frac{200}{(0.3-0.03) \times 0.05} \approx 14,815 \ \text{MN/m}^2 = 14,815 \ \text{MPa}$$

따라서 최대응력

$$\sigma_{max} = K\sigma_{av} = 2.7 \times 14,815 = 40,000.5 \ \text{MPa}$$

| 제1장 |

연습문제

1. 지름 5 mm의 강봉의 축방향으로 700 N의 하중이 매달려 있다. 봉의 단면에 작용하는 수직응력을 구하라.

2. 프레스를 이용하여 전단강도 $\tau_u = 200\ \mathrm{MN/m^2}$, 두께 $t = 3\ \mathrm{mm}$인 강판에 지름 $d = 7\ \mathrm{mm}$의 구멍을 뚫고자 한다. 펀치에 가해줘야 하는 힘을 구하라.

3. 그림 1–15와 같은 축에 어떤 외력 P가 작용하여 단면 ①의 부분에 생긴 수직응력이 $\sigma = 150\ \mathrm{kPa}$이었다. 단면 ②에 발생하는 응력을 구하라.

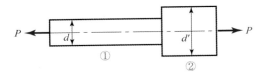

그림 1 – 15

4. 지름 8 mm이고, 길이 2 m인 강봉의 축방향으로 500 kN의 하중이 매달려 있다. 봉의 단면에 작용하는 수직응력과 강봉의 변형량을 구하라. 단, 봉의 종탄성계수 $E = 200\ \mathrm{GPa}$이고, 봉의 자중은 무시한다.

5. 길이 20 cm, 단면적 5 cm×8 cm인 정사각형 단면을 가진 강봉에 5 N의 인장력이 작용하여 0.001 cm 늘어났다고 했을 때 이 재료의 종탄성계수를 구하라.

6. 지름 30 mm의 환봉이 25 kN의 전단하중을 받아 0.002 rad의 전단변형률이 생겼다고 하면 이 재료의 전단탄성계수는?

7. 다음 그림 1 – 16과 같이 두 개의 단면으로 이루어진 원형단면의 강봉의 양단에서 축방향으로 인장하중 $P = 200 \, \text{kN}$이 작용할 때 전 신장량을 구하라. 단, 재료의 종탄성계수 $E = 200 \, \text{GPa}$이다.

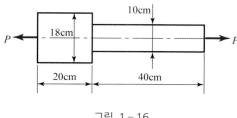

그림 1 – 16

8. 지름 20 cm의 환봉에 축방향으로 인장력을 작용시켰더니 지름이 0.005 cm 감소하였다. 재료의 종탄성계수 200 GPa이고, 푸아송비 $\nu = 0.3$이라 할 때 인장력은 얼마나 가하였겠는가?

9. 반복하중을 받고 있는 인장강도 500 kPa의 재료가 있다. 안전계수를 7이라 하면 이 재료의 허용응력은?

10. 폭 10 cm, 두께 $t = 3 \, \text{cm}$인 판의 중앙에 지름 $d = 2 \, \text{cm}$의 구멍이 뚫려 있다. 이 판에 인장하중 $P = 700 \, \text{kN}$이 작용할 때 구멍 주변의 응력집중으로 인한 최대응력을 구하라. 단, 응력집중계수 $K = 2.4$이다.

11. 종탄성계수 $E = 200 \, \text{GPa}$, 횡탄성계수 $G = 80 \, \text{GPa}$인 재료의 푸아송비와 체적탄성계수를 구하라.

12. 그림 1 – 17과 같은 리벳이음에서 리벳 지름 $d = 5 \, \text{mm}$, 하중 $P = 30 \, \text{kN}$이 작용할 때 리벳의 단면에 발생하는 전단응력을 구하라.

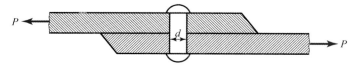

그림 1 – 17

STRENGTH OF MATERIALS

제2장 인장, 압축 및 전단

2.1 인장 또는 압축하중을 받는 부정정 구조물의 응력

그림 2−1(b)와 같이 양단이 고정된 봉의 양단으로부터 각각 a, b만큼 떨어진 단면 mn에서 하중 P가 작용할 때, 반력 R_1과 R_2는 각각 다음과 같이 된다.

$$R_1 = \frac{Pb}{l}, \qquad R_2 = \frac{Pa}{l} \tag{1}$$

이때 a부분의 단면에 발생하는 응력 σ_1과 b부분의 단면에 발생하는 응력 σ_2는 각각 다음과 같이 된다.

$$\sigma_1 = \frac{R_1}{A}, \qquad \sigma_2 = \frac{R_2}{A} \tag{2}$$

▸ 해설 및 식의 유도

정역학적 평형식만으로도, 구조물에 작용하는 미지의 반력(反力)을 결정할 수 있는 구조물을 **정정구조물**(靜定 構造物, statically determinate structure)이라 하고 정역학적 평형방정식만으로는, 구조물에 작용하는 미지의 반력을 결정할 수 없는 구조물을 **부정정 구조물**(不靜定 構造物, statically indeterminate structure)이라고 한다.

그림 2−1(a)와 같이, 일단이 고정된 봉에 힘 P를 가했을 때, 미지의 반력 R은 힘의 평형방정식

$$\sum F = R - P = 0$$

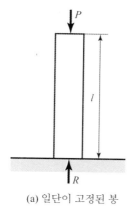

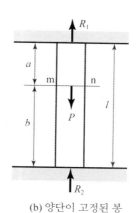

(a) 일단이 고정된 봉   (b) 양단이 고정된 봉

그림 2−1

로부터

$$R = P$$

가 됨을 알 수 있다.

이와 같이 정역학적 평형방정식만으로 미지의 반력을 구할 수 있는 구조물을 정정 구조물이라고 한다.

그런데 그림 2-1(b)와 같이, 양단이 고정된 봉의 양단에서 각각 a, b만큼 떨어진 단면 mn에 축하중 P가 작용하는 경우를 생각해 보자. 하중 P에 의한 양단에서의 반력을 R_1과 R_2라 하면, 힘의 평형조건식으로부터

$$\sum F = R_1 + R_2 - P = 0$$

가 되어

$$R_1 + R_2 = P \qquad\qquad ⓐ$$

가 되는 것을 알 수 있는데, R_1과 R_2의 값이 각각 얼마가 되는지는 알 수 없다.

따라서 R_1과 R_2에 대한 각각의 값을 구하기 위해서는, R_1과 R_2에 관한 또 하나의 식이 필요하게 된다. 이와 같이 정역학적 평형방정식만으로 미지의 반력을 결정할 수 없는 구조물을 부정정 구조물이라고 한다.

이와 같은 부정정 구조물에서 미지의 반력을 구하기 위해서는, 다음과 같이 정역학적인 평형방정식 외에 구조물의 변형을 고려한 변형조건식을 추가시켜 해석해야 한다.

즉, 미지의 반력 R_1에 의하여, 하중 P가 작용하는 단면의 윗부분은 늘어나게 되고, 미지의 반력 R_2에 의하여 하중 P가 작용하는 단면 아랫부분은 줄어들게 되는데, 이들은 서로 같아야 한다는 조건으로부터 다음 식이 성립한다.

반력 R_1에 의하여 늘어난 양 δ_1은 훅의 법칙으로부터

$$\delta_1 = \frac{R_1 a}{AE} \qquad\qquad ⓑ$$

가 되고, 반력 R_2에 의하여 줄어든 양 δ_2는 훅의 법칙으로부터

$$\delta_2 = \frac{R_2 b}{AE} \qquad\qquad ⓒ$$

가 되는데, 구조물의 양단은 고정되어 있으므로, 반력 R_1에 의하여 늘어난 양 δ_1과 반력 R_2에 의하여 줄어든 양 δ_2는 같아야 한다. 따라서

$$\frac{R_1 a}{AE} = \frac{R_2 b}{AE}$$

$$\therefore \quad \frac{R_1}{R_2} = \frac{b}{a} \qquad \qquad ⓓ$$

의 식이 성립하며, 식 ⓐ와 식 ⓓ를 연립방정식으로 하여 풀면, 다음과 같은 반력의 크기를 구할 수 있다.

$$R_1 = \frac{Pb}{a+b} = \frac{Pb}{l}, \quad R_2 = \frac{Pa}{a+b} = \frac{Pa}{l} \qquad \qquad ⓔ$$

따라서 하중 P가 작용하는 단면인 mn을 경계로 하여, 윗부분과 아랫부분의 응력은 서로 달라지며, 이때 각각의 응력을 구하면 다음과 같이 된다.

$$\sigma_1 = \frac{R_1}{A} = \frac{Pb}{Al}, \quad \sigma_2 = \frac{R_2}{A} = \frac{Pa}{Al} \qquad \qquad ⓕ$$

참고 정역학적 평형방정식

구조물이 외력을 받고 있으면서도 정지해 있기 위해서는 이 구조물에 작용하는 외력 F의 총합이 0이 되어야 한다는 조건이 성립되어야 하며, 이것을 식으로 표시하면 다음과 같이 되는데, 이를 **힘의 평형방정식**(또는 **평형조건식**)이라 한다.

$$\Sigma F = F_1 + F_2 + F_3 + \cdots + F_n = 0$$

또 모멘트(회전력)를 받아 회전하지 않고 정지해 있기 위해서는 구조물에 작용하는 모멘트 M의 총합은 0이 되어야 한다는 조건이 성립되어야 하며, 이것을 식으로 표시하면 다음과 같이 되는데, 이를 **모멘트의 평형방정식**이라고 한다.

$$\Sigma M = F_1 l_1 + F_2 l_2 + F_3 l_3 + \cdots + F_n l_n = 0$$

따라서 외력과 모멘트를 받고 있으면서도, 움직이지 않고 정지해 있는 구조물에서의 정역학적 평형 방정식은 다음과 같다.

$$\Sigma F = 0, \qquad \Sigma M = 0$$

어린이 놀이기구인 시소(seesaw)를 예로 들어 보자. 그림 2-2의 F_1, F_2, F_3를 각각 사람의 몸무게로 생각하고, 시소가 상하 어디로도 평행이동하지 않기 위한 조건은 다음과 같이 된다.

$$\Sigma F = (-F_1) + (-F_2) + (-F_3) + R = 0$$

$$즉 \quad R = F_1 + F_2 + F_3$$

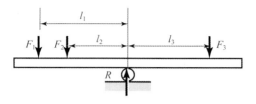

그림 2-2 시소

또 시소가 좌우 어느 쪽으로도 회전하지 않기 위해서는, 지점을 중심으로 취한 모멘트의 총합은 0이 되어야 하므로

$$\sum M = (-F_1 l_1) + (-F_2 l_2) + (F_3 l_3) = 0$$
$$즉 \quad F_3 l_3 = F_1 l_1 + F_2 l_2$$

가 됨을 알 수 있다.

단, 여기서는 힘의 경우, 힘의 방향이 위로 향할 때 +, 아래로 향할 때를 −로 하였고, 모멘트의 경우, 시계방향으로 회전시키려는 모멘트일 때 +, 시계반대방향으로 회전시키려는 모멘트일 때를 −로 하였다.

예제 01

그림 2-3과 같은 부정정 구조물에서 $P=400$ kN, $a=20$ cm, $b=80$ cm, 단면의 지름 $d=50$ cm 이다. 이 부재가 받는 최대응력을 구하라.

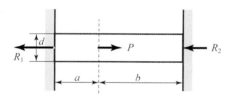

그림 2-3

풀이 식 (1)을 이용하여, 반력 R_1, R_2의 크기를 구하면 다음과 같다.

$$R_1 = \frac{Pb}{l} = \frac{400 \times 80}{100} = 320 \text{ kN}$$

$$R_2 = \frac{Pa}{l} = \frac{400 \times 20}{100} = 80 \text{ kN}$$

따라서 최대하중이 작용하는 단면은 길이 a부분의 단면이고, 단면적

$$A = \frac{\pi d^2}{4} = \frac{\pi \times 50^2}{4} \approx 1{,}963 \text{ cm}^2 = 0.1963 \text{ m}^2$$

이므로, 최대응력

$$\sigma = \frac{320}{0.1963} \approx 1{,}630 \text{ kN/m}^2 = 1{,}630 \text{ kPa}$$

예제 02

양단이 고정된 봉의 중간 지점에서, 그 길이방향으로 힘 $P = 400\ \text{kN}$을 가하였다. 이때 봉의 단면적 $A = 8\ \text{cm}^2$이고, 길이 $l = 100\ \text{cm}$이며, 봉 재료의 종탄성계수 $E = 200\ \text{GPa}$이다. 봉의 단면에 작용하는 응력을 구하라.

풀이 식 (1)에서 $a = b$이므로, 고정단에서 받는 반력

$$R_1 = R_2 = \frac{Pb}{l} = \frac{400 \times \dfrac{l}{2}}{l} = 200\ \text{kN}$$

따라서 봉의 단면에 발생하는 응력

$$\sigma_1 = \sigma_2 = \frac{R_1}{A} = \frac{200}{8 \times 10^{-4}} = 250{,}000\ \text{kN/m}^2 = 250\ \text{MPa}$$

인데, 하중작용점을 경계로 하여, 하중이 작용하는 방향의 단면에 작용하는 응력은 압축응력이, 그 반대방향의 단면에는 인장응력이 작용한다.

2.2 봉의 자중에 의한 응력과 변형률

2.2.1 균일단면봉에서의 자중에 의한 응력과 변형률

그림 2-4와 같이 천장에 거꾸로 매달린 봉에 길이방향으로 인장력 또는 압축력이 작용할 때, 재료 자체의 무게(자중)가 외력에 비하여 작으면, 자중(自重)은 무시할 수 있다. 그러나 봉이 굵고 길어지면, 자중의 영향을 무시할 수 없게 되어, 응력계산에 있어서 자중의 영향을 고려해야 한다.

그림 2-4와 같이 천장에 거꾸로 매달린 균일단면봉에 외력 P가 작용한다고 하자. 봉 자체의 무게(자중)까지 고려했을 때, 최대응력은 봉의 고정단에서 생기고, 그 응력 $\sigma_{\max}$과 봉의 전 길이 변형량(전 신장량) δ는 다음과 같이 된다.

$$\sigma_{\max} = \frac{P}{A} + \gamma l$$

$$\delta = \frac{l}{AE}\left(P + \frac{1}{2}\gamma Al\right)$$

식에서 A는 봉의 단면적, γ는 봉 재료의 비중량, E는 봉 재료의 종탄성계수이다.

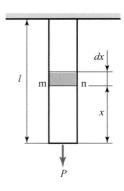

그림 2-4 천장에 거꾸로 매달린 균일단면봉

▸ **식의 유도**

우선 그림 2-4에서 비중량 γ, 단면적 A인 봉이 천장에 매달린 채, 외력 P가 작용한다고 하자. 봉의 끝단으로부터 임의의 거리 x만큼 떨어진 단면에서의 응력 σ는, 봉의 자중 $W = \gamma A x$이므로, 다음 식과 같이 된다.

$$\sigma = \frac{P + \gamma A x}{A} = \frac{P}{A} + \gamma x$$

여기서 응력 σ가 최대가 되는 것은 x가 l이 될 때이므로, 최대응력 σ_{max}의 값은 다음과 같이 된다.

$$\sigma_{max} = \frac{P + \gamma A l}{A} = \frac{P}{A} + \gamma l$$

다음에 봉의 자중을 고려한 봉의 신장량(伸張量)은 다음과 같이 구한다. 끝단으로부터 거리 x만큼 떨어진 단면에서부터 미소길이 dx를 취하고, 이 부분의 길이 변형량을 $d\delta$라 하면 길이 변형량(신장량) $d\delta$는 훅의 법칙으로부터 다음과 같이 된다.

$$d\delta = \frac{(P + \gamma A x)dx}{AE}$$

따라서 봉 전체 길이의 변형량(전 신장량) δ는 다음과 같이 x를 0에서 l까지 적분하여 구할 수 있다.

$$\delta = \int d\delta = \int_0^l \frac{P + \gamma A x}{AE} dx = \frac{l}{AE}\left(P + \frac{1}{2}\gamma A l\right)$$

예제 01

천장에 거꾸로 매달린 봉의 하단에 $P = 19.6$ kN의 하중이 작용하고 있다. 봉의 길이가 10 m이고, 단면적 $A = 2.2$ cm²일 때, 봉의 자중을 고려하여 봉에 생기는 전 신장량을 구하라. 단, 봉 재료의 비중량 $\gamma = 0.077$ N/cm³, 종탄성계수 $E = 196{,}000$ MPa이다.

풀이 우선 단위를 일치시키기 위하여 힘은 N, 길이는 cm로 환산하여 계산한다.
전 신장량

$$\delta = \frac{l}{AE}\left(P + \frac{1}{2}\gamma Al\right)$$

$$= \frac{1{,}000}{2.2 \times 1.96 \times 10^7}\left(19.6 \times 10^3 + \frac{1}{2} \times 0.077 \times 2.2 \times 1{,}000\right) = 0.456 \text{ cm}$$

2.2.2 균일강도의 봉에서의 자중에 의한 응력과 변형률

천장에 거꾸로 매달린 봉에 인장력이 작용하고, 자중을 무시하지 못할 때, 각 횡단면에 발생하는 수직응력의 크기를 모두 균일하게 하려면, 그림 2-5(a)와 같이 길이에 따라 단면적이 감소되는 형상으로 되는데, 이와 같은 형상의 봉을 **균일강도의 봉**(bar of uniform stress)이라고 한다.

이와 같은 균일강도의 봉에서, 자유단으로부터 거리 x만큼 떨어진 단면에서의 단면적 A_x와 고정단에서의 단면적 A_l은 다음과 같이 된다.

$$A_x = A_0 e^{\left(\frac{\gamma}{\sigma}\right)x} \tag{1}$$

$$A_l = A_0 e^{\left(\frac{\gamma}{\sigma}\right)l} \tag{2}$$

또 이때 길이 l인 봉의 전 신장량 δ는 다음과 같이 된다.

$$\delta = \frac{\sigma}{E}l \tag{3}$$

식에서 A_0는 자유단에서의 단면적, γ는 봉 재료의 비중량, σ는 응력, E는 봉 재료의 종탄성계수이다.

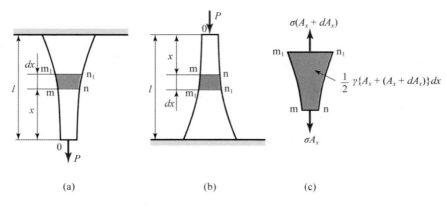

(a)   (b)   (c)

그림 2-5 균일강도의 봉

▸ **식의 유도**

지금 그림 2-5(a)에서 자유단의 단면적을 A_0, 단면 mn의 단면적을 A_x, 단면 m_1n_1의 단면적을 $A_x + dA_x$, 봉 재료의 비중량을 γ라 할 때, 그림 2-5(c)와 같이 미소요소 m_1n_1mn을 보면, 단면 m_1n_1에서 상향으로 작용하는 힘은 $\sigma(A_x + dA_x)$, 단면 mn에서 하향으로 작용하는 힘은 σA_x가 된다. 또 거리 dx에 해당하는 미소체적이 아래 방향으로 작용하는 중량은, 상하 단면의 평균단면적이 $\dfrac{A_x + (A_x + dA_x)}{2}$이므로 $\dfrac{\gamma\{A_x + (A_x + dA_x)\}dx}{2}$가 된다. 따라서 단면 m_1n_1에서 힘의 평형조건으로부터 다음 식이 성립된다.

$$\sigma(A_x + dA_x) = \sigma A_x + \frac{\gamma\{A_x + (A_x + dA_x)\}dx}{2} \qquad \text{ⓐ}$$

이 식에서 고차의 미소항 $dA_x dx$는 다른 항에 비하여 미소하므로, 이를 생략하면 다음과 같이 된다.

$$\sigma dA_x = \gamma A_x dx$$

$$\text{즉} \quad \frac{dA_x}{A_x} = \frac{\gamma}{\sigma} dx \qquad \text{ⓑ}$$

식 ⓑ의 양변에 적분을 취하면

$$\int \frac{dA_x}{A_x} = \int \frac{\gamma}{\sigma} dx$$

$$\ln A_x = (\gamma/\sigma)x + C_1$$

$$A_x = e^{\left(\frac{\gamma}{\sigma}\right)x + C_1}$$

$$A_x = e^{\left(\frac{\gamma}{\sigma}\right)x} \times e^{C_1}$$

여기서 $C = e^{c_1}$로 놓으면

$$A_x = Ce^{\left(\frac{\gamma}{\sigma}\right)x}$$

가 되며, $x = 0$에서 $A_x = C = A_0$가 되므로

$$A_x = A_0 e^{\left(\frac{\gamma}{\sigma}\right)x} \qquad \text{ⓒ}$$

가 되어, 봉의 단면은 지수함수적으로 감소하는 단면이 됨을 알 수 있다.

봉의 자유단으로부터 고정단까지의 길이를 l이라고 하면, 고정단에서의 단면적

$$A_l = A_0 e^{\left(\frac{\gamma}{\sigma}\right)l} \qquad \text{ⓓ}$$

가 되고, 각 단면에 있어서 응력 σ가 일정하므로, 전 신장량 δ는 훅의 법칙으로부터 다음과 같이 된다.

$$\delta = \epsilon l = \frac{\sigma}{E}l \qquad \text{ⓔ}$$

이와 같은 결과는 그림 2-5(b)와 같이 압축하중을 받는 봉에 대하여도 성립한다.

예제 01

높이 30 m인 콘크리트 교각 상단에 2.94×10^3 kN의 압축력이 작용한다. 이 교각의 각 단면에 0.98 MPa의 응력이 균일하게 작용하도록 하고자 한다. 이 교각의 상하단 면적을 구하라. 단, 콘크리트의 비중량 $\gamma = 29.4$ kN/m³이다.

풀이 우선 길이의 단위는 m, 힘의 단위는 N으로 환산하여 계산한다.

교각 상단(上端)의 면적은

$$A_0 = \frac{P}{\sigma_a} = \frac{2.94 \times 10^6}{980,000} = 3 \text{ m}^2$$

이다. 따라서 교각 하단의 면적은 다음과 같다.

$$A_l = A_0 e^{\left(\frac{\gamma}{\sigma}\right)l} = 3 \times e^{\left(\frac{29,400}{980,000}\right) \times 30} = 7.38 \text{ m}^2$$

2.3 열응력

그림 2−6(a)와 같이 길이 l인 물체의 온도가 ΔT만큼 상승하면, 물체의 길이 변형량 δ_t는 다음과 같이 된다.

$$\delta_t = l\alpha\Delta T \tag{1}$$

그림 2−6(b)와 같이 양단이 고정된 길이 l인 물체의 온도가 ΔT만큼 상승하면, 물체에 발생하는 열응력 σ_t와 열변형률 ϵ_t는 각각 다음과 같은 식으로 된다.

$$\sigma_t = E\alpha\Delta T \tag{2}$$

$$\epsilon_t = \alpha\Delta T \tag{3}$$

식에서 α는 물체의 열팽창계수이다.

▸ **식의 유도 및 해설**

물체의 온도가 높아지면 그 물체는 팽창하고, 온도가 낮아지면 수축하게 된다. 이때 그 물체가 온도 변화에 따라 팽창 또는 수축하지 못하도록 구속시키면, 그 물체 내부에 응력이 발생하게 된다. 이와 같이 온도 변화로 인하여 발생하는 응력을 **열응력**(熱應力, thermal stress)이라 한다.

지금 그림 2−6(a)와 같이, 한쪽 끝이 고정된 길이 l인 막대의 온도가 ΔT만큼 올라가면, 이 막대의 길이 변형량

$$\delta_t = l\alpha\Delta T \tag{ⓐ}$$

가 된다. 식에서 α는 재료에 따라 일정한 값을 가지는 상수로 **열팽창계수**(coefficient of thermal expansion) 또는 **선팽창계수**라고 한다.

그런데 그림 2−6(b)와 같이, 양단이 고정된 길이 l인 막대의 온도가 ΔT만큼 올라가면, 이 막대는 한쪽 끝단이 고정된 경우에서와 같은 δ만큼의 길이 변형을 일으키지

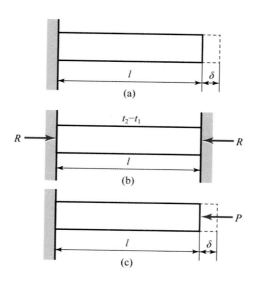

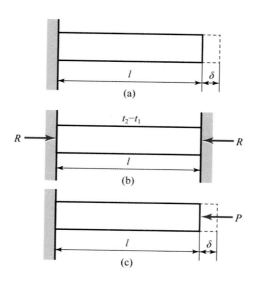

그림 2-6 열응력의 발생원리

못하므로, 그림 2-6(c)와 같이 축방향의 힘 P가 작용하여, 길이 δ만큼의 압축변형을 준 것과 같은 효과를 갖는다. 따라서 훅의 법칙에 의한 축방향의 탄성변형량은, 단면적을 A, 종탄성계수를 E라고 할 때

$$\delta = \frac{Pl}{AE} \qquad\qquad ⓑ$$

이므로, 식 ⓐ = 식 ⓑ가 된다. 따라서

$$\frac{Pl}{AE} = l\alpha\Delta T \qquad\qquad ⓒ$$

의 관계식을 얻을 수 있으며, 이로부터 축방향 하중

$$P = AE\alpha\Delta T \qquad\qquad ⓓ$$

가 된다.

여기서 수직응력

$$\sigma_t = \frac{P}{A} = E\alpha\Delta T \qquad\qquad ⓔ$$

를 얻을 수 있는데, 이 응력 σ_t를 **열응력**(thermal stress)이라고 한다.

또 열변형률(thermal strain) ϵ_t는

$$\epsilon_t = \frac{\delta}{l} = \frac{l\alpha\Delta T}{l} = \alpha\Delta T \qquad \text{ⓕ}$$

가 된다.

여기서 알 수 있는 바와 같이, 양단이 고정된 물체의 온도가 올라가면 압축응력이 발생하고, 온도가 내려가면 인장응력이 발생하며, 열응력과 열변형률은 재료의 길이와 단면적에 무관하다.

표 2-1은 각종 재료의 열팽창계수이다.

표 2-1 각종 재료의 열팽창계수

재료명	열팽창계수 α	재료명	열팽창계수 α
아　연	29.7×10^{-4}	두랄루민	22.6×10^{-4}
납	29.3×10^{-4}	황　동	18.4×10^{-4}
주　석	27.0×10^{-4}	포　금	18.3×10^{-4}
알루미늄	23.9×10^{-4}	순　철	11.7×10^{-4}
구　리	16.5×10^{-4}	연강(C<0.2%)	11.2×10^{-4}
니　켈	13.3×10^{-4}	연강(0.4<C<0.5%)	10.7×10^{-4}
백　금	8.9×10^{-4}	유　리	9.0×10^{-4}
텅스텐	4.3×10^{-4}	도자기	3.0×10^{-4}

예제 01

지름 $d=5$ cm, 길이 $l=10$ m인 연강봉의 온도가 30℃만큼 상승하였다. 이 연강봉의 길이 변형량을 구하라. 단, 연강재의 열팽창계수 $\alpha=11.2\times10^{-4}$이다.

풀이　길이 변형량 $\delta = l\alpha\Delta T = 10,000 \times 11.2 \times 10^{-4} \times 30 = 336\,\text{mm}$

예제 02

양단이 고정된 지름 $d=5$ cm, 길이 $l=10$ m인 연강봉의 온도가 30℃ 상승하였다. 이 연강봉의 단면에 발생하는 응력을 구하라. 단, 연강재의 종탄성계수 $E=205,800$ MPa, 열팽창계수 $\alpha = 11.2\times10^{-4}$이다.

풀이　열응력 $\sigma_t = E\alpha\Delta T = 205,800 \times 11.2 \times 10^{-4} \times 30 = 6,915\,\text{MPa}$

2.4 탄성변형에너지

2.4.1 수직응력에 의한 탄성변형에너지

그림 2-7(a)와 같이, 길이 l인 봉에 인장하중 P가 작용하여, 그 길이가 δ만큼 늘어나면, 이 봉에 저장된 단위체적당 탄성변형에너지 u는 다음 식과 같이 된다.

$$u = \frac{\sigma^2}{2E} \tag{1}$$

식에서 σ는 수직응력이고, E는 봉 재료의 종탄성계수이다.

▶ **식의 유도 및 해설**

스프링을 잡아당기면, 스프링이 변형되면서 스프링 속에 에너지를 저장하는 것과 같이, 탄성재료가 변형될 때, 그 재료 속에 저장되는 에너지를 **탄성변형에너지**(resilience energy)라고 한다.

그림 2-7(a)에서와 같이, 종탄성계수 E, 단면적 A, 길이 l인 봉에, 힘 P를 작용시켜, 그 길이가 δ만큼 변형되었다고 하면, 봉의 길이가 δ만큼 변화하는 동안 봉에 작용한 평균 힘은 $\frac{0+P}{2} = \frac{P}{2}$가 되어, 하중 P가 봉에 한 일 W는 다음과 같다.

$$W = 힘 \times 거리 = \frac{P}{2} \cdot \delta = \frac{1}{2}P\delta$$

이 일이, 봉의 길이를 탄성변형시키는 데 모두 소요되었다고 하면, 탄성변형에너지

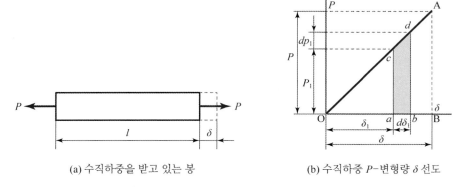

(a) 수직하중을 받고 있는 봉   (b) 수직하중 P-변형량 δ 선도

그림 2-7 수직응력에 의한 탄성변형에너지

U는 다음과 같이 된다.

$$U = W = \frac{1}{2}P\delta = \frac{1}{2}P \cdot \frac{Pl}{AE} = \frac{P^2l}{2AE}$$

이것을, 단위체적당의 탄성변형에너지 식으로 나타내면, 봉의 체적 $V = Al$이므로 단위체적당의 탄성변형에너지 u는 다음과 같이 된다.

$$u = \frac{U}{V} = \frac{\dfrac{P^2l}{2AE}}{Al} = \frac{\sigma^2}{2E}$$

참고   탄성변형에너지는, 그림 2-7(b)에서와 같은, 하중(P)-변형량(δ) 선도에서도 구할 수 있다. 즉 임의의 하중 P_1에 대응되는 변위를 δ_1이라 하자. 하중이 P_1으로부터 dP_1만큼 증가하면 길이 변형량도 $d\delta_1$만큼 증가하므로, 이때 한 일은 $P_1 d\delta_1$이 된다. 따라서 하중 P가 탄성봉에 대하여 행한 총일 W는 다음과 같이 적분하여 구할 수 있다.

$$W = \int_0^\delta P_1 d\delta_1$$

또한 삼각형의 비례법칙으로부터 $P_1 = \dfrac{P}{\delta} \cdot \delta_1$이므로, 이 식은 다음과 같이 된다.

$$W = \int_0^\delta \frac{P}{\delta}\delta_1 d\delta_1 = \frac{1}{2}P\delta$$

이 일이 모두 봉의 탄성변형에너지로서 저장된다고 하면, 탄성변형에너지

$$U = W = \frac{1}{2}P\delta$$

가 되어, 결국 봉에 저장된 총 탄성변형에너지는, 하중-변형량 선도에서 그래프 아랫부분의 면적(삼각형 OAB의 면적)에 해당됨을 알 수 있다.

예제 01

길이 $l = 2\,\mathrm{m}$, 단면적 $A = 5\,\mathrm{cm}^2$인 알루미늄재로 된 봉의 양단에 수직력을 가하고, 단면에 작용하는 응력을 측정해 보았더니, 응력 $\sigma = 32\,\mathrm{MPa}$이었다. 이 봉의 탄성변형에너지는 얼마인가? 단, 알루미늄재의 종탄성계수 $E = 70\,\mathrm{GPa}$이다.

풀이   단위체적당의 탄성변형에너지

$$u = \frac{\sigma^2}{2E} = \frac{32^2}{2 \times 70,000} = 7.3 \times 10^{-3}\,\mathrm{MN \cdot m/m^3} = 7.3 \times 10^3\,\mathrm{N \cdot m/m^3}$$

전 체적에 대한 탄성변형에너지

$$U = uV = 7.3 \times 10^3 \times 2 \times 5 \times 10^{-4} = 7.3\,\mathrm{N \cdot m}$$

2.4.2 전단응력에 의한 탄성변형에너지

그림 2−8(a)와 같은 직육면체 요소에서, 길이 l만큼 떨어진 양 단면에 전단하중 P가 작용하여, δ만큼의 전단변형량이 생겼을 때, 이 요소에 저장된 단위체적당의 탄성변형에너지 u는 다음 식과 같이 된다.

$$u = \frac{\tau^2}{2G} \tag{1}$$

식에서 τ는 전단응력이고, G는 봉 재료의 전단탄성계수이다.

▸ **식의 유도 및 해설**

그림 2−8(a)에서와 같이 전단탄성계수 G, 단면적 A(두께방향의 면적)인 요소에서, 서로 길이 l만큼 떨어진 거리의 윗면과 아랫면에 나란한 방향으로, 힘 P를 작용시켜, δ만큼의 전단변형량이 생겼다고 하면, δ만큼의 전단변형이 생기는 동안 직육면체 요소에 작용한 평균 힘은

$$\frac{0+P}{2} = \frac{P}{2}$$

가 되고, 하중 P가 직육면체 요소에 한 일

$$W = 힘 \times 거리 = \frac{P}{2} \cdot \delta = \frac{1}{2}P\delta$$

가 된다. 이 일이 직육면체 요소를 탄성변형시키는 데 모두 소요되었다고 하면, 훅의

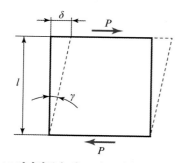

(a) 전단하중을 받고 있는 직육면체 요소

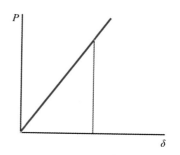

(b) 전단하중−변형량 선도

그림 2−8 전단응력에 의한 탄성변형에너지

법칙에서 전단변형량 $\delta = \dfrac{Pl}{AG}$ 이므로, 탄성변형에너지

$$U_s = W = \frac{1}{2}P\delta = \frac{1}{2}P \cdot \frac{Pl}{AG} = \frac{P^2 l}{2AG}$$

이 된다.

이것을 단위체적당의 탄성변형에너지에 대한 식으로 나타내면, 봉의 체적 $V = Al$ 이므로 단위체적당의 탄성변형에너지

$$u_s = \frac{U_s}{V} = \frac{\dfrac{P^2 l}{2AG}}{Al} = \frac{\tau^2}{2G}$$

이 된다.

예제 01

길이 $l = 2$ m, 단면적 $A = 5$ cm^{2}인 알루미늄재로 된 봉에서, 서로 3 mm만큼 떨어진 거리의 단면에 나란하게 $P = 2 \times 10^{-2}$ MN의 전단하중을 가하였다. 이 봉의 전단하중을 받는 두 단면 사이에 저장된 탄성변형에너지는 얼마인가? 단, 알루미늄재의 횡탄성계수 $G = 20$ GPa이다.

풀이 단면에 작용하는 전단응력

$$\tau = \frac{P}{A} = \frac{2 \times 10^{-2}}{5 \times 10^{-4}} = 40 \text{ MN/m}^2$$

이므로

$$u = \frac{\tau^2}{2G} = \frac{40^2}{2 \times 20{,}000} = 0.04 \text{ MN} \cdot \text{m/m}^3$$

전 체적에 대한 탄성변형에너지

$$U = uV = 0.04 \times (5 \times 10^{-4}) \times (3 \times 10^{-3}) = 6 \times 10^{-8} \text{ MN} \cdot \text{m}$$

2.5 충격에 의한 응력

그림 2−9와 같이 천장에 수직으로 매달린 봉의 플랜지(flange)로부터 h만큼 떨어진 높이에서, 무게 W인 추가 떨어져, 플랜지에 충격하중이 가해졌을 때, 충격에 의하여 봉 단면에 발생하는 응력 σ와 변형량 δ는 다음과 같이 된다.

$$\sigma = \sigma_{st}\left(1 + \sqrt{1 + \frac{2h}{\delta_{st}}}\right) \qquad (1)$$

$$\delta = \delta_{st}\left(1 + \sqrt{1 + \frac{2h}{\delta_{st}}}\right) \qquad (2)$$

식에서 σ_{st}와 δ_{st}는 정적인 상태의 응력과 변형량으로 각각 $\sigma_{st} = \dfrac{P}{A}$, $\delta_{st} = \dfrac{Wl}{AE}$이 되며, A는 봉의 단면적, E는 봉 재료의 종탄성계수이다.

▸ 식의 유도 및 해설

그림 2−9와 같이 천장에 수직으로 매달려 있는 길이 l, 단면적 A, 종탄성계수 E인 플랜지 붙이 봉을 생각해 보자. 이 봉의 플랜지로부터 h만큼 떨어진 높이에서, 무게 W인 추가 수직으로 떨어지면, 추는 플랜지에 충돌하고, 이 충격에 의하여 봉은 δ만큼 늘어나면서 정지할 것이다.

이때 추의 위치에너지 변화는 $W(h+\delta)$이며, 이 위치에너지가 2.4절에서와 같은 봉의 탄성변형에너지로 저장되었다고 할 수 있으므로, 다음 식이 성립한다.

$$W(h+\delta) = \frac{\sigma^2}{2E}Al$$

이 식에서 σ를 구하면 다음과 같이 된다.

$$\sigma = \sqrt{\frac{2EW(h+\delta)}{Al}} \qquad ⓐ$$

또 훅의 법칙에서 $\delta = \dfrac{\sigma l}{E}$이므로, 이것을 식 ⓐ에 대입하면

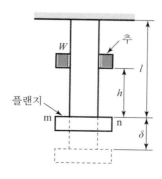

그림 2−9 천장에 수직으로 매달린 플랜지 붙이 봉

$$\sigma = \sqrt{\frac{2EW(h + \sigma l/E)}{Al}}$$

이 되고, 다시 이 식을 σ에 대하여 정리하면

$$Al\sigma^2 - 2Wl\sigma - 2EWh = 0$$

이 된다. 이 2차 방정식을 σ에 대하여 풀면

$$\sigma = \frac{W}{A}\left(1 \pm \sqrt{1 + \frac{2AEh}{Wl}}\right)$$

을 얻는다.

그런데 여기서 $\sqrt{1 + \frac{2EAh}{Wl}} > 1$이고, 봉에 작용하는 응력은 인장응력이므로 $-$는 성립되지 않는다. 따라서 이 식은 다음과 같이 된다.

$$\sigma = \frac{W}{A}\left(1 + \sqrt{1 + \frac{2EAh}{Wl}}\right) \qquad \text{ⓑ}$$

또 정적인 상태에서의 응력을 $\sigma_{st} = \frac{W}{A}$이라 하고, 변형량을 $\delta_{st} = \frac{Wl}{AE}$으로 하여 이 식에 대입하면 식 ⓑ는 다음과 같이 되는데, 이것을 충격에 의한 응력이라고 한다.

$$\sigma = \sigma_{st}\left(1 + \sqrt{1 + \frac{2h}{\delta_{st}}}\right) \qquad \text{ⓒ}$$

이때 봉에 생기는 최대변형량 δ는, 훅의 법칙으로부터 다음과 같이 구할 수 있는데, 최대변형량 δ를 충격에 의한 변형량이라고 한다.

$$\delta = \frac{\sigma l}{E} = \frac{\sigma_{st} l}{E}\left(1 + \sqrt{1 + \frac{2h}{\delta_{st}}}\right)$$

$$= \delta_{st}\left(1 + \sqrt{1 + \frac{2h}{\delta_{st}}}\right) \qquad \text{ⓓ}$$

만약 추 W가 플랜지에 아주 근접한 상태에서 떨어진다고 하면 $h \approx 0$이므로, 식 ⓒ와 ⓓ에서

$$\sigma = 2\sigma_{st}$$

$$\delta = 2\delta_{st}$$

가 되어, 충격에 의한 응력 σ와 충격에 의한 변형량 δ는, 각각 정적(靜的)인 상태에서의 응력 σ_{st}와 정적인 상태하에서의 변형량 δ_{st}의 2배가 됨을 알 수 있다.

예제 01

그림 2-9와 같이, 그 끝단에 플랜지가 달린 지름 20 mm, 길이가 3 m인 강봉에 하중 100 N의 추가 2 m의 높이에서 떨어질 때, 충격에 의한 응력과 변형량을 구하라. 단, 강봉의 종탄성계수 E = 200 GPa이다.

풀이 단면적

$$A = \frac{\pi d^2}{4} = \frac{0.02^2 \pi}{4} = \pi \times 10^{-4}\,\text{m}^2$$

이고, 정적인 상태에서의 응력

$$\sigma_{st} = \frac{P}{A} = \frac{100}{\pi \times 10^{-4}} = 3.183 \times 10^5\,\text{N/m}^2$$

정적인 상태에서의 변형량

$$\delta_{st} = \frac{Wl}{AE} = \frac{100 \times 3}{(\pi \times 10^{-4}) \times (200 \times 10^9)} = 0.477 \times 10^{-5}\,\text{m}$$

따라서 충격에 의한 응력

$$\sigma = \sigma_{st} \left(1 + \sqrt{1 + \frac{2h}{\delta_{st}}} \right)$$

$$= (3.183 \times 10^5) \times \left(1 + \sqrt{1 + \frac{2 \times 2}{0.477 \times 10^{-5}}} \right)$$

$$= (3.183 \times 10^5) \times 915.7 = 2,915 \times 10^5\,\text{N/m}^2$$

$$= 0.29\,\text{GPa}$$

충격에 의한 변형량

$$\delta = \delta_{st} \left(1 + \sqrt{1 + \frac{2h}{\delta_{st}}} \right)$$

$$= (0.477 \times 10^{-5}) \times \left(1 + \sqrt{1 + \frac{2 \times 2}{0.477 \times 10^{-5}}} \right)$$

$$= (0.477 \times 10^{-5}) \times 915.7$$

$$= 4.4 \times 10^{-3}\,\text{m}$$

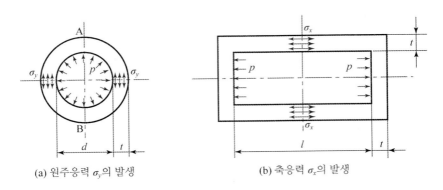

2.6　내압용기에 작용하는 응력

　보일러, 가스탱크, 물탱크 및 송수관 등과 같이 안지름에 비하여 두께가 얇은 용기 또는 관(두께가 안지름의 1/10 이하)에 내압이 작용하는 경우, 벽면 살 두께부에 생기는 수직응력은 두께방향으로 균일하게 분포하는 것으로 볼 수 있다.

　그림 2-10과 같이 내압 p를 받고 있는 두께가 얇은 용기의 벽 두께부에 발생하는 응력은 축방향의 벽 두께부에 발생하는 응력인 '축응력'과 원주방향의 벽 두께부에 발생하는 응력인 '원주응력'으로 구분하며, 그 응력은 각각 다음과 같이 된다.

$$\text{축응력} \quad \sigma_x = \frac{pd}{4t} \tag{1}$$

$$\text{원주응력} \quad \sigma_y = \frac{pd}{2t} \tag{2}$$

식에서 t는 용기의 두께, d는 용기의 안지름이다.

　원주응력은 '후프응력(hoop stress)'이라고도 부른다.

▸ 식의 유도 및 해설

1) 축응력

　용기를 축방향(A-B 단면)으로 자르고, 용기 내부에 작용하는 압력과 용기의 벽 두께부에 작용하는 수직응력을 도시하면, 그림 2-10(b)와 같다. 용기 내의 압력 p에 의해서 축방향으로 작용하는 힘

(a) 원주응력 σ_y의 발생　　　　　(b) 축응력 σ_x의 발생

그림 2-10 내압용기의 작용하는 응력

$$P_1 = 압력 \times 용기 \ 내의 \ 단면적 = p \times \frac{\pi d^2}{4}$$

이 된다.

또 용기의 축방향의 벽 두께부에 작용하는 응력을 σ_x라 하고, 벽 두께부에 작용하는 힘 F_1을 구하면

$$F_1 = 응력 \times 벽 \ 두께부 \ 단면적 = \sigma_x \times \pi dt$$

가 되는데, 내압을 받아 용기가 파손되지 않는다는 것은, 이 두 개의 힘이 서로 평형을 이루고 있다고 볼 수 있으므로 $P_1 = F_1$이 된다. 따라서

$$p \times \frac{\pi d^2}{4} = \sigma_x \times \pi dt$$

가 되고, 이로부터

$$\sigma_x = \frac{pd}{4t} \tag{1}$$

를 얻는다.

이 응력을 **축응력**이라고 한다.

2) 원주응력

내압 p를 받고 있는, 안지름 d, 두께 t인 용기의 내면에서의 압력분포와 벽 두께부에 작용하는 원주방향의 응력을 도시하면 그림 2-10(a)와 같다.

용기 내의 압력 p에 의해서, 용기를 둘로 분리시키려는 힘 P_2은 용기의 길이를 l이라고 하면

$$P_2 = 압력 \times 용기 \ 내의 \ 단면적 = p \times dl$$

이 된다.

또 용기의 벽 두께부에 작용하는 응력을 σ_y라 하고, 벽 두께부에 작용하는 힘 F_2를 구하면

$$F_2 = 응력 \times 벽 \ 두께부 \ 단면적 = \sigma_y \times 2tl$$

이 되는데, 내압을 받은 용기가 파손되지 않는다는 것은, 이 두 개의 힘이 서로 평형을 이루고 있다고 볼 수 있으므로

$$P_2 = F_2$$

가 된다. 따라서

$$pdl = 2\sigma_y tl$$

의 관계로부터

$$\sigma_y = \frac{pd}{2t} \qquad\qquad (2)$$

를 얻을 수 있는데, 이와 같이 용기의 원주방향으로 생기는 응력을 **원주응력**(circumferential stress) 또는 **후프응력**(hoope stress)이라고 한다.

식 (1)과 (2)에서 보는 바와 같이, 원주응력은 축응력의 두 배가 됨을 알 수 있다.

예제 01

길이 $l = 3$ m, 안지름 $d = 2$ m, 벽 두께 $t = 3$ mm인 원통형 탱크에, 압력 $p = 2,800$ kPa인 가스가 채워져 있다. 이 탱크의 벽 두께부에 작용하는 최대응력을 구하라.

풀이　최대응력은 원주응력에 해당하므로, 원주응력을 구하면 된다.

$$최대응력 \ \sigma_{max} = \frac{pd}{2t} = \frac{2,800 \times 2}{2 \times (3 \times 10^{-3})} = 933.333 \ \text{kPa}$$

예제 02

바깥지름 $d = 20$ cm이고, 벽 두께 $t = 1$ mm인 고무공에, 압력 $p = 3$ kPa인 공기가 채워져 있다. 이 공의 벽 두께부에 작용하는 응력을 구하라.

풀이　공의 벽 두께부에 작용하는 응력은, 축응력과 같은 응력이므로, 축응력을 구하면 된다. 따라서

$$응력 \ \sigma = \frac{pd}{4t} = \frac{3 \times 0.2}{4 \times (1 \times 10^{-3})} = 150 \ \text{kPa}$$

| 제2장 |
연습문제

1. 길이 800 mm, 단면적 40 mm²인 봉의 양단에서 인장하중 $P = 10$ kN이 작용하는 동시에 봉의 중간 지점에서 5 kN의 인장하중이 작용할 때 이 봉의 전 신장량을 구하라. 단, 봉의 종탄성계수 $E = 200$ GPa이다.

2. 길이 3 m, 지름 500 mm인 강봉의 축방향으로 700 N의 하중이 매달려 있다. 봉의 자중을 고려한 봉의 단면에 작용하는 최대수직응력을 구하라. 단, 봉 재료의 종탄성계수 $E = 200$ GPa이고, 비중량 $\gamma = 7.85$ g/cm³이다.

3. 재료의 온도가 40℃일 때 그 길이를 측정하였더니 10.0012 m였는데, 재료의 온도가 30℃일 때 재료의 길이가 10 m였다. 이 재료의 열팽창계수를 구하라. 단, 재료의 종탄성계수 $E = 200$ GPa이다.

4. 길이 2 m의 금속봉의 양단을 고정하고 가열하여 금속의 온도를 40℃ 상승시켰다. 이 금속의 열팽창계수 $\alpha = 11.5 \times 10^{-6}$ m/℃, 종탄성계수 $E = 200$ GPa일 때 발생하는 열응력을 구하라.

5. 길이가 2 m, 지름이 10 cm인 연강봉이 인장하중을 받아 0.5 mm 늘어났다. 이 봉에 축적된 탄성에너지는 얼마인가? 단, 연강봉의 종탄성계수 $E = 200$ GPa이다.

6. 인장강도 400 MPa의 연강판으로 지름 60 cm에 2 MPa의 내압을 받는 원통형의 보일러를 만드는 데 필요한 연강판의 두께를 구하라. 단, 안전율을 5로 한다.

7. 끝단에 플랜지가 붙어 있는 지름 4 cm, 길이 1 m의 강봉에, 중심부에 구멍이 나 있는 무게 50 N의 추를 끼우고 플랜지로부터 40 cm의 높이에서 떨어뜨렸을 경우 강봉에 발생하는 응력과 변형량을 구하라. 단, 강봉의 종탄성계수 $E = 200$ GPa이다.

8. 길이 10 m, 지름 $d = 2$ mm인 강선의 끝에 무게 $W = 40$ N의 추가 매달려 있다. 추를 $h = 5$ m 높이까지 들어올렸다가 자유낙하시켰을 때 강선에 발생되는 응력을 구하라. 단, 강선의 종탄성계수 $E = 200$ GPa이다.

9. 안지름 $d = 80$ mm, 길이 500 mm, 벽 두께 $t = 1.5$ mm인 원통형 관이 내압 3,000 kPa을 받고 있다. 관 벽이 받는 최대응력을 구하라.

10. 탄성계수 $E = 200$ GPa인 균일단면봉에 스트레인 게이지를 접착하여 인장시험하였더니 변형률 $\epsilon = 10^{-5}$이었다. 이 재료가 흡수한 단위체적당 변형에너지는 얼마인가?

STRENGTH OF MATERIALS

제3장 조합응력

지금까지는, 봉의 길이방향으로 인장하중이 작용하는 것과 같이, 단일 축방향으로만 수직응력이 작용하는 상태인 단순응력 상태에 대한 문제만을 다루었다.

그러나 실제 구조물에서는, 축방향의 인장하중뿐만 아니라, 굽힘모멘트, 비틀림 모멘트 등이 서로 조합하여 작용해서 재료 내부의 응력상태는 복잡하게 나타난다.

이때 두 개 이상의 단순응력이 합성되어 작용하는 응력을 조합응력(combined stress)이라고 한다.

이와 같은 조합응력이 작용하는 구조물은, 최대응력에 의하여 파손되므로, 최대응력이 어느 면에서 발생하고, 그 크기는 얼마인가를 찾아내는 것이 대단히 중요한 문제이다. 따라서 여기서는 그 최대응력이 작용하는 면과 크기를 찾아내는 방법에 주안점을 두고 조합응력을 해석하는 방법을 제시하고자 한다.

3.1 이론식에 의한 조합응력의 해석

3.1.1 평면응력 상태에 있는 요소의 응력해석

그림 3-1(a)와 같이 직사각형 형태의 얇은 판재와 같은 요소에, 서로 직각방향으로 수직응력 σ_x와 σ_y가 작용하는 동시에, 각각의 변에 나란한 방향으로 전단응력 τ_{xy}가 작용하는 응력상태는 한 평면에 작용시킬 수 있는 모든 응력들의 상태를 나타낸 것으로, 이를 **평면응력**(平面應力, plane stress) 상태에 있다고 한다. 여기서는 이와 같은 평면응력 상태에 있는 요소의 응력을 해석하여 최대응력을 구해보기로 한다.

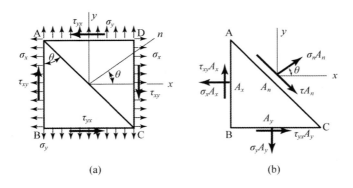

(a)   (b)

그림 3-1 평면응력 상태에 있는 직사각형 평판 요소

그림 3-1(a)에서 x축에 수직인 면은 x면, y축에 수직인 면은 y면이라 하고, x면과 각도 θ를 이루는 경사면은 n면이라 한다(x축과 경사면에 수직인 직선이 이루는 각이 θ가 된다).

전단응력의 경우, 전단응력 τ의 첨자 중 첫 첨자는 전단응력이 작용하는 면을, 둘째 첨자는 전단응력이 작용하는 방향을 표시한다. 즉 τ_{xy}는 직사각형 요소의 x면상에서 전단응력이 y방향으로 작용하는 것을, τ_{yx}는 y면상에서 x방향으로 작용하는 것을 표시한다. 전단응력의 부호는 시계방향일 때 +, 반시계방향일 때는 -로 한다. 또 서로 직교하는 면 위에 작용하는 전단응력은 서로 크기가 같고 방향이 반대가 되는데, 이와 같이 서로 90° 각을 이루는 두 개의 면에 작용하는 응력을 서로 **공액응력**(共軛應力, compliance stress)이라고 한다. 즉 전단응력 τ_{xy}와 τ_{yx}는 서로 공액응력으로 그 크기가 같고 방향은 반대이다.

이와 같이 정의된 직사각형 형태의 얇은 판재와 같은 요소에, 서로 직각방향으로 수직응력 σ_x, σ_y와 전단응력 τ_{xy}, τ_{yx}가 작용하는 평면응력 상태에 있을 때, x면에 대하여 각 θ만큼 기울어진 경사면에 작용하는 응력은 다음 식과 같이 된다.

수직응력

$$\sigma_n = \frac{1}{2}(\sigma_x + \sigma_y) + \frac{1}{2}(\sigma_x - \sigma_y)\cos 2\theta - \tau_{xy}\sin 2\theta \tag{1}$$

전단응력

$$\tau = \frac{1}{2}(\sigma_x - \sigma_y)\sin 2\theta + \tau_{xy}\cos 2\theta \tag{2}$$

여기서, 수직응력 σ_n이 최대가 되는 경사면의 각도 θ는, 다음 식을 만족하는 θ의 값이 된다.

$$\tan 2\theta = -\frac{2\tau_{xy}}{\sigma_x - \sigma_y} \tag{3}$$

수직응력의 최댓값과 최솟값을 **주응력**(主應力, principal stress)이라고 하는데, 최댓값을 σ_1, 최솟값을 σ_2로 표시하며, 각각 다음 식과 같이 된다.

$$\sigma_1 = \frac{1}{2}(\sigma_x + \sigma_y) + \frac{1}{2}\sqrt{(\sigma_x - \sigma_y)^2 + 4\tau_{xy}^2} \tag{4}$$

$$\sigma_2 = \frac{1}{2}(\sigma_x + \sigma_y) - \frac{1}{2}\sqrt{(\sigma_x - \sigma_y)^2 + 4\tau_{xy}^2} \tag{5}$$

또 전단응력 τ가 최대가 되는 경사면의 각도 θ는 다음 식을 만족하는 θ의 값이 된다.

$$\tan 2\theta = \frac{(\sigma_x - \sigma_y)}{2\tau_{xy}} \tag{6}$$

전단응력의 최댓값 $\tau_{\max}$와 최솟값 $\tau_{\min}$는 다음 식과 같이 된다.

$$\tau_{\max} = \frac{1}{2}\sqrt{(\sigma_x - \sigma_y)^2 + 4\tau_{xy}^2} \tag{7}$$

$$\tau_{\min} = -\frac{1}{2}\sqrt{(\sigma_x - \sigma_y)^2 + 4\tau_{xy}^2} \tag{8}$$

따라서 전단응력의 최댓값과 최솟값은 주응력과 다음과 같은 관계가 성립한다.

$$\tau_{\max} = \frac{1}{2}(\sigma_1 - \sigma_2) \tag{9}$$

$$\tau_{\min} = -\frac{1}{2}(\sigma_1 - \sigma_2) \tag{10}$$

▸ 식의 유도

경사면 AC에 작용하는 응력을 구하기 위하여, 그림 3−1(b)와 같이 삼각형 ABC로 분리하고, AB, BC 및 AC의 두께에 대한 면적을 각각 A_x, A_y, A_n이라 한다.

경사면 위에 작용하는 응력을, 경사면에 대하여 수직인 수직응력 σ_n과 경사면에 평행인 전단응력 τ로 구분하고, 우선 경사면에 수직방향인 n축 방향에 대하여 힘의 평형조건식 $(\sum F = 0)$을 적용하면 다음과 같이 된다.

$$\sum F = \sigma_n A_n - \sigma_x A_x \cos\theta - \sigma_y A_y \sin\theta + \tau_{xy} A_x \sin\theta + \tau_{yx} A_y \cos\theta = 0$$

이 식으로부터

$$\sigma_n A_n = \sigma_x A_x \cos\theta + \sigma_y A_y \sin\theta - \tau_{xy} A_x \sin\theta - \tau_{yx} A_y \cos\theta$$

의 관계식을 얻을 수 있으며, 이 식에

$$A_x = A_n\cos\theta, \quad A_y = A_n\sin\theta, \quad \tau_{xy} = \tau_{yx}$$

의 관계를 대입하면 다음과 같이 된다.

$$\sigma_n A_n = \sigma_x(A_n\cos\theta)\cos\theta + \sigma_y(A_n\sin\theta)\sin\theta - \tau_{xy}(A_n\cos\theta)\sin\theta$$
$$- \tau_{yx}(A_n\sin\theta)\cos\theta$$
$$= \sigma_x A_n\cos^2\theta + \sigma_y A_n\sin^2\theta - 2\tau_{xy}A_n\cos\theta\sin\theta$$

따라서 이 식의 양변을 A_n으로 나누면, 다음과 같이 경사면 위에 작용하는 수직응력 σ_n에 대한 식을 얻을 수 있다.

$$\sigma_n = \sigma_x\cos^2\theta + \sigma_y\sin^2\theta - 2\tau_{xy}\sin\theta\cos\theta$$

다음에 삼각함수의 관계식

$$\cos^2\theta = 1 - \sin^2\theta, \quad \sin^2\theta = \frac{1}{2}(1-\cos2\theta), \quad \sin2\theta = 2\sin\theta\cos\theta$$

를 이용하여, 이 식을 다음과 같이 변환시킬 수 있다.

$$\sigma_n = \sigma_x(1-\sin^2\theta) + \sigma_y\sin^2\theta - 2\tau_{xy}\left(\frac{1}{2}\sin2\theta\right)$$
$$= \sigma_x - \sigma_x\sin^2\theta + \sigma_y\sin^2\theta - \tau_{xy}\sin2\theta$$
$$= \sigma_x - (\sigma_x - \sigma_y)\sin^2\theta - \tau_{xy}\sin2\theta$$
$$= \sigma_x - (\sigma_x - \sigma_y)\times\frac{1}{2}(1-\cos2\theta) - \tau_{xy}\sin2\theta$$
$$= \frac{1}{2}(\sigma_x + \sigma_y) + \frac{1}{2}(\sigma_x - \sigma_y)\cos2\theta - \tau_{xy}\sin2\theta \qquad ⓐ$$

또한 이와 같은 방법으로 경사면에 나란한 방향에 대하여, 힘의 평형방정식을 적용하면

$$\sum F = \tau A_n - \sigma_x A_x\sin\theta + \sigma_y A_y\cos\theta - \tau_{xy}A_x\cos\theta + \tau_{yx}A_y\sin\theta = 0$$

이 되고, 이 식으로부터

$$\tau A_n = \sigma_x A_x\sin\theta - \sigma_y A_y\cos\theta + \tau_{xy}A_x\cos\theta - \tau_{yx}A_y\sin\theta$$
$$= \sigma_x(A_n\cos\theta)\sin\theta - \sigma_y(A_n\sin\theta)\cos\theta$$

$$+ \tau_{xy}(A_n\cos\theta)\cos\theta - \tau_{yx}(A_n\sin\theta)\sin\theta$$

$$= \sigma_x A_n\cos\theta\sin\theta - \sigma_y A_n\sin\theta\cos\theta + \tau_{xy}A_n\cos^2\theta - \tau_{yx}A_n\sin^2\theta$$

$$= \sigma_x A_n\left(\frac{1}{2}\sin2\theta\right) - \sigma_y A_n\left(\frac{1}{2}\sin2\theta\right) + \tau_{xy}A_n\left(\cos^2\theta - \sin^2\theta\right)$$

가 된다. 따라서 이 식의 양변을 A_n으로 나누어 주면, 다음과 같이 전단응력 τ에 대한 식을 얻을 수 있다.

$$\tau = \frac{1}{2}\sigma_x\sin2\theta - \frac{1}{2}\sigma_y\sin2\theta + \tau_{xy}(\cos^2\theta - \sin^2\theta)$$

$$= \frac{1}{2}(\sigma_x - \sigma_y)\sin2\theta + \tau_{xy}\{(1-\sin^2\theta) - \sin^2\theta\}$$

$$= \frac{1}{2}(\sigma_x - \sigma_y)\sin2\theta + \tau_{xy}(1 - 2\sin^2\theta)$$

$$= \frac{1}{2}(\sigma_x - \sigma_y)\sin2\theta + \tau_{xy}\left\{1 - 2\times\frac{1}{2}(1-\cos2\theta)\right\}$$

$$= \frac{1}{2}(\sigma_x - \sigma_y)\sin2\theta + \tau_{xy}\cos2\theta \qquad\qquad ⓑ$$

한편, 경사면 AC와 직교하는 BD면상에 작용하는 응력 σ'_n와 τ'는, 다음과 같이 식 ⓐ와 ⓑ의 θ 대신에 $\theta + 90°$을 대입하여 얻을 수 있다.

$$\sigma'_n = \frac{1}{2}(\sigma_x + \sigma_y) + \frac{1}{2}(\sigma_x - \sigma_y)\cos2(\theta+90) - \tau_{xy}\sin2(\theta+90)$$

$$= \frac{1}{2}(\sigma_x + \sigma_y) - \frac{1}{2}(\sigma_x - \sigma_y)\cos2\theta + \tau_{xy}\sin2\theta \qquad\qquad ⓒ$$

$$\tau' = \frac{1}{2}(\sigma_x - \sigma_y)\sin2(\theta+90) + \tau_{xy}\cos2(\theta+90)$$

$$= -\frac{1}{2}(\sigma_x - \sigma_y)\sin2\theta - \tau_{xy}\cos2\theta \qquad\qquad ⓓ$$

이와 같은 응력 σ'_n와 τ'를 응력 σ_n과 τ의 공액응력이라고 한다.
이들 공액응력들 사이에는 다음과 같은 관계가 성립한다.

$$\sigma_n + \sigma'_n = \sigma_x + \sigma_y$$

$$\tau + \tau' = 0$$

다음에는 수직응력 σ_n의 최댓값을 구해보기로 하자.

수직응력 σ_n이 최대가 되는 경사각 θ는 $\dfrac{d\sigma_n}{d\theta} = 0$을 만족하는 θ의 값이므로

$$\begin{aligned} \frac{d\sigma_n}{d\theta} &= \frac{1}{2}(\sigma_x - \sigma_y)(-2\sin 2\theta) - \tau_{xy}2\cos 2\theta \\ &= -(\sigma_x - \sigma_y)\sin 2\theta - 2\tau_{xy}\cos 2\theta \\ &= 0 \end{aligned}$$

으로부터

$$\frac{\sin 2\theta}{\cos 2\theta} = -\frac{2\tau_{xy}}{\sigma_x - \sigma_y}, \quad \tan 2\theta = -\frac{2\tau_{xy}}{\sigma_x - \sigma_y} \qquad \text{ⓔ}$$

의 관계를 얻을 수 있다. 이 식을 만족하는 2θ의 값은 두 개이며, 이들 사이에는 180°의 차이가 있으므로, 결국 θ는 서로 90°의 차를 가지는 두 개의 값을 갖는다. 이때 이 중 한 개의 값이 최댓값이고, 나머지 한 개가 최솟값이 된다.

이와 같은 수직응력의 최댓값과 최솟값을 주응력(principal stress)이라 부르고, 각각 σ_1과 σ_2로 표시한다. 또 이 주응력이 작용하는 면을 **주평면**(principal plane of stress)이라 부른다.

주응력을 구하기 위해서는, 식 ⓔ의 관계를 식 ⓐ에 대입해야 하는데, 계산을 간단히 하기 위하여 다음과 같이 삼각함수 관계를 이용한다.

우선 삼각함수의 관계식 $\sin^2 2\theta + \cos^2 2\theta = 1$에서, 양변을 $\sin^2 2\theta$로 나누면

$$1 + \frac{\cos^2 2\theta}{\sin^2 2\theta} = \frac{1}{\sin^2 2\theta}$$

$$1 + \frac{1}{\tan^2 2\theta} = \frac{1}{\sin^2 2\theta} \qquad \text{ⓕ}$$

$$\sin 2\theta = \sqrt{\frac{\tan^2 2\theta}{1 + \tan^2 2\theta}} = \frac{\tan 2\theta}{\sqrt{1 + \tan^2 2\theta}}$$

가 되고, 여기에 식 ⓔ를 대입하면 다음과 같은 식을 얻을 수 있다.

$$\sin 2\theta = \frac{\tan 2\theta}{\sqrt{1 + \tan^2 2\theta}} = \frac{-2\tau_{xy}}{\sqrt{(\sigma_x - \sigma_y)^2 + 4\tau_{xy}^2}} \qquad \text{ⓖ}$$

또한 삼각함수의 관계식 $\sin^2 2\theta + \cos^2 2\theta = 1$에서, 양변을 $\cos^2 2\theta$로 나누고 정리하

면 다음과 같이 된다.

$$\frac{\sin^2 2\theta}{\cos^2 2\theta} + 1 = \frac{1}{\cos^2 2\theta}$$

$$\tan^2 2\theta + 1 = \frac{1}{\cos^2 2\theta} \qquad \qquad ⓗ$$

$$\cos 2\theta = \frac{1}{\sqrt{1 + \tan^2 2\theta}}$$

여기에 식 ⓔ를 대입하여 정리하면, 다음과 같은 식을 얻을 수 있다.

$$\cos 2\theta = \frac{1}{\sqrt{1 + \tan^2 2\theta}} = \frac{\sigma_x - \sigma_y}{\sqrt{(\sigma_x - \sigma_y)^2 + 4\tau_{xy}^2}} \qquad \qquad ⓘ$$

따라서 식 ⓖ와 ⓘ를 식 ⓐ에 대입하면, 다음과 같이 수직응력의 최댓값인 주응력 σ_1을 구할 수 있게 된다.

$$\sigma_1 = \frac{1}{2}(\sigma_x + \sigma_y) + \frac{1}{2}\sqrt{(\sigma_x - \sigma_y)^2 + 4\tau_{xy}^2} \qquad \qquad ⓙ$$

앞에서 설명한 바와 같이, 식 ⓔ을 만족하는 경사면은 두 개로, σ_1이 작용하는 면과 90° 각을 이루는 경사면상에서는 최소응력인 주응력 σ_2가 발생하며, 이 값은 식 ⓒ에 식 ⓖ와 ⓘ를 대입하여 얻을 수 있으며, 그 결과는 다음과 같다.

$$\sigma_2 = \frac{1}{2}(\sigma_x + \sigma_y) - \frac{1}{2}\sqrt{(\sigma_x - \sigma_y)^2 + 4\tau_{xy}^2} \qquad \qquad ⓚ$$

이번에는 전단응력의 최댓값을 구해보자.

우선 최대전단응력이 작용하는 평면의 경사각은, $\frac{d\tau}{d\theta} = 0$을 만족하는 θ의 값이므로 식 ⓑ를 θ에 대하여 미분하면

$$\frac{d\tau}{d\theta} = (\sigma_x - \sigma_y)\cos 2\theta - 2\tau_{xy}\sin 2\theta = 0$$

가 되고, 여기서

$$\tan 2\theta = \frac{(\sigma_x - \sigma_y)}{2\tau_{xy}} \qquad \qquad ⓛ$$

의 조건을 얻는다. 이 식을 만족하는 θ의 값도 두 개이며, 이들은 서로 90° 각을 이루는 경사면에 작용한다.

따라서 삼각함수 관계식 ⓕ와 ⓗ에, 식 ①을 대입하면

$$\sin 2\theta = \frac{\tan 2\theta}{\sqrt{1+\tan^2 2\theta}} = \frac{\sigma_x - \sigma_y}{\sqrt{4\tau_{xy}^2 + (\sigma_x - \sigma_y)^2}} \qquad ⓜ$$

$$\cos 2\theta = \frac{1}{\sqrt{1+\tan^2 2\theta}} = \frac{2\tau_{xy}}{\sqrt{4\tau_{xy}^2 + (\sigma_x - \sigma_y)^2}} \qquad ⓝ$$

이 되고, 이들을 식 ⓑ에 대입하면 다음과 같이 최대전단응력 $\tau_{\max}$을 구할 수 있다.

$$\tau_{\max} = \frac{1}{2}\sqrt{(\sigma_x - \sigma_y)^2 + 4\tau_{xy}^2} \qquad ⓞ$$

또 최소전단응력은 최대전단응력 $\tau_{\max}$이 작용하는 면과 90° 각을 이루는 경사면상에서 발생한다.

따라서 최소전단응력 $\tau_{\min}$은 식 ⓓ에 식 ⓜ과 ⓝ을 대입하여 구할 수 있으며, 그결과는 다음과 같다.

$$\tau_{\min} = -\frac{1}{2}\sqrt{(\sigma_x - \sigma_y)^2 + 4\tau_{xy}^2} \qquad ⓟ$$

예제_01

> 그림 3-2와 같은 평면응력 상태에 있는 직사각형 평판 요소에서 $\sigma_x = 15\,kPa$, $\sigma_y = -5kPa$, $\tau_{xy} = 10\,kPa$일 때 주응력의 크기와 최대전단응력을 구하라.

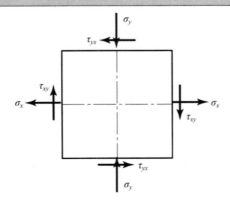

그림 3-2 평면응력 상태에 있는 직사각형 평판 요소

풀이 주응력

$$\sigma_1 = \frac{1}{2}(\sigma_x + \sigma_y) + \frac{1}{2}\sqrt{(\sigma_x - \sigma_y)^2 + 4\tau_{xy}^2}$$

$$= \frac{1}{2}\{15 + (-5)\} + \frac{1}{2}\sqrt{\{15 - (-5)\}^2 + 4 \times 10^2}$$

$$= 19.14 \text{ kPa}$$

$$\sigma_2 = \frac{1}{2}(\sigma_x + \sigma_y) - \frac{1}{2}\sqrt{(\sigma_x - \sigma_y)^2 + 4\tau_{xy}^2}$$

$$= \frac{1}{2}\{15 + (-5)\} - \frac{1}{2}\sqrt{\{15 - (-5)^2\} + 4 \times 10^2}$$

$$= -9.14 \text{ kPa}$$

최대전단응력

$$\tau_{\max} = \frac{1}{2}\sqrt{(\sigma_x - \sigma_y)^2 + 4\tau_{xy}^2} = \frac{1}{2}\sqrt{\{(15 - (-5))\}^2 + 4 \times 10^2}$$

$$= 14.14 \text{ kPa}$$

3.1.2 2축응력 상태에 있는 요소의 응력해석

그림 3–3과 같이, 직사각형 형태의 얇은 판재와 같은 요소에 서로 직각방향으로, 인장응력 σ_x와 σ_y가 작용하는 응력상태를 **2축응력**(二軸應力, biaxial stress) 상태에 있다고 한다. 여기서는 이와 같은 2축응력 상태에 있는 요소의 응력을 해석하여 최대응력을 구해보기로 한다.

이와 같은 2축응력 상태는 앞에서의 그림 3–1과 같은 평면응력 상태에서, 전단응력 τ_{xy}가 제거된 상태이므로 x축과 각도 θ를 이루는 경사면상에서의 수직응력 σ_n과

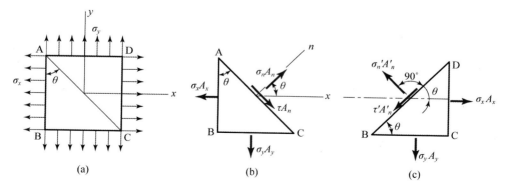

(a) (b) (c)

그림 3–3 2축응력 상태에 있는 직사각형 평판 요소

τ는, 3.1.1절의 평면응력 상태에서의 경사면에 작용하는 응력에 대한 식 (1)과 (2)에서, 전단응력 $\tau_{xy} = 0$으로 하면 된다. 즉

$$수직응력 \quad \sigma_n = \frac{1}{2}(\sigma_x + \sigma_y) + \frac{1}{2}(\sigma_x - \sigma_y)\cos 2\theta \tag{1}$$

$$전단응력 \quad \tau = \frac{1}{2}(\sigma_x - \sigma_y)\sin 2\theta \tag{2}$$

가 된다.

이때 수직응력 σ_n이 최댓값과 최솟값이 되는 θ의 값도, 3.1.1절의 평면응력 상태에서 수직응력이 최대가 되는 경사면의 각도 θ에 대한 식 (3)에서 전단응력 $\tau_{xy} = 0$으로 하면 된다. 즉

$$\tan 2\theta = \frac{-2\tau_{xy}}{\sigma_x - \sigma_y} = \frac{0}{\sigma_x - \sigma_y} = 0$$

이 식을 만족하는 θ의 값은 $\theta = 0°$, $\theta = 90°$이므로, $\theta = 0°$, $\theta = 90°$의 단면에서 수직응력이 최대 또는 최소가 됨을 알 수 있다.

이와 마찬가지로, 주응력, 즉 수직응력의 최댓값 σ_1와 최솟값 σ_2는 3.1.1절의 식 (4)와 식 (5)에서 $\tau_{xy} = 0$으로 하면 된다. 즉(단, $\sigma_x > \sigma_y$)

$$\sigma_1 = \frac{\sigma_x + \sigma_y}{2} + \frac{\sigma_x - \sigma_y}{2} = \sigma_x$$

$$\sigma_2 = \frac{\sigma_x + \sigma_y}{2} - \frac{\sigma_x - \sigma_y}{2} = \sigma_y$$

가 된다.

전단응력 τ가 최대 또는 최소가 되는 경사면의 각도 θ는, 3.1.1절의 평면응력 상태에서 τ가 최대 또는 최소가 되는 경사면의 각도 θ에 관한 식 (6)에서 $\tau_{xy} = 0$으로 놓으면 된다. 즉

$$\tan 2\theta = \frac{\sigma_x - \sigma_y}{2\tau_{xy}} = \frac{\sigma_x - \sigma_y}{0} = \infty$$

이 식을 만족하는 θ의 값은 45°와 135° 두 개가 있다. 따라서 θ의 값이 45°와 135°인 경사면에서 전단응력 τ가 최대 또는 최소가 됨을 알 수 있다.

또한 전단응력의 최댓값과 최솟값도 3.1.1절의 평면응력 상태에서 전단응력의 최댓값과 최솟값에 대한 식 (7)과 (8)에서 $\tau_{xy} = 0$으로 하면 된다. 즉

$$\tau_{\max} = \frac{1}{2}(\sigma_x - \sigma_y)$$

$$\tau_{\min} = -\frac{1}{2}(\sigma_x - \sigma_y)$$

가 된다.

▸ **식의 유도**

그림 3-3에서, x축에 수직인 면은 x면, y축에 수직인 면은 y면이 되고, x면과 각도 θ를 이루는 경사면은 n면이 된다(x축과 경사면에 수직인 직선이 이루는 각이 θ가 된다). 이때 경사면 AC에 작용하는 응력을 구하기 위하여, 그림 3-3(b)와 같이 삼각형 ABC로 분리하고, AB, BC 및 AC의 두께에 대한 면적을 각각 A_x, A_y, A_n이라 한다.

또 경사면에 작용하는 응력을, 경사면에 대하여 수직인 수직응력 σ_n과 경사면에 평행인 전단응력 τ로 구분하고, 우선 경사면에 수직방향인 n축 방향에 대하여 힘의 평형조건식($\sum F = 0$)을 적용하면 다음과 같이 된다.

$$\sum F = \sigma_n A_n - \sigma_x A_x \cos\theta - \sigma_y A_y \sin\theta = 0$$

이 식으로부터

$$\sigma_n A_n = \sigma_x A_x \cos\theta - \sigma_y A_y \sin\theta$$

의 관계를 얻을 수 있다. 그런데 그림에서 $A_x = A_n\cos\theta$, $A_y = A_n\sin\theta$이므로 이 식은

$$\sigma_n A_n = \sigma_x (A_n\cos\theta)\cos\theta + \sigma_y (A_n\sin\theta)\sin\theta$$

가 된다. 따라서 이 식의 양변을 A_n으로 나누어 주면, 다음과 같이 x면과 각 θ를 이루는 경사면상에서의 수직응력을 얻을 수 있다.

$$\sigma_n = \sigma_x\cos^2\theta + \sigma_y\sin^2\theta \qquad \text{ⓐ}$$

이 식은 삼각함수 관계식 $\cos^2\theta = 1 - \sin^2\theta$와 $\sin^2\theta = \frac{1}{2}(1 - \cos2\theta)$를 차례로 이용하여, 다음과 같은 형태로 고쳐 쓸 수 있다.

$$\sigma_n = \sigma_x(1 - \sin^2\theta) + \sigma_y\sin^2\theta$$

$$= \sigma_x - \sigma_x\sin^2\theta + \sigma_y\sin^2\theta$$

$$= \sigma_x - (\sigma_x - \sigma_y)\sin^2\theta$$

$$= \sigma_x - (\sigma_x - \sigma_y) \times \frac{1}{2}(1 - \cos2\theta)$$

$$= \frac{1}{2}(\sigma_x + \sigma_y) + \frac{1}{2}(\sigma_x - \sigma_y)\cos2\theta \qquad\qquad ⓑ$$

또 경사면에 나란한 방향으로 힘의 평형조건식을 적용하면 다음과 같이 된다.

$$\sum F = \tau A_n - \sigma_x A_x\sin\theta + \sigma_y A_y\cos\theta = 0$$

따라서 이 식으로부터

$$\tau A_n = \sigma_x A_x\sin\theta - \sigma_y A_y\cos\theta$$

$$= \sigma_x(A_n\cos\theta)\sin\theta - \sigma_y(A_n\sin\theta)\cos\theta$$

의 관계식을 얻는다. 따라서 이 식의 양변을 A_n으로 나누어 주면

$$\tau = \sigma_x\cos\theta\sin\theta - \sigma_y\sin\theta\cos\theta = (\sigma_x - \sigma_y)\sin\theta\cos\theta$$

가 된다. 이 식은 다시 $\sin2\theta = 2\sin\theta\cos\theta$의 관계로부터

$$\tau = \frac{1}{2}(\sigma_x - \sigma_y)\sin2\theta \qquad\qquad ⓒ$$

의 형태로 바꿀 수 있다.

한편 경사면 AC와 직교하는 면 BD상에 작용하는 응력 σ'_n와 τ'는 다음과 같이 식 ⓑ와 ⓒ의 θ 대신 $\theta + 90°$를 대입하여 얻는다.

$$\sigma'_n = \frac{1}{2}(\sigma_x + \sigma_y) + \frac{1}{2}(\sigma_x - \sigma_y)\cos2(\theta + 90)$$

$$= \frac{1}{2}(\sigma_x + \sigma_y) - \frac{1}{2}(\sigma_x - \sigma_y)\cos2\theta \qquad\qquad ⓓ$$

$$\tau' = \frac{1}{2}(\sigma_x - \sigma_y)\sin2(\theta + 90)$$

$$= -\frac{1}{2}(\sigma_x - \sigma_y)\sin2\theta \qquad\qquad ⓔ$$

식 ⓑ와 ⓓ, 식 ⓒ와 ⓔ를 각각 더해보면, 서로 다음과 같은 관계가 있음을 알 수 있다.

$$\sigma_n + \sigma'_n = \sigma_x + \sigma_y$$
$$\tau + \tau' = 0$$

따라서 이 식으로부터 두 개의 직교하는 평면상에 작용하는 수직응력의 합은 θ에 관계없이 일정하고, 전단응력은 서로 크기가 같고, 방향이 반대임을 알 수 있다.

이와 같이 서로 90° 벌어진 두 단면에 작용하는 응력을 서로 공액응력(compliance stress)이라고 한다.

또 σ_n이 최댓값이 되는 θ의 값은 식 ⓑ에서 $\dfrac{d\sigma_n}{d\theta} = 0$을 만족하는 θ의 값이므로

$$\frac{d\sigma_n}{d\theta} = -(\sigma_x - \sigma_y)\sin 2\theta = 0$$

으로부터 $\theta = 0°$, $\theta = 90°$의 단면에서 수직응력이 최대 또는 최소가 됨을 알 수 있다. 따라서 $\sigma_x > \sigma_y$일 때 수직응력의 최댓값 및 최솟값인 주응력 σ_1과 σ_2는 식 ⓑ에 $\theta = 0°$, $\theta = 90°$를 각각 대입하면

$$\sigma_1 = \frac{\sigma_x + \sigma_y}{2} + \frac{\sigma_x - \sigma_y}{2} = \sigma_x$$

$$\sigma_2 = \frac{\sigma_x + \sigma_y}{2} - \frac{\sigma_x - \sigma_y}{2} = \sigma_y$$

가 된다.

또한 전단응력의 최댓값과 최솟값은 식 ⓒ에서 $\dfrac{d\tau}{d\theta} = 0$을 만족하는 θ의 값이므로

$$\frac{d\tau}{d\theta} = (\sigma_x - \sigma_y)\cos 2\theta = 0$$

으로부터 $\theta = 45°$, $\theta = 135°$를 얻을 수 있다. 따라서 전단응력은 $\theta = 45°$ 및 $\theta = 135°$의 경사면에서 최대, 최소가 되며 그 값 $\tau_{\max}$, $\tau_{\min}$은 식 ⓒ에 $\theta = 45°$와 $\theta = 135°$를 각각 대입하면

$$\tau_{\max} = \frac{1}{2}(\sigma_x - \sigma_y)$$

$$\tau_{min} = -\frac{1}{2}(\sigma_x - \sigma_y)$$

가 된다.

예제 01

그림 3-4와 같은 2축응력 상태에 있는 직사각형 평판 요소에서 $\sigma_x = 500\,\mathrm{Pa}$, $\sigma_y = 200\,\mathrm{Pa}$이 작용할 때 σ_x가 작용하는 면과 30° 기울어진 경사면상에서의 응력을 구하라.

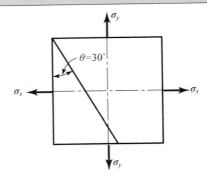

그림 3-4 2축응력 상태에 있는 직사각형 평판 요소

풀이 30° 기울어진 경사면상에서의 수직응력

$$\sigma_n = \frac{1}{2}(\sigma_x + \sigma_y) + \frac{1}{2}(\sigma_x - \sigma_y)\cos 2\theta$$

$$= \frac{1}{2}(500 + 200) + \frac{1}{2}(500 - 200)\cos(2 \times 30)$$

$$= 425\,\mathrm{Pa}$$

전단응력

$$\tau = \frac{1}{2}(\sigma_x - \sigma_y)\sin 2\theta$$

$$= \frac{1}{2}(500 - 200)\sin(2 \times 30)$$

$$= 130\,\mathrm{Pa}$$

3.1.3 1축응력 상태에 있는 요소의 응력해석

그림 3-5(a)와 같이 직사각형 형태의 얇은 판재와 같은 요소에 한쪽 방향으로만 인장응력 σ_x가 작용하는 응력상태를 **1축응력**(一軸應力, unidirectional stress) 상태, 또는

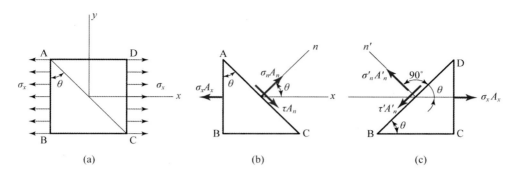

그림 3 – 5 1축응력 상태에 있는 직사각형 평판 요소

단축응력(單軸應力) 상태나 **단순응력**(單純應力) 상태에 있다고 한다. 여기서는 이와 같은 1축응력 상태에 있는 요소의 응력을 해석하여 최대응력을 구해보기로 한다.

이와 같은 1축응력 상태는, 3.1.1절의 평면응력 상태에서의 수직응력 σ_y와 전단응력 τ_{xy}가 제거된 상태이므로, x면과 각도 θ를 이루는 경사면(n면)상에서의 수직응력 σ_n과 τ는, 평면응력 상태에서의 경사면의 응력에 대한 식 (1)과 (2)에서 $\sigma_y = 0$, $\tau_{xy} = 0$으로 하면 된다. 즉, 수직응력

$$\sigma_n = \frac{1}{2}\sigma_x + \frac{1}{2}\sigma_x\cos2\theta = \frac{1}{2}\sigma_x(1 + \cos2\theta)$$

이 되고, 삼각함수의 관계식 $\cos^2\theta = \frac{1}{2}(1 + \cos2\theta)$을 사용하면 이 식은 다음과 같이 간단하게 된다.

$$\sigma_n = \sigma_x\cos^2\theta \tag{1}$$

또 전단응력

$$\tau = \frac{1}{2}\sigma_x\sin2\theta \tag{2}$$

가 된다.

또 수직응력 σ_n이 최댓값이 되는 θ의 값도, 3.1.1절의 평면응력 상태에서 수직응력의 최댓값을 얻는 식 (3)에서 수직응력 $\sigma_y = 0$과 전단응력 $\tau_{xy} = 0$으로 놓으면 된다. 즉

$$\tan 2\theta = \frac{-2\tau_{xy}}{\sigma_x - \sigma_y} = \frac{0}{\sigma_x} = 0 \tag{3}$$

이 식을 만족하는 θ의 값은 $\theta = 0°$, $\theta = 90°$이므로, $\theta = 0°$, $\theta = 90°$의 단면에서 수직응력이 최대 또는 최소가 됨을 알 수 있다.

이와 마찬가지로 주응력, 즉 수직응력의 최댓값 σ_1와 최솟값 σ_2는 3.1.1절의 평면응력 상태에서의 주응력에 대한 식 (4)와 (5)에서 수직응력 $\sigma_y = 0$과 전단응력 $\tau_{xy} = 0$으로 놓으면 된다. 즉(단, $\sigma_x > \sigma_y$)

$$\sigma_1 = \frac{\sigma_x}{2} + \frac{\sigma_x}{2} = \sigma_x$$

$$\sigma_2 = \frac{\sigma_x}{2} - \frac{\sigma_x}{2} = 0 \tag{4}$$

가 된다.

또한 전단응력 τ가 최대가 되는 θ의 값은 3.1.1절의 평면응력 상태에서 전단응력 τ가 최대가 되는 θ에 관한 식 (6)에서 $\sigma_y = 0$, $\tau_{xy} = 0$으로 대입하여 구한다. 즉

$$\tan 2\theta = \frac{\sigma_x}{0} = \infty$$

이 식을 만족하는 θ의 값은 45° 및 135°가 된다. 따라서 전단응력의 최댓값과 최솟값도 3.1.1절의 평면응력 상태에서 전단응력의 최댓값과 최솟값에 대한 식 (7)과 (8)에서, 수직응력 $\sigma_y = 0$과 전단응력 $\tau_{xy} = 0$으로 놓으면 된다. 즉

$$\tau_{\max} = \frac{1}{2}\sigma_x$$

$$\tau_{\min} = -\frac{1}{2}\sigma_x \tag{5}$$

가 된다.

▸ **식의 유도**

그림 3 – 5(b)에서 n방향으로의 힘의 평형조건식($\sum F = 0$)을 적용하면 다음과 같다.

$$\sum F = \sigma_n A_n - \sigma_x A_x \cos\theta = 0$$

따라서

$$\sigma_n A_n = \sigma_x A_x \cos\theta$$

가 된다. 그런데 그림 3−5(b)에서 $A_x = A_n \cos\theta$의 관계가 성립하므로, 이 식은 다음과 같이 된다.

$$\sigma_n A_n = \sigma_x A_n \cos\theta \cdot \cos\theta$$

이 식의 양변을 A_n으로 나누면 다음과 같이 된다.

$$\sigma_n = \sigma_x \cos^2\theta \qquad\qquad ⓐ$$

또 경사면에 나란한 방향으로 힘의 평형조건식을 적용하면 다음과 같다.

$$\sum F = \tau A_n - \sigma_x A_x \sin\theta = 0$$

따라서

$$\tau A_n = \sigma_x A_x \sin\theta$$

가 된다. 그림에서 $A_x = A_n \cos\theta$의 관계가 성립하므로 이 식은 다음과 같이 된다.

$$\tau A_n = \sigma_x A_n \cos\theta \cdot \sin\theta$$

이 식의 양변을 A_n으로 나누면 다음과 같이 된다.

$$\tau = \sigma_x \sin\theta \cdot \cos\theta$$

그런데 이 식은 삼각함수 관계식 $\sin2\theta = 2\sin\theta\cos\theta$를 이용하면, 다음과 같은 형태로 된다.

$$\tau = \frac{1}{2}\sigma_x \sin2\theta \qquad\qquad ⓑ$$

이와 같이, 단면 AB에는 수직응력 하나만 작용하지만 이와 기울어진 경사단면상에는 수직응력과 전단응력이 동시에 작용한다는 것을 알 수 있다.

그러면, 어느 각도의 경사단면에서 수직응력과 전단응력이 최대가 되고, 또한 그 크기는 얼마가 되는지 검토해 보자.

우선 수직응력 σ_n이 최대가 되는 경사면의 각도 θ는 $\dfrac{d\sigma_n}{d\theta}=0$을 만족하는 θ의 값이 되므로

$$\frac{d\sigma_n}{d\theta}=-2\sigma_x\sin\theta\cos\theta=-\sigma_x\sin2\theta=0$$

에서 $\theta=0°$를 얻을 수 있다. 따라서 수직응력 σ_n이 최대가 되는 단면은 AB단면이 됨을 알 수 있다. 따라서 수직응력의 최댓값인 주응력 σ_1은 식 ⓐ에 $\theta=0$을 대입하면

$$\sigma_1=\sigma_x\cos^2 0=\sigma_x \qquad\qquad ⓒ$$

가 되므로, AB단면에 작용하는 수직응력 σ_x가 주응력이 됨을 알 수 있다.

또 전단응력이 최대가 되는 경사단면은 식 ⓑ에서 $\dfrac{d\tau}{d\theta}=0$을 만족하는 θ의 값을 가지는 단면이므로

$$\frac{d\tau}{d\theta}=\sigma_x\cos2\theta=0$$

의 관계로부터 $2\theta=90°$, 즉 $\theta=45°$를 얻을 수 있다.

따라서 전단응력 τ가 최대가 되는 단면은 $\theta=45°$가 되는 경사단면이 됨을 알 수 있다. 전단응력의 최댓값 $\tau_{\max}$은 식 ⓑ에 $\theta=45°$를 대입하여, 다음과 같이 구할 수 있다.

$$\tau_{\max}=\frac{1}{2}\sigma_x\sin(2\times45)=\frac{1}{2}\sigma_x \qquad\qquad ⓓ$$

따라서 전단응력의 최댓값은 수직응력 σ_x의 1/2이 됨을 알 수 있다.

최대전단응력은 최대수직응력의 1/2에 불과하지만, 인장 또는 압축강도보다 전단강도가 작은 재료에 있어서는 최대전단응력으로 인하여 파괴될 수 있다.

그림 3-5(c)에서와 같이, AB면과 90°를 이루는 경사단면상의 응력을 구해보자. 우선 경사면 BD 위에 작용하는 수직응력을 σ'_n, 전단응력을 τ'로 표시하고, 각각 식 ⓐ와 ⓑ의 각 θ 대신 $\theta+90°$를 대입하면

$$\sigma'_n=\sigma_x\cos^2(\theta+90)=\sigma_x\sin^2\theta \qquad\qquad ⓔ$$

$$\tau'=\frac{1}{2}\sigma_x\sin2(\theta+90)=\frac{1}{2}\sigma_x\sin(2\theta+180)=-\frac{1}{2}\sigma_x\sin2\theta \qquad\qquad ⓕ$$

가 되는데, 식 ⓐ와 ⓔ를 더하면

$$\sigma_n + \sigma'_n = \sigma_x \cos^2\theta + \sigma_x \sin^2\theta = \sigma_x(\cos^2\theta + \sin^2\theta) = \sigma_x$$

가 되고, 식 ⓑ와 ⓕ를 더하면

$$\tau + \tau' = 0$$

즉

$$\tau = -\tau'$$

가 되어, 1축하중을 받는 봉의 두 직교 단면 위에 작용하는 수직응력의 합은 항상 일정하며, 수직단면 AB 위에 작용하는 σ_x와 같고, 두 직교단면 위에 작용하는 전단응력은 서로 크기가 같고 방향이 반대가 됨을 알 수 있다. 이와 같이 서로 90° 벌어진 두 단면에 작용하는 응력을 서로 **공액응력**(compliance stress)이라고 한다.

예제 01

단면적 $A = 1,600\,\mathrm{mm}^2$인 균일단면봉에, 그림 3-6과 같이 축인장력 $P = 300\,\mathrm{kN}$이 작용한다. 하중이 작용하는 수직단면과 30° 기울어진 경사단면에 작용하는 응력을 구하라.

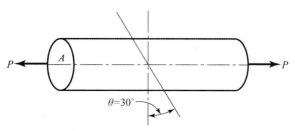

그림 3-6 축인장력을 받는 균일단면봉

풀이 하중방향에 대하여 수직인 단면에 발생하는 수직응력

$$\sigma = \frac{P}{A} = \frac{300}{1,600} = 0.1875\,\mathrm{kN/mm^2} = 0.1875 \times 10^6\,\mathrm{kPa}$$

이므로, 경사면상에 작용하는 수직응력

$$\sigma_n = \sigma \cos^2\theta = 0.1875 \times 10^6 \times \cos^2 30° = 0.14 \times 10^6\,\mathrm{kPa}$$

전단응력

$$\tau = \frac{\sigma}{2} \sin 2\theta = \frac{0.1875 \times 10^6}{2} \sin(2 \times 30°) = 0.08 \times 10^6\,\mathrm{kPa}$$

3.2 모어원에 의한 조합응력의 해석

3.1절에서 조합응력을 해석하기 위해서는 복잡한 공식을 사용해야 하고, 또한 그 공식을 유도하는 과정도 무척 복잡하고 어렵다는 것을 느꼈으리라 생각한다.

모어원(Mohr's circle)이란 이러한 복잡한 공식을 사용하지 않고, 요소 내부의 임의의 경사단면에 작용하는 응력과 주응력 등을 도식적(圖式的)으로 간단히 해석하기 위한 원으로, 그 작도법(作圖法)은 다음과 같다.

3.2.1 모어원을 이용한 평면응력 상태에 있는 요소의 응력해석

모어원의 작도법

1) 가로축을 σ, 세로축을 τ로 하는 직교좌표계를 그린다.
2) 직사각형 요소의 x면(x축에 수직인 면)에 작용하는 응력(σ_x, τ_{xy})을 σ, τ 좌표상에 표기한다[그림 3-7(b)의 점 A].
3) 직사각형 요소의 y면(y축에 수직인 면)에 작용하는 응력(σ_y, τ_{yx})을 σ, τ 좌표상에 표기한다[그림 3-7(b)의 점 B].
4) 앞의 두 점(A와 B)을 직선으로 연결하고, 이것을 지름으로 하는 원을 그린다[이때 이 선(A-B)과 σ축이 만나는 점이 모어원의 중심(그림 3-7(b)의 점 C)이 되며, 그 중심좌표 $OC = \dfrac{(\sigma_x + \sigma_y)}{2}$가 된다].

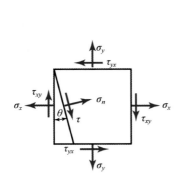

(a) 평면응력을 받는 직사각형 요소

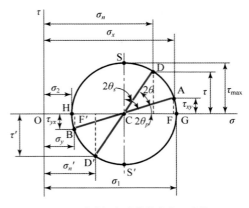

(b) 평면응력 상태에서의 모어원

그림 3-7 평면응력 상태의 직사각형 요소와 모어원

i) 이와 같이 그려진 모어원으로부터 x면과 θ만큼 기울어진 경사면상에 작용하는 응력(수직응력 σ_n과 전단응력 τ)을 구하고자 할 경우

  a) 앞에서 모어원을 그리기 위하여 사용된 직선(점 A와 B를 연결한 선)으로부터 2θ의 각도로 중심 C를 통과하는 직선 D–D′를 그린다. 이때 2θ의 방향은 그림 3–7(a)의 θ의 방향과 같은 방향으로 한다.

  b) 여기서 점 D의 σ좌표상의 값이 경사면상의 수직응력 σ_n이 되며, τ좌표상의 값이 전단응력 τ가 된다. 즉 수직응력 σ_n과 전단응력 τ는, 그림에서 CD = CA이고, 삼각함수 관계식

$$\cos(\alpha+\beta) = \cos\alpha \cdot \cos\beta - \sin\alpha \cdot \sin\beta$$
$$\sin(\alpha+\beta) = \sin\alpha \cdot \cos\beta + \cos\alpha \cdot \sin\beta$$

을 사용하면, 다음과 같이 된다.

$$\begin{aligned}
\sigma_n &= OC + CD\cos(2\theta + 2\theta_p) \\
&= OC + CA\{\cos2\theta \cdot \cos2\theta_p - \sin2\theta \cdot \sin2\theta_p\} \\
&= OC + CA\cos2\theta_p \cdot \cos2\theta - CA\sin2\theta_p \cdot \sin2\theta \\
&= \frac{1}{2}(\sigma_x + \sigma_y) + CF\cos2\theta - AF\sin2\theta \\
&= \frac{1}{2}(\sigma_x + \sigma_y) + \frac{1}{2}(\sigma_x - \sigma_y)\cos2\theta - \tau_{xy}\sin2\theta
\end{aligned}$$

$$\begin{aligned}
\tau &= CD\sin(2\theta + 2\theta_p) \\
&= CD\{\sin2\theta \cdot \cos2\theta_p + \cos2\theta \cdot \sin2\theta_p\} \\
&= CA\cos2\theta_p \cdot \sin2\theta + CA\sin2\theta_p \cdot \cos2\theta \\
&= CF\sin2\theta + AF\cos2\theta \\
&= \frac{1}{2}(\sigma_x - \sigma_y)\sin2\theta + \tau_{xy}\cos2\theta
\end{aligned}$$

  또한 D′의 좌푯값은 수직응력 σ_n과 τ의 공액응력 σ'_n와 τ'(이 경사면과 수직인 경사면상에서의 응력)가 된다.

ii) 주응력과 최대전단응력의 결정

모어원의 원둘레 중 σ값이 가장 큰 값(G)과 작은 값(H)이 주응력 σ_1 및 σ_2가 되며,

τ값이 가장 큰 값(S)과 작은 값(S')이 최대 및 최소전단응력이 된다. 즉, 주응력

$$
\begin{aligned}
\sigma_1 &= \mathrm{OG} \\
&= \mathrm{OC} + \mathrm{CG} = \mathrm{OC} + \mathrm{CA} \\
&= \mathrm{OC} + \sqrt{\mathrm{CF}^2 + \mathrm{AF}^2} \\
&= \frac{1}{2}(\sigma_x + \sigma_y) + \sqrt{\left(\frac{\sigma_x - \sigma_y}{2}\right)^2 + \tau_{xy}^2} \\
&= \frac{1}{2}(\sigma_x + \sigma_y) + \frac{1}{2}\sqrt{(\sigma_x - \sigma_y)^2 + 4\tau_{xy}^2}
\end{aligned}
$$

$$
\begin{aligned}
\sigma_2 &= \mathrm{OH} \\
&= \mathrm{OC} - \mathrm{CH} = \mathrm{OC} - \mathrm{CA} \\
&= \mathrm{OC} - \sqrt{\mathrm{CF}^2 + \mathrm{AF}^2} \\
&= \frac{1}{2}(\sigma_x + \sigma_y) - \sqrt{\left(\frac{\sigma_x - \sigma_y}{2}\right)^2 + \tau_{xy}^2} \\
&= \frac{1}{2}(\sigma_x + \sigma_y) - \frac{1}{2}\sqrt{(\sigma_x - \sigma_y)^2 + 4\tau_{xy}^2}
\end{aligned}
$$

최대전단응력

$$
\tau_{\max} = \mathrm{CS} = \mathrm{CA} = \frac{1}{2}\sqrt{(\sigma_x - \sigma_y)^2 + 4\tau_{xy}^2}
$$

가 된다. 한편 $\angle \mathrm{ACG}$가 주응력이 작용하는 면의 각도 θ_p의 2배가 되는데, 선 CA를 기준으로 하여 θ_p는 θ와 반대방향으로 회전하므로 $-$부호를 가진다. 따라서

$$
\tan 2\theta_p = -\frac{\mathrm{AF}}{\mathrm{CF}} = -\frac{\tau_{xy}}{\frac{1}{2}(\sigma_x - \sigma_y)} = -\frac{2\tau_{xy}}{\sigma_x - \sigma_y}
$$

가 된다. 또한 $\angle \mathrm{ACS}$가 최대전단응력이 작용하는 면의 각도 θ_s의 2배로 $\angle \mathrm{ACS} = \angle \mathrm{CAF}$이므로

$$
\tan 2\theta_s = \frac{\mathrm{CF}}{\mathrm{AF}} = \frac{\frac{1}{2}(\sigma_x - \sigma_y)}{\tau_{xy}} = \frac{\sigma_x - \sigma_y}{2\tau_{xy}}
$$

가 된다.

예제 01

그림 3-8(a)와 같은 평면응력 상태에 있는 직사각형 평판 요소에서, $\sigma_x = 15$ Pa, $\sigma_y = 5$ Pa, $\tau_{xy} = 3$ Pa일 때, 주응력의 크기와 최대전단응력을 모어원을 사용하여 구하라.

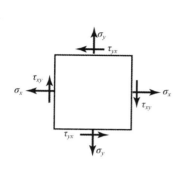

(a) 평면응력을 받는 직사각형 평판 요소

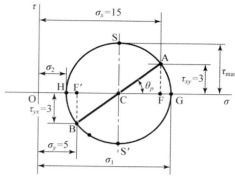

(b) 모어원

그림 3-8

풀이 모어원을 그리면 그림 3-8(b)와 같다.

이와 같은 모어원으로부터 주응력과 최대전단응력은 다음과 같이 구할 수 있다.

$$\sigma_1 = \mathrm{OG} = \mathrm{OC} + \mathrm{CG}$$

$$= \mathrm{OC} + \mathrm{CA} = \mathrm{OC} + \sqrt{\mathrm{CF}^2 + \mathrm{AF}^2}$$

$$= \frac{1}{2}(15+5) + \sqrt{\left(\frac{15-5}{2}\right)^2 + 3^2} = 15.8\,\mathrm{Pa}$$

$$\sigma_2 = \mathrm{OH} = \mathrm{OC} - \mathrm{CH}$$

$$= \mathrm{OC} - \mathrm{CA} = \mathrm{OC} - \sqrt{\mathrm{CF}^2 + \mathrm{AF}^2}$$

$$= \frac{1}{2}(15+5) - \sqrt{\left(\frac{15-5}{2}\right)^2 + 3^2} = 4.2\,\mathrm{Pa}$$

$$\tau_{max} = \mathrm{CS} = \mathrm{CA} = \sqrt{\left(\frac{15-5}{2}\right)^2 + 3^2} = 5.8\,\mathrm{Pa}$$

3.2.2 모어원을 이용한 2축응력 상태에 있는 요소의 응력해석

그림 3-9(a)와 같이, 직사각형 형태의 요소에 서로 직각방향으로 인장응력 σ_x와 σ_y가 작용하는 2축응력 상태의 경우, 요소 내부의 경사면상에 작용하는 응력과 주응력을 모어원을 사용하여 구해보자.

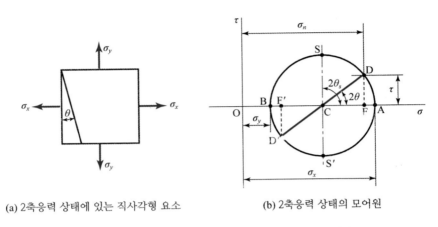

(a) 2축응력 상태에 있는 직사각형 요소　　　(b) 2축응력 상태의 모어원

그림 3-9 2축응력 상태에 있는 직사각형 요소와 모어원

모어원의 작도법

1) 가로축을 σ, 세로축을 τ로 하는 직교좌표계를 그린다.

2) 직사각형 요소의 x면(x축과 수직인 면)에 작용하는 응력(σ_x)을 $\sigma-\tau$ 좌표상에 표기한다[그림 3-9(b)의 점 A].

3) 직사각형 요소의 y면(y축과 수직인 면)에 작용하는 응력(σ_y)을 $\sigma-\tau$ 좌표상에 표기한다[그림 3-9(b)의 점 B].

4) 앞의 두 점(A와 B)을 지름으로 하는 원을 그린다[이때 이 선(A-B)의 중점이 모어원의 중심(그림 3-9(b)의 점 C)이 되며, 중심좌표 $OC = \dfrac{\sigma_x + \sigma_y}{2}$가 된다].

이와 같이 그려진 모어원으로부터 x면과 θ만큼 기울어진 경사면상의 응력(수직응력 σ_n과 전단응력 τ)을 구하고자 할 경우 다음과 같이 한다.

a) 앞에서 모어원을 그리기 위하여 사용된 직선(점 A와 B를 연결한 선)으로부터 2θ의

각도로, 중심 C를 통과하는 직선 D−D′를 그린다. 이때 2θ의 방향은 그림 3−9(a)의 직사각형 요소의 θ와 같은 방향으로 한다.

b) 여기서, 점 D의 σ좌푯값이 경사면상의 수직응력 σ_n이 되며, τ좌푯값이 전단응력 τ가 된다.

$$
\begin{aligned}
\sigma_n &= \text{OC} + \text{CD}\cos 2\theta \\
&= \text{OC} + \text{CA}\cos 2\theta \\
&= \frac{1}{2}(\sigma_x + \sigma_y) + \frac{1}{2}(\sigma_x - \sigma_y)\cos 2\theta
\end{aligned}
$$

$$
\begin{aligned}
\tau &= \text{CD}\sin 2\theta \\
&= \text{CA}\sin 2\theta \\
&= \frac{1}{2}(\sigma_x - \sigma_y)\sin 2\theta
\end{aligned}
$$

한편, 모어원의 원둘레 중 σ값이 가장 큰 값(A)과 작은 값(B)이 주응력 σ_1 및 σ_2가 되며, τ값이 가장 큰 값(S)과 작은 값(S')이 최대 및 최소전단응력이 된다.

따라서 그림 3−9(b)에서 주응력 σ_1, σ_2와 최대 및 최소전단응력 $\tau_{\max}$, $\tau_{\min}$은 다음과 같이 된다.

$$
\sigma_1 = \sigma_x, \qquad \sigma_2 = \sigma_y
$$

$$
\tau_{\max} = \frac{1}{2}(\sigma_x - \sigma_y), \qquad \tau_{\min} = -\frac{1}{2}(\sigma_x - \sigma_y)
$$

주응력이 작용하는 면의 각도를 θ_p라고 하면, 모어원에서는 $2\theta_p$가 되므로, 그림 3−9(b)에서 $2\theta_p = 0°$ 및 $2\theta_p = 180°$가 된다. 따라서 주응력이 작용하는 면의 각도는 0° 및 90°로, 이 면은 x면 또는 y면임을 알 수 있다.

또 최대전단응력 $\tau_{\max}$가 작용하는 면의 각도를 θ_s라고 하면, 각 $\angle \text{ACS} = 2\theta_s$이므로 $2\theta_s = 90°$, 즉 $\theta_s = 45°$가 됨을 알 수 있다.

예제 01

그림 3 – 10(a)와 같이, 2축응력 상태에 있는 직사각형 평판에서 $\sigma_x = 400$ Pa, $\sigma_y = 200$ Pa이 작용할 때, σ_x가 작용하는 면과 30° 기울어진 경사면상에서의 응력을 모어원을 사용하여 구하라.

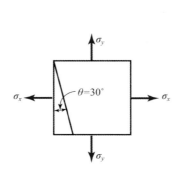

(a) 2축응력을 받는 직사각형 요소

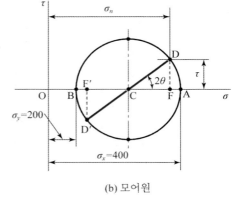

(b) 모어원

그림 3 – 10

풀이   모어원을 그리면 그림 3 – 10(b)와 같다.

모어원으로부터 수직응력

$$\sigma_n = OC + CD \cos 2\theta$$

$$= OC + CA \cos 2\theta$$

$$= \frac{1}{2}(400 + 200) + \frac{1}{2}(400 - 200)\cos(2 \times 30)$$

$$= 350 \, \text{Pa}$$

전단응력

$$\tau = DF$$

$$= CD \sin 2\theta$$

$$= CA \sin 2\theta$$

$$= \frac{1}{2}(400 - 200)\sin(2 \times 30)$$

$$= 87 \, \text{Pa}$$

3.2.3 모어원을 이용한 1축응력 상태에 있는 요소의 응력해석

그림 3-11(a)와 같은 직사각형 형태의 요소에, 한쪽 방향(x방향)으로 인장응력 σ_x 가 작용하는 1축응력 상태의 경우, 요소내부의 경사면상에 작용하는 응력과 주응력을 모어원을 사용하여 구해보자.

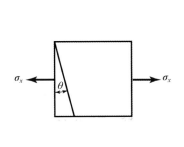

(a) 1축응력을 받는 직사각형 요소

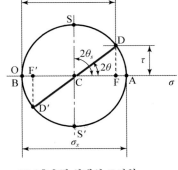

(b) 1축응력 상태의 모어원

그림 3-11 1축응력을 받는 직사학형 요소와 모어원

모어원의 작도법

1) 가로축을 σ, 세로축을 τ로 하는 직교좌표계를 그린다.
2) 직사각형 요소의 x면(x축과 수직인 면)에 작용하는 응력(σ_x)을 $\sigma-\tau$ 좌표상에 표기한다[그림 3-11(b)의 점 A].
3) 직사각형 요소의 y면(y축과 수직인 면)에 작용하는 응력(σ_y)을 $\sigma-\tau$ 좌표상에 표기한다. 이때 y면상에는 응력이 작용하지 않으므로 원점이 된다[그림 3-11(b)의 점 B].
4) A와 B를 지름으로 하는 원을 그린다[이때 이 선(A-B)의 중점이 모어원의 중심(그림 3-11(b)의 점 C)이 되며, 중심좌표는 OC$=\dfrac{\sigma_x}{2}$가 된다].

이와 같이 그려진 모어원으로부터, x면과 θ만큼 기울어진 경사면상의 응력(수직응력 σ_n과 전단응력 τ)을 구하고자 할 경우 다음과 같이 한다.

a) 앞에서 모어원을 그리기 위하여 사용된 직선(점 A와 B를 연결한 선)으로부터 2θ의 각도로, 중심 C를 통과하는 직선 D–D′를 그린다. 이때 2θ의 방향은 그림 3–11(a)의 직사각형 요소에서의 θ와 같은 방향으로 한다.

b) 여기서 점 D의 σ좌푯값이 경사면상의 수직응력 σ_n이 되며, τ좌푯값이 전단응력 τ가 된다. 즉 수직응력

$$\sigma_n = \mathrm{OC} + \mathrm{CD}\cos 2\theta$$
$$= \mathrm{OC} + \mathrm{CA}\cos 2\theta$$
$$= \frac{1}{2}\sigma_x + \frac{1}{2}\sigma_x \cos 2\theta$$

이 되고, 전단응력

$$\tau = \mathrm{CD}\sin 2\theta$$
$$= \mathrm{CA}\sin 2\theta$$
$$= \frac{1}{2}\sigma_x \sin 2\theta$$

가 된다.

한편, 모어원의 원둘레 중 σ값이 가장 큰 값(A)과 작은 값(B)이 주응력 σ_1 및 σ_2가 되며, τ값이 가장 큰 값(S)과 작은 값(S')이 최대 및 최소전단응력이 된다.

따라서 그림 3–11(b)에서 주응력 σ_1, σ_2와 최대 및 최소전단응력 $\tau_{\max}$, $\tau_{\min}$은 다음과 같이 된다.

$$\sigma_1 = \sigma_x, \quad \sigma_2 = 0$$
$$\tau_{\max} = \frac{1}{2}(\sigma_x - \sigma_y), \quad \tau_{\min} = -\frac{1}{2}(\sigma_x - \sigma_y)$$

주응력이 작용하는 면의 각도를 θ_p라고 하면, 모어원에서는 $2\theta_p$가 되므로, 그림 3–11(b)에서 $2\theta_p = 0°$ 및 $2\theta_p = 180°$가 된다. 따라서 주응력이 작용하는 면의 각도는 0° 및 90°로, 이 면은 x면 또는 y면임을 알 수 있다.

또 최대전단응력 $\tau_{\max}$가 작용하는 면의 각도를 θ_s라고 하면, 각 $\angle \mathrm{ACS} = 2\theta_s$이므로 $2\theta_s = 90°$, 즉 $\theta_s = 45°$가 됨을 알 수 있다.

예제 01

그림 3 – 12(a)와 같은 직사각형 요소에 $\sigma_x = 50\ \text{Pa}$의 응력이 작용한다. σ_x가 작용하는 면과 20° 기울어진 경사면상에서의 응력을 모어원을 사용하여 구하라.

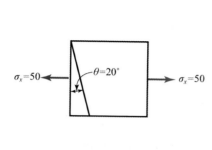

(a) 1축응력을 받는 직사각형 요소

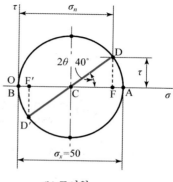

(b) 모어원

그림 3 – 12

풀이 이에 대한 모어원을 작도하면 그림 3 – 12(b)와 같이 된다.

모어원으로부터 수직응력

$$\sigma_n = OC + CF$$

$$= OC + CD\cos 2\theta$$

$$= OC + CA\cos 2\theta$$

$$= \frac{1}{2} \times 50 + \left(\frac{1}{2} \times 50\right)\cos(2 \times 20) = 44\ \text{Pa}$$

전단응력

$$\tau = DF$$

$$= CD\sin 2\theta$$

$$= CA\sin 2\theta$$

$$= \frac{1}{2} \times 50 \times \sin(2 \times 20) = 16\ \text{Pa}$$

연습문제

1. 직사각형 요소에 $\sigma_x = 100\,\text{MPa}$, $\sigma_y = 120\,\text{MPa}$, $\tau_{xy} = 80\,\text{MPa}$이 작용할 때 주응력과 최대전단응력을 공식을 이용하여 구하라.

2. 직사각형 요소에 $\sigma_x = 100\,\text{MPa}$, $\sigma_y = 100\,\text{MPa}$, $\tau_{xy} = 100\,\text{MPa}$이 작용할 때 주응력과 최대전단응력을 공식을 이용하여 구하라.

3. 그림 3 – 13과 같이 직사각형 요소가 서로 직각방향으로 $\sigma_x = 90\,\text{MPa}$, $\sigma_y = 120\,\text{MPa}$인 2축응력을 받고 있다. σ_x가 작용하는 면과 시계반대방향으로 60° 기울어진 경사단면상의 응력을 공식을 이용하여 구하라.

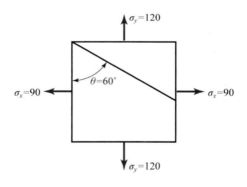

그림 3 – 13

4. 그림 3 – 14와 같이 직사각형 요소가 서로 직각방향으로 $\sigma_x = 90\,\text{MPa}$, $\sigma_y = 90\,\text{MPa}$인 2축응력을 받고 있다. σ_x가 작용하는 면과 시계반대방향으로 30° 기울어진 경사단면상에 작용하는 전단응력을 공식을 이용하여 구하라.

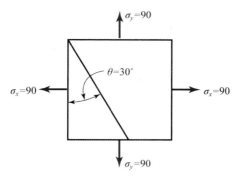

그림 3 – 14

5. 단면의 지름이 40 cm인 환봉의 축선방향으로 하중 $P = 30\,\text{kN}$이 작용하고 있다. 축선방향과 15° 기울어진 경사단면상에 작용하는 응력을 공식을 이용하여 구하라.

6. 단면의 지름이 40 cm인 환봉의 축선방향으로 하중 $P = 50\,\text{kN}$이 작용하고 있다. 축선방향과 60° 기울어진 경사단면상에 작용하는 응력을 공식을 이용하여 구하라.

7. 인장하중을 받는 봉의 단면에 500 kPa의 수직응력이 작용하고 있다. 이 단면과 시계반대방향으로 30° 기울어진 경사단면상에 작용하는 수직응력을 공식을 이용하여 구하라.

8. 직사각형 요소에 $\sigma_x = 200\,\text{MPa}$, $\sigma_y = -200\,\text{MPa}$, $\tau_{xy} = 80\,\text{MPa}$이 작용할 때 주응력과 최대전단응력을 모어원을 이용하여 구하라.

9. 직사각형 요소에 $\sigma_x = 200\,\text{MPa}$, $\tau_{xy} = 80\,\text{MPa}$이 작용할 때 주응력과 최대전단응력을 모어원을 이용하여 구하라.

10. 그림 3 – 15와 같이 직사각형 요소가 서로 직각방향으로 $\sigma_x = 90$ MPa, $\sigma_y = 120$ MPa인 2축응력을 받고 있다. σ_x가 작용하는 면과 시계반대 방향으로 30° 기울어진 경사단면상의 응력을 모어원을 이용하여 구하라.

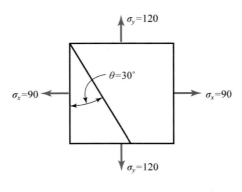

그림 3 – 15

11. 단면의 지름이 40 cm인 환봉의 축선방향으로 하중 $P = 50$ kN이 작용하고 있다. 축선방향과 시계반대방향으로 30° 기울어진 경사단면상에 작용하는 응력을 모어원을 이용하여 구하라.

12. 직사각형 요소에 $\tau_{xy} = 80$ MPa이 작용할 때 주응력과 최대전단응력을 모어원을 이용하여 구하라.

STRENGTH OF MATERIALS

제4장 평면도형의 성질

재료의 단면에 수직 또는 전단하중이 작용할 때 단면에 작용하는 응력은 그 단면적에 의하여 결정되었다. 그러나 재료에 비틀림 모멘트가 작용하거나 굽힘모멘트가 작용하면 재료 내부에 발생하는 응력은 단면적에 의해 결정하기 어렵다. 따라서 다음에 소개할 단면2차모멘트라든가 회전반지름, 단면계수 등 단면의 모양에 따라 결정되는 제정수가 필요하게 된다. 따라서 여기서는 이와 같은 제정수에 대하여 소개하고자 한다.

4.1 단면1차모멘트와 도심

단면1차모멘트(first moment of area)라 함은 도형(圖形)의 면적에 그 도형에서 어떤 축까지의 수직거리를 곱한 것을 말하는데, 이를 **면적모멘트**(geometrical moment of area)라고도 한다.

임의의 면적 A인 평면도형상에 그림 4–1과 같이 직각좌표축을 잡고, 원점으로부터 각각 X, Y만큼 떨어진 곳에 미소면적 dA를 잡았을 때, 미소면적 dA의 X축, Y축에 대한 단면1차모멘트 dQ_x, dQ_y는 각각 다음 식과 같이 된다.

$$dQ_x = ydA, \qquad dQ_y = xdA$$

따라서 도형의 전 면적 A에 대한 단면1차모멘트는, 다음과 같이 이 식을 적분하여 얻을 수 있다.

$$Q_x = \int ydA, \qquad Q_y = \int xdA \qquad (1)$$

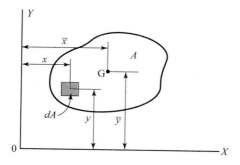

그림 4–1 평면도형의 단면1차모멘트

여기서 만약 면적 A의 **도심**(圖心, center of figure)을 알고 있다고 하고, X축, Y축으로부터 도심까지의 거리를 각각 $\bar{x}$, $\bar{y}$라고 하면, 단면1차모멘트는 다음과 같이 간단히 구할 수 있다.

$$Q_x = A\bar{y}, \qquad Q_y = A\bar{x} \tag{2}$$

따라서 식 (1)과 (2)로부터 도심까지의 거리 $\bar{x}$, $\bar{y}$는 각각 다음 식과 같이 구할 수 있게 됨을 알 수 있다.

$$\bar{x} = \frac{Q_y}{A} = \frac{\int x dA}{A}, \qquad \bar{y} = \frac{Q_x}{A} = \frac{\int y dA}{A} \tag{3}$$

참고로 원, 사각형과 같이 대칭축을 가지는 도형의 중심이 바로 그 도형의 도심이 된다.

또 삼각형, 사각형, 원 등 몇 개의 기본도형이 혼합되어 이루어진 복합도형의 경우에는, 그 복합도형을 기본도형으로 각각 분리하여, 단면1차모멘트와 면적을 구한 후 단면1차모멘트의 합계를 면적의 합계로 나누어 계산하는 것이 편리하다. 즉

$$\bar{x} = \frac{Q_y}{A} = \frac{\sum A_i \bar{x_i}}{\sum A_i}, \qquad \bar{y} = \frac{Q_x}{A} = \frac{\sum A_i \bar{y_i}}{\sum A_i} \tag{4}$$

예를 들어 기본도형의 단면적을 A_1, A_2, A_3, $\cdots$라 하고, 각 단면적의 도심을 $\bar{x_1}$, $\bar{x_2}$, $\bar{x_3}$, $\cdots$라 하면 다음과 같이 계산한다.

$$\bar{x} = \frac{\sum A_i \bar{x_i}}{\sum A_i} = \frac{A_1 \bar{x_1} + A_2 \bar{x_2} + A_3 \bar{x_3} + \cdots}{A_1 + A_2 + A_3 + \cdots}$$

예제 01

그림 4-2와 같은 직사각형 도형에서 x축으로부터 도심까지의 거리를 구하라.

풀이 x축으로부터 임의의 거리 y에 미소길이 dy를 잡으면, 이 미소길이와 폭 b로 둘러싸인 미소면적 dA는 다음과 같이 된다.

$$dA = bdy$$

따라서 식 (1)을 이용하여 x축에 대한 단면1차모멘트를 구하면

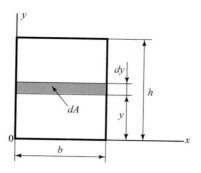

그림 4 – 2

$$Q_x = \int_0^h y\,dA = \int_0^h yb\,dy = b\int_0^h y\,dy = b\left[\frac{y^2}{2}\right]_0^h = \frac{bh^2}{2}$$

따라서 축 x로부터 도심까지의 거리

$$\bar{y} = \frac{Q_x}{A} = \frac{\dfrac{bh^2}{2}}{bh} = \frac{h}{2}$$

예제 02

그림 4 – 3과 같은 삼각형 도형에서 x축으로부터 도심까지의 거리를 구하라.

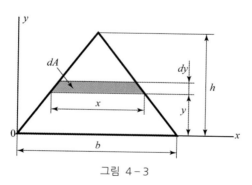

그림 4 – 3

풀이 x축으로부터 임의의 거리 y에 미소길이 dy를 잡고, 이 미소길이 dy와 폭 x로 이루어진 미소면적 dA를 구하기 위하여, 우선 길이 x를 구하면

$$x : b = (h - y) : h$$

의 관계로부터

$$x = \frac{b}{h}(h - y)$$

를 얻게 된다.

따라서 미소면적

$$dA = xdy = \frac{b}{h}(h-y)dy$$

가 된다.

따라서 단면1차모멘트

$$Q_x = \int_0^h ydA = \frac{b}{h}\int_0^h y(h-y)dy = \frac{b}{h}\int_0^h (hy-y^2)dy = \frac{bh^2}{6}$$

가 된다.

따라서 x축으로부터 도심까지의 거리

$$\bar{y} = \frac{Q_x}{A} = \frac{\dfrac{bh^2}{6}}{\dfrac{bh}{2}} = \frac{h}{3}$$

예제 03

다음 그림 4−4와 같은 복합 도형의 밑변인 x축으로부터 도심까지의 거리를 구하라.

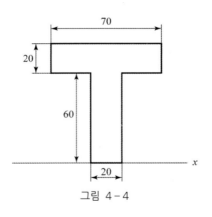

그림 4−4

풀이 $\bar{y} = \dfrac{Q_x}{A} = \dfrac{\sum A_i \bar{y_i}}{\sum A_i} = \dfrac{60 \times 20 \times 30 + 20 \times 70 \times 70}{60 \times 20 + 20 \times 70} = 51.5\,\text{mm}$

4.2 **단면2차모멘트**

단면2차모멘트(second moment of area)라 함은, 도형의 면적에 어떤 축까지의 수직거리의 제곱을 곱한 것을 말하는데, 이를 **관성 모멘트**(moment of inertia)라고도 한다.

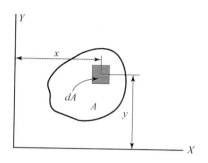

그림 4-5 평면도형의 단면2차모멘트

즉 임의의 면적 A인 평면도형상에 그림 4-5와 같이 직각좌표축을 잡고, 원점으로부터 각각 X, Y만큼 떨어진 곳에 미소면적 dA를 잡았을 때, 미소면적 dA의 X축, Y축에 대한 단면2차모멘트(관성 모멘트) dI_x, dI_y는 각각 다음 식과 같이 된다.

$$dI_x = y^2 dA, \qquad dI_y = x^2 dA \tag{1}$$

따라서 도형의 전 면적 A에 대한 단면2차모멘트는 다음과 같이 이 식을 적분하여 얻을 수 있다.

$$I_x = \int y^2 dA, \qquad I_y = \int x^2 dA \tag{2}$$

예제 01

그림 4-6과 같은 직사각형 도형에서 도심 C를 통과하는 x축에 대한 단면2차모멘트를 구하라.

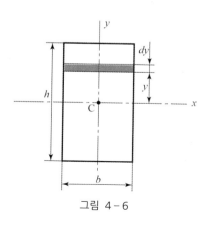

그림 4-6

풀이 x축으로부터 임의의 거리 y에 미소길이 dy를 잡고, 이 부분의 면적 dA를 구하면

$$dA = bdy$$

가 된다. 따라서 단면2차모멘트

$$I_x = 2\int_0^{\frac{h}{2}} y^2(bdy) = 2b\int_0^{\frac{h}{2}} y^2 dy = \frac{bh^3}{12}$$

4.3 평행축의 정리

면적 A인 도형의 도심에 대한 단면2차모멘트를 알고 있을 때, 어떤 임의의 축에 대한 단면2차모멘트는, 도심에 대한 단면2차모멘트에 그 면적과 도심으로부터 임의의 축까지의 거리의 제곱을 곱한 값을 더하여 쉽게 구할 수 있는데, 이것을 **평행축의 정리** (parallel axis theorem)라고 한다.

즉, 그림 4-7에서 보는 바와 같이 면적 A인 평면도형의 도심 C를 지나는 축 $X-X$에 대한 단면2차모멘트 I_x를 알고 있다고 하면, 도심축으로부터 거리 d만큼 떨어진 축 $X'-X'$에 대한 단면2차모멘트 $I_{x'}$는 다음과 같은 간단한 식에 의하여 구할 수 있는데, 이를 '평행축의 정리'라고 한다.

$$I_{x'} = I_x + Ad^2 \tag{1}$$

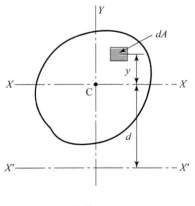

그림 4-7

▸ 식 (1)의 증명

그림 4−7과 같이, 도심 C를 통과하는 축으로부터 임의의 거리 y만큼 떨어진 거리에 미소면적 dA를 취하고, 도심축으로부터 거리 d만큼 떨어진 축 $X'-X'$에 대한 단면2차모멘트를 구하면 다음과 같이 된다.

$$I_{x'} = \int (y+d)^2 dA = \int (y^2 + 2yd + d^2) dA$$
$$= \int y^2 dA + 2d \int y dA + \int d^2 dA = I_x + Ad^2$$

※ 식에서 $\int y dA$는 도심축에 대한 단면1차모멘트로 도심축으로부터의 거리 $y = 0$ 이 되므로 $\int y dA = 0$이 되었다.

예제 01

그림 4−8과 같은 직사각형 도형에서 도심 C에 대한 단면2차모멘트 $I = \dfrac{bh^3}{12}$ 이다. 밑변을 통과하는 축에 대한 단면2차모멘트를 평행축의 정리를 사용하여 구하라.

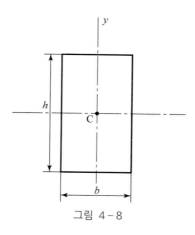

그림 4−8

풀이 평행축의 정리에 의하여

$$I_{x'} = I_x + Ad^2 = \frac{bh^3}{12} + bh \times \left(\frac{h}{2} \right)^2 = \frac{bh^3}{3}$$

도형의 면적 A에 어떤 거리 k의 제곱을 곱하였을 때 단면2차모멘트 I가 되는 어떤 거리 k를 **회전반지름**(radius of gyration)이라고 한다. 즉

$$I = k^2 A$$

따라서 회전반지름 k는 다음과 같다.

$$k = \sqrt{\frac{I}{A}}$$

회전반지름이란 주어진 한 축에 대한 그 도형의 단면2차모멘트가 변화하지 않도록 전 면적이 집중되었다고 생각되는 어느 점까지의 거리로, 도심과 같이 어느 특정한 점이 아니고 단지 유용(有用)한 수학적 개념에 불과하다.

예제 01

그림 4 – 9와 같은 직사각형 도형에서 도심 C를 통과하는 x축에 대한 회전반지름을 구하라.

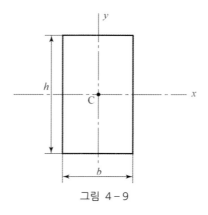

그림 4 – 9

풀이 도심 C에 단면2차모멘트 $I = \dfrac{bh^3}{12}$이고, 단면적 $A = bh$이므로

$$\text{회전반지름 } k = \sqrt{\frac{I}{A}} = \sqrt{\frac{\dfrac{bh^3}{12}}{bh}} = \frac{h}{2\sqrt{3}}$$

4.5 단면계수

그림 4-10과 같이 도형의 도심 C를 지나는 축으로부터 최외단(상단 또는 하단)까지의 거리를 각각 e_1과 e_2라고 할 때, 도심을 지나는 축에 대한 단면2차모멘트 I_c를 그 도형의 최외단까지의 거리 e_1과 e_2로 나눈 것을 **단면계수**(modulus of section)라 한다. 즉 그림 4-10에서 단면계수는 다음 식과 같이 된다.

$$Z_1 = \frac{I_c}{e_1}, \qquad Z_2 = \frac{I_c}{e_2} \tag{1}$$

만일 도형이 도심축에 대하여 대칭이면 단면계수 $Z = \dfrac{I_c}{e}$가 된다.

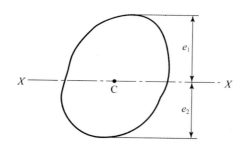

그림 4-10 평면도형의 단면계수

예제 01

그림 4-11과 같은 직사각형 도형에서 도심 C를 통과하는 x축에 대한 단면계수를 구하라.

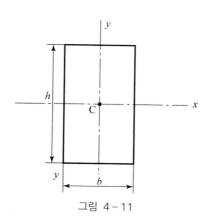

그림 4-11

> **풀이** 직사각형 도형의 도심축에 대한 단면2차모멘트 $I_c = \dfrac{bh^3}{12}$이고, 도심축으로부터 최외단까지의
>
> 거리 $e = \dfrac{h}{2}$이므로
>
> $$\text{단면계수} \quad Z = \frac{I_c}{e} = \frac{\dfrac{bh^3}{12}}{\dfrac{h}{2}} = \frac{bh^2}{6}$$

4.6 극단면2차모멘트

　평면에 수직인 축에 대한 평면도형의 단면2차모멘트를 **극단면2차모멘트**(極斷面二次모
멘트, polar moment of inertia)라고 한다.

　즉 그림 4 – 12에서, 점 O를 통과하는 수직축(지면에 수축인 축)으로부터 거리 r만큼
떨어진 곳에 미소면적 dA를 취하여, 이 미소면적의 극단면2차모멘트 dI_p를 구하면
다음과 같이 된다.

$$dI_p = r^2 dA$$

　따라서 전 면적에 대한 극단면2차모멘트는, 다음과 같이 이 식을 면적에 대하여
적분하여 얻을 수 있다.

$$I_p = \int r^2 dA \tag{1}$$

　또 그림 4 – 12에서와 같이 미소면적 dA까지의 거리 r은, 직교좌표 x, y와 다음과
같은 관계가 있으므로

$$r^2 = x^2 + y^2$$

　이 식을 식 (1)에 대입하면

$$I_p = \int_A (x^2 + y^2) dA = \int_A x^2 dA + \int_A y^2 dA = I_x + I_y$$

　이 되어, 극점 O에 대한 극단면2차모멘트는 그 점을 지나 서로 직교하는 X축과 Y축
에 대한 두 개의 단면2차모멘트를 합한 것과 같다는 것을 알 수 있다.

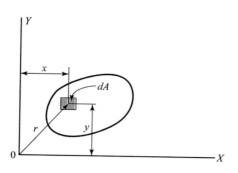

그림 4-12 평면도형의 극단면2차모멘트

원 또는 정사각형과 같이 두 직교축이 대칭인 도형의 경우에는, $I_x = I_y$이므로 도형의 도심에 대한 극단면2차모멘트 $I_p = 2I_x = 2I_y$가 되므로 도심을 지나는 평면축에 대한 단면2차모멘트의 두 배가 됨을 알 수 있다.

예제 01

그림 4-13과 같은 지름 d인 원형도형의 중심 O에 대한 극단면2차모멘트를 구하라.

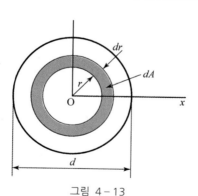

그림 4-13

풀이 그림 4-13에서와 같이 중심 O로부터 r만큼 떨어진 거리에 미소길이 dr을 취하고, 이곳의 미소면적 dA를 구하면

$$dA = 2\pi r dr$$

이므로, 이것을 극단면2차모멘트의 공식에 대입하면 극단면2차모멘트는

$$I_p = \int_0^{\frac{d}{2}} r^2 dA = \int_0^{\frac{d}{2}} r^2 (2\pi r dr) = 2\pi \int_0^{\frac{d}{2}} r^3 dr = \frac{\pi d^4}{32}$$

4.7 극단면계수

그림 4-14와 같이 평면도형의 극단면2차모멘트 I_p를 도형의 도심 C로부터 최외단까지의 거리 R로 나눈 것을 그 도형의 **극단면계수**(polar modulus of section)라 하고 Z_p로 표시한다.

$$극단면계수 \quad Z_p = I_p / R$$

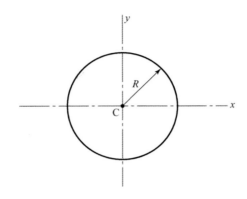

그림 4-14 극단면계수

예제 01

지름 d인 원형도형의 극단면2차모멘트 $I_p = \dfrac{\pi d^4}{32}$ 이다. 극단면계수 Z_p를 구하라.

풀이 원형도형에서 도심으로부터 최외단까지의 거리 $R = \dfrac{d}{2}$ 이므로

$$극단면계수 \quad Z_p = \frac{I_p}{R} = \frac{\dfrac{\pi d^4}{32}}{\dfrac{d}{2}} = \frac{\pi d^3}{16}$$

4.8 단면상승모멘트와 주축

그림 4-15에서 보는 바와 같이, 도형 내의 미소면적 dA로부터 축 X, Y까지의 거리 y, x를 곱한 것을 미소면적 dA의 **단면상승모멘트** 또는 **관성상승모멘트**(慣性相承모멘

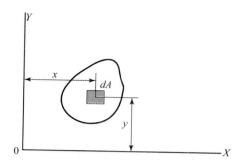

그림 4-15 평면도형의 단면상승모멘트

트, product of inertia)라 하고, 다음 식으로 표시된다.

$$dI_{xy} = xydA$$

도형의 전체 면적 A에 대한 단면상승모멘트는 다음과 같이 이 식을 면적 A에 대하여 적분하여 얻을 수 있다.

$$I_{xy} = \int xydA \tag{1}$$

위의 식에서 X, Y의 두 축 중 어느 한 축이라도 대칭이 있으면, 그 축에 대한 단면상승모멘트는 0이 된다. 그 이유는 그림 4-16에서와 같이 대칭축 y에 대하여 양음의 같은 거리($+x$, $-x$)에 같은 크기의 미소면적 dA가 반드시 존재하여, 각 요소의 단면상승모멘트는 상쇄되기 때문이다. 이를 수식으로 나타내면 다음과 같다.

$$I_{xy} = \int_A xydA + \int_A -xydA = \int_A xydA - \int_A xydA = 0$$

이와 같이 도형의 도심을 지나고 $I_{xy} = 0$이 되는 직교축을 **주축**(主軸, principal axis)이

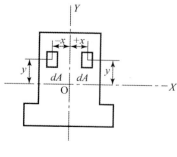

그림 4-16

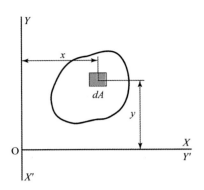

그림 4-17

라 한다. 그러므로 도형의 대칭축에 대한 단면상승모멘트는 반드시 0이 되는데 이 축이 주축이 되며, 도심을 지나는 대칭축에 직각인 축도 주축이 된다.

주축은 도형에서 단면2차모멘트가 최댓값 또는 최솟값이 되는 중요한 축이다.

그림 4-17에서 X 및 Y축을 점 O를 중심으로 시계방향으로 90° 회전시키면 두 축은 X' 및 Y'축으로 바뀐다.

이때 미소면적 dA의 축 X', Y'에 대한 좌푯값이 $x'=-y$, $y'=x$로 변환되므로, 축 X', Y'에 대한 단면상승모멘트는 다음과 같이 된다.

$$I_{x'y'} = \int_A x'y'dA = -\int_A xydA = -I_{xy}$$

이 식은 축이 90° 회전하는 동안 단면상승모멘트의 부호가 +에서 −로 바꾸게 됨을 보여준다. 따라서 단면상승모멘트는 연속함수인 이상 그 값이 반드시 0이 되는 방향이 존재하는데, 이 방향이 축의 주축이 되는 것이다.

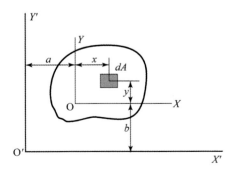

그림 4-18

그림 4-18과 같은 임의의 도형에서 도심을 지나는 두 축 X, Y에 대한 단면상승모 멘트의 값을 알면, 그 축들에 각각 평행한 축인 X', Y'에 대한 단면2차모멘트는 다음과 같이 나타낼 수 있다.

그림에서 $x' = x + a$, $y' = y + b$이므로

$$I_{x'y'} = \int_A (x+a)(y+b)dA$$

$$= \int_A xydA + \int_A bxdA + \int_A aydA + \int_A abdA$$

$$= \int_A xydA + b\int_A xdA + a\int_A ydA + ab\int_A dA$$

위의 식에서 우변의 첫항은 I_{xy}이고, 제2항과 제3항은 도심의 축에 대한 단면1차모 멘트이므로 0이 되며, 마지막 항은 면적이 되므로 다음 식과 같이 단순화할 수 있다.

$$I_{x'y'} = I_{xy} + abA$$

따라서 어떤 직교축 X', Y'에 관한 그 면적의 단면상승모멘트는, 그 면적의 도심을 지나는 두 축(X 및 Y축)에 관한 단면상승모멘트와 이 면적에 X'축 및 Y'축으로부터 도심까지의 거리를 곱한 것의 합과 같다는 것을 알 수 있으며, 이 식이 단면상승모멘트 에 대한 평행축의 정리이다.

예제 01

그림 4-19와 같은 직사각형 도형에서 축 X, Y에 대한 단면상승모멘트를 구하고 주축을 결정 하라. 또 축 X', Y'에 대한 단면상승모멘트도 구하라.

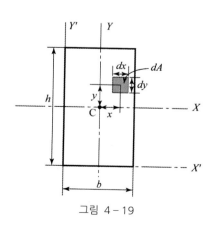

그림 4-19

풀이 우선 도심 C로부터 x, y만큼 떨어진 곳에 미소면적 dA를 잡으면, 이 미소면적 $dA = dxdy$가 되므로 단면상승모멘트

$$I_{XY} = \int_A xydA = \int_{-\frac{b}{2}}^{\frac{b}{2}}\int_{-\frac{h}{2}}^{\frac{h}{2}} xydxdy = \int_{-\frac{b}{2}}^{\frac{b}{2}} xdx \times \int_{-\frac{h}{2}}^{\frac{h}{2}} ydy = 0$$

따라서 X와 Y축이 주축이 됨을 알 수 있다.

축 X', Y'에 대한 단면상승모멘트 $I_{X'Y'}$는 축 X', Y'로부터 각각 x, y만큼 떨어진 곳에 미소면적 dA를 잡으면 이 미소면적 $dA = dxdy$가 되므로 단면상승모멘트는 다음과 같이 된다.

$$I_{X'Y'} = \int_A xydA = \int_0^b\int_0^h xydxdy = \int_0^b xdx \times \int_0^h ydy = \frac{b^2h^2}{4} = \frac{A^2}{4}$$

이는 평행축의 정리를 사용하여 구할 수도 있는데 평행축의 정리를 사용하여 구하면 다음과 같이 된다.

$I_{xy} = 0$, $a = \frac{b}{2}$, $b = \frac{h}{2}$이므로

$$I_{x'y'} = I_{xy} + abA = 0 + \frac{b}{2} \times \frac{h}{2} \times bh = \frac{b^2h^2}{4}$$

4.9 주축의 결정

앞에서 설명했듯이 주축이란 단면상승모멘트 $I_{xy} = 0$이 되는 축으로 그림 4−20에서 주축 X', Y'의 방향 θ는 다음 식으로 결정된다.

$$\tan 2\theta = \frac{2I_{xy}}{I_y - I_x} \tag{1}$$

식에서 I_{XY}는 단면상승모멘트로 $I_{xy} = \int_A xydA$, I_X는 X축에 대한 단면2차모멘트로 $I_x = \int_A y^2dA$, I_Y는 Y축에 대한 단면2차모멘트로 $I_y = \int_A x^2dA$이다.

또 주축에 대한 단면2차모멘트는 그 중 하나가 최대가 되고 또 다른 하나는 최소가 되는데, 이를 주단면2차모멘트라고 하며 다음 식으로 된다.

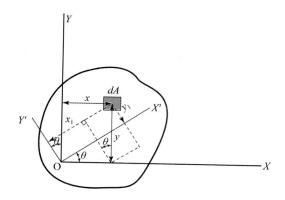

그림 4 – 20 주축의 결정

$$I_1 = I_{\max} = \frac{1}{2}(I_x + I_y) + \frac{1}{2}\sqrt{(I_x - I_y)^2 + 4I_{xy}^2}$$

$$I_2 = I_{\min} = \frac{1}{2}(I_x + I_y) - \frac{1}{2}\sqrt{(I_x - I_y)^2 + 4I_{xy}^2} \tag{2}$$

▸ **식 (1)과 (2)의 유도**

평면도형에서 도심을 지나는 X, Y축에 대한 단면2차모멘트 I_x, I_y 및 단면상승모멘트 I_{xy}는 4.2절 및 4.8절에서 다음 식과 같음을 이미 알고 있다.

$$I_x = \int_A y^2 dA, \qquad I_y = \int_A x^2 dA \tag{ⓐ}$$

$$I_{xy} = \int_A xy dA \tag{ⓑ}$$

그림 4 – 20과 같이 축 X, Y가 점 O를 중심으로 각 θ만큼 회전한 새로운 축 X', Y'에 대한 단면2차모멘트와 단면상승모멘트를 구해보기로 하자.

이때 미소면적 dA의 새로운 좌표 x_1 및 y_1은 다음과 같다.

$$x_1 = x\cos\theta + y\sin\theta, \qquad y_1 = y\cos\theta - x\sin\theta \tag{ⓒ}$$

따라서 축 X'에 대한 단면2차모멘트 $I_{x'}$는 다음과 같이 된다.

$$I_{x'} = \int y_1^2 dA = \int_A (y\cos\theta - x\sin\theta)^2 dA$$

$$= \int y^2\cos^2\theta dA + \int x^2\sin^2\theta dA - 2\sin\theta\cos\theta \int xy dA$$

$$= I_x\cos^2\theta + I_y\sin^2\theta - 2I_{xy}\sin\theta\cos\theta \qquad \text{ⓓ}$$

이와 같은 방법으로 축 Y'에 대한 단면2차모멘트 $I_{y'}$를 구하면 다음과 같이 된다.

$$I_{y'} = I_x\sin^2\theta + I_y\cos^2\theta + 2I_{xy}\sin\theta\cos\theta \qquad \text{ⓔ}$$

다음에 삼각함수의 가법정리

$$\cos^2\theta = \frac{1}{2}(1+\cos2\theta), \qquad \sin^2\theta = \frac{1}{2}(1-\cos2\theta) \qquad \text{ⓕ}$$

와 다음과 같은 삼각함수 관계식

$$\sin2\theta = 2\sin\theta\cos\theta \qquad \text{ⓖ}$$

를 이용하면 식 ⓓ와 ⓔ는 다음과 같이 변형시킬 수 있다.

$$I_{x'} = \frac{1}{2}(I_x + I_y) + \frac{1}{2}(I_x - I_y)\cos2\theta - I_{xy}\sin2\theta \qquad \text{ⓗ}$$

$$I_{y'} = \frac{1}{2}(I_x + I_y) - \frac{1}{2}(I_x - I_y)\cos2\theta + I_{xy}\sin2\theta \qquad \text{ⓘ}$$

식 ⓗ와 ⓘ에서 단면2차모멘트 $I_{x'}$와 $I_{y'}$의 합과 차를 구하면 다음과 같이 된다.

$$I_{x'} + I_{y'} = I_x + I_y = I_p \qquad \text{ⓙ}$$
$$I_{x'} - I_{y'} = (I_x - I_y)\cos2\theta - 2I_{xy}\sin2\theta \qquad \text{ⓚ}$$

식 ⓙ에서 새로운 축 x', y'에 대한 단면2차모멘트의 합은 원래 축 x, y에 대한 단면2차모멘트의 합과 같으며, 이것은 또한 원점 O에 대한 극단면2차모멘트와 같다는 것을 알 수 있다.

다음에 새로운 축 x', y'에 대한 단면상승모멘트 $I_{x'y'}$는 식 ⓒ을 이용하면 다음과 같이 된다.

$$\begin{aligned}
I_{x'y'} &= \int_A x_1 y_1 dA \\
&= \int_A (x\cos\theta + y\sin\theta)(y\cos\theta - x\sin\theta)dA \\
&= \int_A y^2\sin\theta\cos\theta dA - \int_A x^2\sin\theta\cos\theta dA + \int_A xy(\cos^2\theta - \sin^2\theta)dA
\end{aligned}$$

$$= I_x \sin\theta\cos\theta - I_y \sin\theta\cos\theta + \int_A xy(\cos^2\theta - \sin^2\theta)dA$$

$$= 1/2(I_x - I_y)\sin2\theta + I_{xy}\cos2\theta \qquad \text{①}$$

식 ①에서 단면상승모멘트 $I_{x'y'}$는 회전각 θ에 따라 변동된다는 것을 알 수 있으며, 그 중간의 어느 위치에서 $I_{x'y'} = 0$으로 되는 각도 θ가 있음을 알 수 있다. 이와 같이 $I_{x'y'} = 0$을 만족시키는 축을 **면적주축**(面積主軸, principal axis of area)이라고 하며, 특히 도심에서 원점을 가진 축을 **도심주축**(圖心主軸, centroidal principal axis)이라고도 한다.

따라서 주축에 대한 단면상승모멘트 $I_{x'y'}$는 0이므로 주축의 방향 θ는 다음과 같이 구한다.

$$I_{x'y'} = \frac{1}{2}(I_x - I_y)\sin2\theta + I_{xy}\cos2\theta = 0$$

$$\tan2\theta = \frac{2I_{xy}}{I_y - I_x} \qquad \text{ⓜ}$$

또 단면2차모멘트 $I_{x'}$의 최댓값은 다음과 같이 식 ⓗ을 각 θ에 관하여 미분한 값을 0으로 놓아 구할 수 있다.

$$\frac{dI_{x'}}{d\theta} = (I_y - I_x)\sin2\theta - 2I_{xy}\cos2\theta = 0$$

$$\tan2\theta = \frac{2I_{xy}}{I_y - I_x} \qquad \text{ⓝ}$$

같은 방법으로 단면2차모멘트 $I_{y'}$의 최솟값은 식 ⓘ로부터 구할 수 있다. 여기서 식 ⓝ은 식 ⓜ과 일치하므로 주축은 단면2차모멘트를 최대 또는 최소로 하는 축임을 알 수 있다.

또 $\sin2\theta$, $\cos2\theta$를 다음과 같이 삼각함수의 관계식을 사용하여 $\tan2\theta$에 대한 식으로 나타낸 다음, 식 ⓜ을 대입하면 다음 식과 같이 된다.

$$\sin2\theta = \frac{\tan2\theta}{\sqrt{1+\tan^2 2\theta}} = \frac{2I_{xy}}{\sqrt{(I_y - I_x)^2 + 4I_{xy}^2}}$$

$$\cos2\theta = \frac{1}{\sqrt{1+\tan^2 2\theta}} = \frac{I_y - I_x}{\sqrt{(I_y - I_x)^2 + 4I_{xy}^2}} \qquad \text{ⓞ}$$

위의 식 ◎를 식 ⓗ와 ⓘ에 대입하면, 다음과 같이 단면2차모멘트의 최댓값인 주단면2차모멘트 I_1과 I_2를 구할 수 있다.

$$I_1 = I_{\max} = \frac{1}{2}(I_x + I_y) + \frac{1}{2}\sqrt{(I_x - I_y)^2 + 4I_{xy}^2}$$

$$I_2 = I_{\min} = \frac{1}{2}(I_x + I_y) - \frac{1}{2}\sqrt{(I_x - I_y)^2 + 4I_{xy}^2} \qquad ⓟ$$

위의 식 ⓟ는 3장에서의 다음과 같은 주응력 σ_1, σ_2에 대한 식의 σ_x, σ_y, τ_{xy} 대신, 각각 I_x, I_y, I_{xy}를 대입한 것과 같은 형태의 식임을 알 수 있다.

$$\sigma_1 = \sigma_{\max} = \frac{1}{2}(\sigma_x + \sigma_y) + \frac{1}{2}\sqrt{(\sigma_x - \sigma_y)^2 + 4\tau_{xy}^2}$$

$$\sigma_2 = \sigma_{\min} = \frac{1}{2}(\sigma_x + \sigma_y) - \frac{1}{2}\sqrt{(\sigma_x - \sigma_y)^2 + 4\tau_{xy}^2}$$

또한 식 ⓝ도 3장에서의 주응력이 발생하는 주면의 위치에 대한 다음 식과 같은 형태임을 알 수 있다.

$$\tan 2\theta = \frac{-2\tau_{xy}}{\sigma_x - \sigma_y}$$

예제 01

그림 4-21과 같은 L형도형에서 도심 C를 지나는 X, Y축에 대한 단면2차모멘트 $I_X = I_Y = 3{,}600 \ \text{cm}^4$일 때, 주축 방향 및 주단면2차모멘트를 구하라. 단, 그림에서 치수단위는 cm이다.

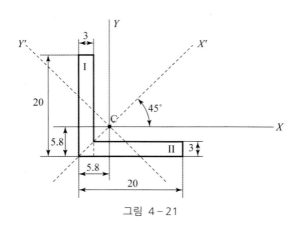

그림 4-21

풀이 L형도형을 직사각형 Ⅰ, Ⅱ로 나누고 단면상승모멘트를 구하면 다음과 같다.

$$I_{XY} = I_{XYⅠ} + I_{XYⅡ}$$

$$= \int_{A_Ⅰ} xy\,dA + \int_{A_Ⅱ} xy\,dA$$

$$= \int_Ⅰ xy\,dx\,dy + \int_Ⅱ xy\,dx\,dy$$

$$= \int_Ⅰ x\,dx \cdot \int_Ⅰ y\,dy + \int_Ⅱ x\,dx \cdot \int_Ⅱ y\,dy$$

$$= \int_{-5.8}^{-2.8} x\,dx \cdot \int_{-5.8}^{14.2} y\,dy + \int_{-2.8}^{14.2} x\,dx \cdot \int_{-5.8}^{-2.8} y\,dy$$

$$= -1,084 - 1250.0 = -2,334 \text{ cm}^4$$

또한 x축에 대한 단면2차모멘트

$$I_x = I_{AⅠ} + I_{AⅡ}$$

$$= \int_{AⅠ} y^2\,dA + \int_{AⅡ} y^2\,dA$$

$$= \int_{-5.8}^{14.2} y^2\,dA + \int_{-5.8}^{-2.8} y^2\,dA$$

$$= \int_{-5.8}^{14.2} y^2(3\,dy) + \int_{-5.8}^{-2.8} y^2(17\,dy)$$

$$= 3\int_{-5.8}^{14.2} y^2\,dy + 17\int_{-5.8}^{-2.8} y^2\,dy$$

$$\fallingdotseq 4,040$$

이와 같은 방법으로 y축에 대한 단면2차모멘트

$$I_y = I_{AⅠ} + I_{AⅡ}$$

$$= \int_{AⅠ} x^2\,dA + \int_{AⅡ} x^2\,dA$$

$$= \int_{-5.8}^{-2.8} x^2\,dA + \int_{-2.8}^{14.2} x^2\,dA$$

$$= \int_{-5.8}^{-2.8} x^2(20\,dx) + \int_{-2.8}^{14.2} x^2(3\,dx)$$

$$= 20\int_{-5.8}^{-2.8} x^2\,dx + 3\int_{-2.8}^{14.2} x^2\,dx$$

$$\fallingdotseq 4,040$$

따라서 주축의 각도 θ는 다음과 같이 구할 수 있다.

$$\tan 2\theta = \frac{2I_{xy}}{I_y - I_x} = \frac{2 \times (-2,334)}{4,040 - 4,040} = -\infty$$

$$\theta = \frac{1}{2}\tan^{-1}(-\infty) = \frac{1}{2} \times (-90) = -45°$$

주축의 방향은 축 X, Y에 대하여 반시계방향으로 45° 기울어진 방향에 있다.

주단면2차모멘트

$$I_1 = I_{max} = \frac{1}{2}(I_x + I_y) + \frac{1}{2}\sqrt{(I_x - I_y)^2 + 4I_{xy}^2}$$

$$= \frac{1}{2}(4,040 + 4,040) + \frac{1}{2}\sqrt{(4,040 - 4,040)^2 + 4 \times (-2,334)^2}$$

$$= 6,374 \text{ cm}^4$$

$$I_2 = I_{min} = \frac{1}{2}(I_x + I_y) - \frac{1}{2}\sqrt{(I_x - I_y)^2 + 4I_{xy}^2}$$

$$= \frac{1}{2}(4,040 + 4,040) - \frac{1}{2}\sqrt{(4,040 - 4,040)^2 + 4 \times (-2,334)^2}$$

$$= 1,706 \text{ cm}^4$$

연습문제

1. 그림 4-22와 같은 복합 도형의 밑변으로부터 도심까지의 거리를 구하라.

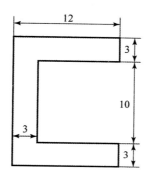

그림 4-22

2. 그림 4-23과 같은 사다리꼴 도형에서 밑변으로부터 도심까지의 거리
를 구하라.

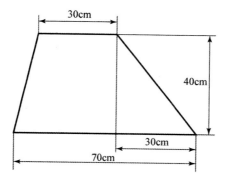

그림 4-23

3. 그림 4−24와 같은 도형의 도심을 지나는 x축에 대한 단면2차모멘트를 구하라.

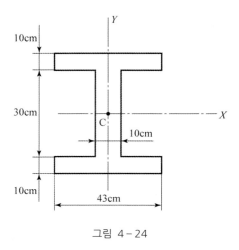

그림 4−24

4. 반지름 20 cm인 원형단면의 원주에 접하는 축에 대한 단면2차모멘트는 얼마인가?

5. 바깥지름 50 cm, 안지름 20 cm인 중공 단면의 단면계수를 구하라.

6. 그림 4−25와 같이 지름 d인 원형단면으로부터 직사각형 단면으로 잘라 사용하려고 한다. 이때 직사각형 단면의 단면2차모멘트를 최대로 하기 위해서는 폭(b)과 높이(h)의 비는 얼마로 하여야 하는가?

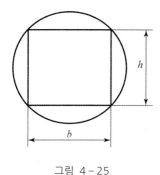

그림 4−25

7. 한 변의 길이가 50 cm인 정사각형 단면의 극단면2차모멘트는 얼마인가?

8. 지름이 50 cm인 원형단면의 극단면2차모멘트와 극단면계수는 얼마인가?

9. 그림 4-26과 같은 직사각형 단면에서 두 축 X, Y에 대한 단면상승모멘트 I_{XY}를 구하라.

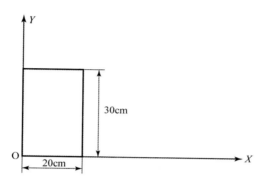

그림 4-26

10. 그림 4-27과 같은 직사각형 단면에서 한 모서리 O를 지나는 주축의 위치 각 θ를 구하라.

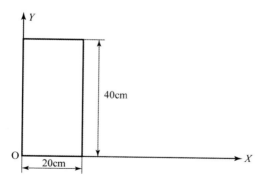

그림 4-27

STRENGTH OF MATERIALS

제5장 비틀림

5.1 원형축의 비틀림

그림 5-1(a)와 같이, 원형축의 한쪽 끝을 고정하고, 다른 한쪽 끝의 축에 수직한 평면상에서 서로 d만큼 거리를 두고, 힘 F를 가하면 축을 비틀어지게 하는 힘 $T = Fd$ 가 작용하게 되는데, 이 힘을 **우력**(偶力, torque) 또는 **비틀림 모멘트**(torsional moment or twisting moment)라고 한다.

이와 같이 비틀림 모멘트 T를 작용시켜 원형축을 비틀게 되면, 탄성변형에 의하여 그림 5-1(b)와 같이, 원통 표면의 축선에 평행한 모선 ab는 ac로 이동하고, 단면의 반지름 Ob는 Oc로 변위하여 $\angle bOc = \theta$를 만들게 되는데, 이때의 각 θ를 **비틀림각**(angle of torsion)이라고 하며, 그 값은 다음 식과 같다.

$$\theta = \frac{Tl}{GI_p} \,[\mathrm{rad}]\tag{1}$$

식에서 G는 축재료의 횡탄성계수, I_p는 축단면의 극단면2차모멘트이고, 이 두 개를 곱하여 얻은 값인 GI_p는, 비틀림 변형의 정도를 나타내는 것으로, **비틀림 강성**(剛性, torsional rigidity)이라고 한다.

또 축이 비틀림 모멘트를 받으면, 축의 고정단으로부터 임의의 거리 x만큼 떨어진 단면에서는, 그림 5-1(e)와 같이 축의 중심으로부터 거리 r에 비례하여 커지는 전단 응력이 발생하게 되는데, 단면의 최외단에서 최대전단응력이 발생하며 그 크기는 다음과 같다.

$$\tau = \frac{T}{Z_p}\tag{2}$$

식에서 Z_p는 축단면의 극단면계수이다.

참고로, 지름 d의 원형단면축의 극단면계수 $Z_p = \dfrac{\pi d^3}{16}$이고, 바깥지름 d_2, 안지름 d_1인 중공축의 극단면계수 $Z_p = \dfrac{\pi}{16}\left(\dfrac{d_2^4 - d_1^4}{d_2}\right)$이다.

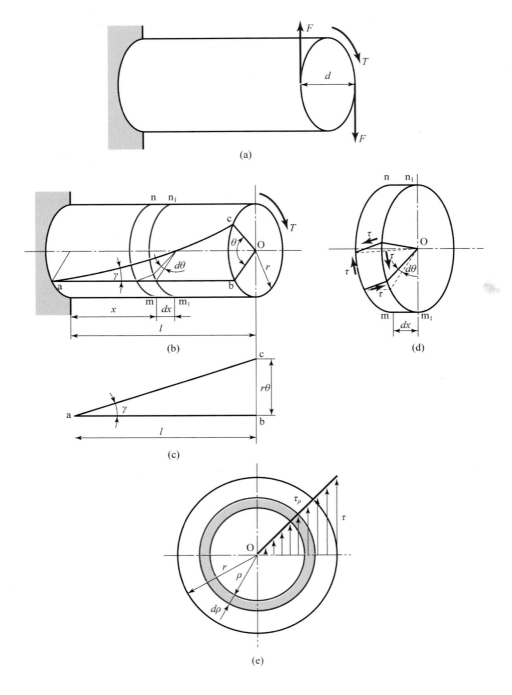

그림 5-1 원형축의 비틀림

‣ 식(1)과 (2)의 유도

그림 5-1(b)에서 원형축의 반지름을 r, 그 길이를 l, $\angle bac = \gamma$라 하고 나선 ac를 전개하면, 나선 ac는 그림 5-1(c)와 같이 직선이 되므로 다음과 같은 식이 성립한다.

$$\tan\gamma = \frac{bc}{ab} = \frac{r\theta}{l}$$

여기서 γ는 탄성한계 내에서 대단히 작은 각이므로 $\tan\gamma \fallingdotseq \gamma$가 되어, 이 식은 다음과 같이 간단하게 나타낼 수 있다.

$$\gamma = \frac{r\theta}{l}\ [\text{rad}]$$

식에서 γ는 비틀림 모멘트에 의해서 길이 l인 원형축의 외주에 발생하는 전단변형률이 된다.

그림 5-1(d)와 같이 원형축의 축방향으로 임의의 위치 x에서 미소두께 dx의 원판을 생각해 보면, 원판의 좌우 양단면은 비틀린 후에도 평면 그대로이므로, 원판의 원통면 위에 취한 미소 직사각형은 비틀림 모멘트에 의하여 평행사변형으로 변형된다.

이와 같이 원통 위에 취한 미소 직사각형이 평행사변형 형태로 변형된다는 것은 결과적으로 직사각형의 4변에 전단응력이 작용한다는 것이고, 이때의 전단응력은 순수전단응력의 상태가 된다.

따라서 직사각형의 4면에 작용하는 전단응력을 τ, 원통축 재료의 횡탄성계수를 G라 하면 훅의 법칙으로부터 다음과 같이 된다.

$$\tau = G\gamma = G \cdot \frac{r\theta}{l}$$

식에서 보는 바와 같이 γ와 $\dfrac{\theta}{l}$는 단면의 위치에 관계없이 일정하다. 아울러 원통축 단면에 발생하는 전단응력 τ는 r에 비례하므로, 중심축에서 0이 되고 외주로 갈수록(ρ가 커질수록) 그에 비례하여 커지며, 최외단에서 최대가 됨을 알 수 있다.

또 그림 5-1(e)와 같이 단면의 중심으로부터 임의의 거리 ρ만큼 떨어진 곳에 미소 길이 $d\rho$를 취하고, 미소 원환의 면적을 dA라고 하면, 이 미소면적에 분포하여 작용하는 전단응력 τ_ρ에 의한 비틀림 모멘트 dT는 다음 식으로 된다.

$$dT = \tau_\rho \rho dA \qquad\qquad ⓐ$$

그런데, 전단응력은 그림에서와 같이 중심에서의 거리 ρ에 비례하므로

$$\tau_\rho = \tau\frac{\rho}{r}$$

의 관계가 성립하고, 이것을 식 ⓐ에 대입하면 다음과 같이 된다.

$$dT = \frac{\tau}{r}\rho^2 dA$$

따라서 원통축의 단면 전체에 작용하는 비틀림 모멘트 T는 이 식을 면적 전체에 대하여 적분하여 얻을 수 있다.

$$T = \int \frac{\tau}{r}\rho^2 dA = \frac{\tau}{r}\int \rho^2 dA$$

여기서 $\int \rho^2 dA$는 중심 O에 대한 극단면2차모멘트 I_P이므로, 이 식은 다음과 같이 간단히 나타낼 수 있다.

$$T = \tau\frac{I_P}{r} \qquad\qquad ⓑ$$

여기서 $\dfrac{I_P}{r}$는 극단면계수 Z_P이므로 이 식은 다음과 같이 더욱 간단히 나타낼 수 있다.

$$T = \tau Z_p \qquad\qquad ⓒ$$

이 식이 비틀림 모멘트를 받고 있는 축에서의 응력과 비틀림 모멘트와의 관계식이다. 이제는 비틀림 모멘트 T에 의해 발생하는 비틀림각 θ를 구해보자.

그림 5-1(b)와 같은 미소길이 dx의 요소에서 전단변형률 γ는 다음 식으로 된다.

$$\gamma = \frac{rd\theta}{dx}$$

또 훅의 법칙에서 전단변형률 $\gamma = \dfrac{\tau}{G}$이고, 식 ⓑ에서 $\tau = \dfrac{Tr}{I_p}$이므로 각 $d\theta$는 다음

과 같이 된다.

$$d\theta = \frac{\gamma dx}{r} = \frac{\tau}{G}\frac{dx}{r} = \frac{T}{GI_p}dx$$

따라서 길이 l에 대한 비틀림각 θ는 이 식을 0에서 l까지 적분하여 구할 수 있다.

$$\theta = \int_0^l \frac{T}{GI_p}dx$$

여기서 G와 T, I_p가 일정하다면 이 식은 다음과 같이 된다.

$$\theta = \frac{Tl}{GI_p}\ [\mathrm{rad}]$$

ⓓ

예제 01

축지름이 5 cm이고, 길이 3 m인 재료에 196,000 N·cm의 비틀림 모멘트가 작용할 때 축에 발생하는 비틀림각과 최대전단응력을 구하라. 단, 재료의 횡탄성계수 $G=78.4$ GPa이다.

풀이 비틀림각

$$\theta = \frac{Tl}{GI_p} = \frac{196,000 \times 300}{7,840,000 \times \dfrac{\pi \times 5^4}{32}}\ [\mathrm{rad}] = 0.1222\ \mathrm{rad}$$

최대전단응력

$$\tau = \frac{T}{Z_p} = \frac{T}{\dfrac{\pi d^3}{16}} = \frac{16T}{\pi d^3} = \frac{16 \times 196,000}{\pi \times 5^3} = 7,990\ \mathrm{N/cm^2} = 79.9\ \mathrm{MPa}$$

5.2 축에 의한 동력전달

비틀림 모멘트에 의하여, 회전하며 동력을 전달하는 축을 전동축(傳動軸, power shaft)이라 하며, N [rpm]의 회전수로 H마력[PS: 독일어 pferdestärke(말의 힘)의 약자]의 동력을 전달하는 전동축의 비틀림 모멘트 T는 다음 식으로 된다.

$$T = 71,620 \frac{H}{N}\ [\mathrm{kgf \cdot cm}]$$

(1)

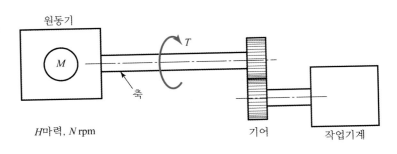

그림 5-2 축에 의한 동력전달

또 식에서 H의 단위가 kW일 때는 1 kW=1.36 PS이므로, 다음과 같은 식으로 된다.

$$T = 97,400 \frac{H}{N} \ [\mathrm{kgf\text{-}cm}] \tag{2}$$

▶ **공식 (1), (2)의 유도**

동력이란 단위시간당의 일률로, 그림 5-3과 같이 축의 원주방향으로 힘 P [kgf]가 작용하여 원주속도 v [m/sec]로 회전하는 축의 전달동력 H는 다음과 같다.

$$H = Pv \ [\mathrm{kgf \cdot m/sec}]$$

이를 마력(PS)으로 환산하면 1 PS = 75 kgf·m/sec이므로 다음과 같이 된다.

$$H = \frac{Pv}{75} \ [\mathrm{PS}] \tag{ⓐ}$$

또 축의 반지름을 r [m]이라 하고, 축의 각속도를 ω [rad/sec]라 하면 원주속도 $v = r\omega$ [m/sec]이므로

$$H = \frac{Pr\omega}{75} \ [\mathrm{PS}] \tag{ⓑ}$$

가 되고, 다시 비틀림 모멘트 $T = Pr$ [kgf-m]이고, 1 m = 100 cm이므로

$$H = \frac{T\omega}{75 \times 100} \ [\mathrm{PS}] \tag{ⓒ}$$

가 된다.

또 축의 1분간 회전수(revolutions per minute)를 N [rpm]이라고 하면, 각속도 $\omega = \dfrac{2\pi N}{60}$

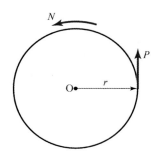

그림 5 – 3 원주방향으로 힘 P가 작용하는 축단면

이므로

$$H = \frac{2\pi NT}{75 \times 100 \times 60} = \frac{NT}{71,620}$$

ⓓ

가 되며, 이를 비틀림 모멘트 T에 대한 식으로 나타내면

$$T = 71,620\frac{H}{N} \ [\mathrm{kgf\text{-}cm}]$$

ⓔ

가 된다.

또 1 kW = 102 kgf · m/sec이므로, 식 ⓓ의 75 대신 102를 대입하여

$$H = \frac{2\pi NT}{102 \times 100 \times 60} = \frac{NT}{97,400}$$

ⓕ

를 얻을 수 있으며, 이를 비틀림 모멘트 T에 대한 식으로 나타내면

$$T = 97,400\frac{H}{N} \ [\mathrm{kgf\text{-}cm}]$$

ⓖ

가 된다.

예제 01

지름 $d = 2$ cm인 자동차 축이 500 rpm의 회전수로 22 kW의 동력을 전달한다. 이 축에 작용하는 비틀림 모멘트와 축단면에 발생하는 최대전단응력을 구하라.

풀이 비틀림 모멘트

$$T = 97,400 \times \frac{H}{N} \ [\mathrm{kg_f\text{-}cm}]$$

$$= 97,400 \times \frac{22}{500} \, [\text{kg}_\text{f}\text{-cm}]$$

$$= 4,285.6 \, [\text{kg}_\text{f}\text{-cm}]$$

$$\fallingdotseq 41,999 \, [\text{N} \cdot \text{cm}]$$

최대전단응력

$$\tau = \frac{T}{Z_p} = \frac{T}{\frac{\pi d^3}{16}} = \frac{16\,T}{\pi d^3} = \frac{16 \times 41,999}{\pi \times 2^3} = 26,737 \, \text{N/cm}^2 = 267 \, \text{MPa}$$

5.3 | 비틀림으로 인한 탄성변형에너지

비틀림 모멘트를 받는 축은 비틀림 모멘트에 의하여 축단면이 회전변형하며, 비틀림 모멘트에 의하여 행해진 일을 탄성에너지의 형태로 재료 내부에 저장되게 되는데, 이를 **비틀림으로 인한 탄성변형에너지**라고 한다.

지금 그림 5-4와 같은 원형축이 비틀림 모멘트 T를 받아 θ만큼의 비틀림각이 생겼을 때, 이 축에 저장된 탄성변형에너지 U는 다음 식으로 된다.

$$U = \frac{T\theta}{2} \tag{1}$$

또 지름 d인 원형단면축의 비틀림으로 인한 단위체적당 탄성변형에너지

$$u_t = \frac{\tau^2}{4G} \tag{2}$$

이고, 안지름 d_1, 바깥지름 d_2인 원형단면의 중공축(中空軸)인 경우, 비틀림으로 인한 단위체적당 탄성변형에너지 u_t는 다음 식과 같이 된다.

$$u_t = \frac{\tau^2}{4G}\left[1 + \left(\frac{d_1}{d_2}\right)^2\right] \tag{3}$$

식에서 τ는 축단면의 최외단에 발생하는 전단응력이고, G는 축재료의 횡탄성계수이다.

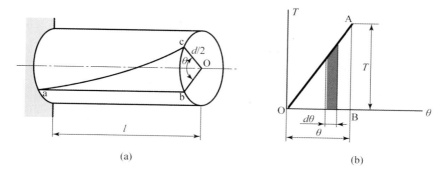

그림 5-4 원형축의 비틀림과 탄성변형에너지

▶ 식의 유도

그림 5-4(a)와 같이, 지름이 d이고 길이 l인 원형축에 비틀림 모멘트 T가 작용하고, 그에 비례하여 비틀림각 θ가 발생했다고 하면, 비틀림 모멘트 T와 비틀림각 θ와의 관계는 그림 5-4(b)와 같이 직선으로 되고, 비틀림 모멘트에 의한 탄성에너지는 △OAB의 면적과 같으며, 이것이 축 속에 저장된다. 따라서 비틀림 모멘트에 의해 축 속에 저장된 탄성에너지 U_t는 △OAB의 면적으로 다음과 같다.

$$U_t = \frac{1}{2} T\theta \qquad \text{ⓐ}$$

또한 5.1절에서 원형축의 비틀림각

$$\theta = \frac{Tl}{GI_p} \qquad \text{ⓑ}$$

이므로, 비틀림으로 인한 탄성변형에너지 U_t는 다음 식으로 된다.

$$U_t = \frac{T^2 l}{2GI_p} \qquad \text{ⓒ}$$

또한 5.1절에서 지름 d인 원형단면의 비틀림 모멘트

$$T = \tau Z_p = \frac{\pi d^3}{16} \tau \qquad \text{ⓓ}$$

이고, 극단면2차모멘트 $I_p = \dfrac{\pi d^4}{32}$ 이므로 식 ⓒ는 다음과 같이 된다.

$$U_t = \frac{\tau^2}{4G} \cdot \frac{\pi d^2}{4} l = \frac{\tau^2}{4G} \cdot Al \qquad ⓔ$$

식에서 A는 축의 단면적이다.

따라서 단위체적당 탄성에너지 u_t는 다음 식과 같다.

$$u_t = \frac{U_t}{Al} = \frac{\tau^2}{4G} \qquad ⓕ$$

안지름 d_1, 바깥지름 d_2인 중공축인 경우 비틀림 모멘트

$$T = \tau Z_p = \tau \frac{\pi}{16} \left(\frac{d_2^4 - d_1^4}{d_2} \right) \qquad ⓖ$$

이고, 극단면2차모멘트

$$I_p = \frac{\pi(d_2^4 - d_1^4)}{32} \qquad ⓗ$$

가 되므로, 이들을 탄성변형에너지식 ⓒ에 대입하면 다음 식을 얻을 수 있다.

$$U_t = \frac{\tau^2(d_2^2 + d_1^2)}{4Gd_2} \cdot \frac{\pi}{4}(d_2^2 - d_1^2)l = \frac{\tau^2}{4G}\left[1 + \left(\frac{d_1}{d_2}\right)^2 \right] \cdot \frac{\pi}{4}(d_2^2 - d_1^2)l$$

이 식을 단위체적당의 비틀림 탄성변형에너지식으로 표현하면 다음과 같다.

$$u_t = \frac{U_t}{Al} = \frac{\tau^2}{4G}\left[1 + \left(\frac{d_1}{d_2}\right)^2 \right]$$

예제 01

지름 5 cm, 길이 3 m의 축에 비틀림 모멘트가 작용할 때 비틀림 탄성변형에너지를 구하라.
단, 축재료에 작용하는 전단응력은 49 MPa이고, 횡탄성계수 $G = 80,000$ MPa이다.

풀이 이 축의 극단면2차모멘트

$$I_p = \frac{\pi d^4}{32} = \frac{\pi \times 5^4}{32} = 61.4 \text{ cm}^4$$

이고, 비틀림 모멘트

$$T = \tau Z_p = \frac{\pi d^3}{16}\tau = \frac{\pi \times 5^3}{16} \times 4,900 = 120,263\,\mathrm{N} \cdot \mathrm{cm}$$

이므로, 비틀림 탄성변형에너지

$$U_t = \frac{T^2 l}{2GI_p} = \frac{120,263^2 \times 300}{2 \times 8 \times 10^6 \times 61.4} = 4,417\,\mathrm{N} \cdot \mathrm{cm}$$

| 제5장 |
연습문제

1. 축지름이 25 cm이고, 길이 2 m인 재료에 1.5 MN · cm의 비틀림 모멘트가 작용할 때 축에 발생하는 비틀림각과 최대전단응력을 구하라. 단, 재료의 횡탄성계수 $G = 78.4$ GPa이다.

2. 원형단면의 지름이 2배로 되면 비틀림 강도는 몇 배로 커지는가?

3. 축지름이 30 cm이고, 길이 2 m인 재료에 비틀림각이 0.04 rad 이하로 되도록 제한시키고자 한다. 이때 비틀림 모멘트를 얼마까지 작용시킬 수 있겠는가? 단, 재료의 횡탄성계수 $G = 80$ GPa이다.

4. 축지름이 40 cm이고, 길이 2 m인 재료의 전단강도 $\tau = 400$ MPa이다. 이 재료를 파손시키지 않으려면 비틀림 모멘트를 얼마까지 작용시킬 수 있겠는가?

5. 출력 0.5 kW의 모터를 장착한 선풍기가 600 rpm으로 회전한다. 선풍기 축의 지름이 $d = 1$ cm라 할 때 축의 단면에 작용하는 최대전단응력을 구하라.

6. 자동차 축이 400 rpm의 회전수로 30 kW를 전달한다. 이 축 재료의 허용응력이 $\tau_a = 300$ MPa이라면 이 축의 지름을 얼마로 해야 하는가?

7. 지름 8 m의 축이 매분 60회전할 때 길이 1 m에 대한 비틀림각이 2°라고 하면 이 축은 몇 마력을 전달할 수 있겠는가? 단, 축재료의 횡탄성계수 $G = 80,000$ MPa이다.

8. 지름 $10\,\mathrm{cm}$, 길이 $2\,\mathrm{m}$의 축에 $3\,\mathrm{N\cdot m}$ 비틀림 모멘트가 작용하여 비틀림 각이 $2°$가 되었다. 비틀림 탄성변형에너지를 구하라.

9. 출력 $0.5\,\mathrm{kW}$의 모터를 장착한 선풍기가 $600\,\mathrm{rpm}$으로 회전한다. 선풍기 축의 단면이 바깥지름 $d_2 = 0.8\,\mathrm{cm}$, 안지름 $d_1 = 0.4\,\mathrm{cm}$인 중공축이라면 축 단면에 발생하는 최대전단응력은 ?

10. 지름 $d = 5\,\mathrm{cm}$와 같은 비틀림 강도를 가지는 바깥지름 $d_2 = 10\,\mathrm{cm}$인 중공축을 만들고 싶다. 안지름은 얼마로 해야 하는가?

STRENGTH OF MATERIALS

제6장 보의 전단과 굽힘

6.1 　 보의 지지법 및 종류

6.1.1 보

구조물을 구성하고 있는 길이가 긴 부재 중에는 하중이 축선에 수직방향으로 작용하도록 지지되어 있는 것과 축선에 나란한 방향으로 작용하도록 되어 있는 것이 있는데, 하중이 축선에 수직방향으로 작용하도록 지지되어 있는 부재를 **보**(beam)라 하고, 축선에 나란한 방향으로 작용하도록 지지되어 있는 부재를 **기둥**(column)이라 한다.

여기서는 하중이 축선에 수직방향으로 작용하도록 지지되어 있는 부재인 보의 해석방법에 관해서 학습하기로 한다.

6.1.2 보의 지지 방법

보를 지지하는 지점의 형태는 그림 6-1에서 보는 바와 같이 세 가지 종류가 있다.

① **가동**(可動) **힌지점**: 그림 6-1(a)에서 보는 바와 같이, 보의 회전과 평행이동은 자유로우나 수직이동을 불가능하게 한 지점이며, 자유지점이라고도 한다. 이때 지점에서의 반력은 수직반력 R_V 하나만 존재한다.

② **부동**(不動) **힌지점**: 그림 6-1(b)에서 보는 바와 같이, 보의 회전은 자유로우나 수평이동과 수직이동이 불가능한 지점이며, 이때 지점에서의 반력은 수직반력 R_V와 수평반력 R_H가 존재한다.

③ **고정**(固定)**지점**: 그림 6-1(c)에서 보는 바와 같이, 보의 회전, 수평 및 수직이동 모두가 불가능한 지점이며, 이때 지점에서의 반력은 수직반력 R_V와 수평반력 R_H 및 굽힘모멘트 M이 존재한다.

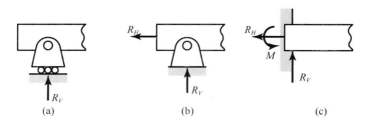

그림 6-1 보의 지점형태

6.1.3 보의 종류

6.1.3.1 지지방법에 따른 보의 종류

보는 그 지지방법에 따라 다음과 같이 분류한다.

(1) 단순보(simple beam)

그림 6-2(a)에서 보는 바와 같이, 보의 한쪽 끝이 부동 힌지점 위에 지지되어 있고, 다른 끝이 가동 힌지점 위에 지지되어 있는 보이며, 하중에 의하여 굽어질 때, 양단은 자유롭게 회전할 수 있으며 그 중 한쪽 끝단은 수평방향으로 자유롭게 움직일 수 있도록 지지되어 있는 보이다.

(2) 외팔보(cantilever beam)

그림 6-2(b)에서 보는 바와 같이, 보의 한쪽 끝단은 고정되어 있고, 또 다른 한쪽 끝단은 전혀 지지되어 있지 않는 보이다.

(3) 돌출보(overhanging beam)

그림 6-2(c)에서 보는 바와 같이, 단순보와 같은 형태로 지지되어 있으나, 보의 한쪽 끝단 또는 양쪽 끝단이 지점 밖으로 돌출되어 있는 보를 말하며 '내다지보'라고 도 한다.

(4) 일단지지 타단 고정보(one end support and the other end fixed beam)

그림 6-2(d)에서 보는 바와 같이, 한쪽 끝단은 고정되어 있고 또 다른 한쪽 끝단은 **가동 힌지점** 위에 지지되어 있는 보이다.

(5) 양단 고정보(fixed beam)

그림 6-2(e)에서 보는 바와 같이, 양쪽 끝단이 고정되어 있는 보이다.

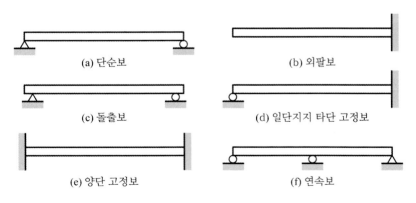

그림 6-2 지지방법에 따른 보의 종류

(6) 연속보(continuous beam)

그림 6-2(f)에서 보는 바와 같이 세 개 이상의 지점으로 연속하여 지지되어 있는 보이다.

6.1.3.2 해석방법에 따른 보의 종류

보에 작용하는 외력(外力)에는 하중(荷重)과 반력(反力)이 있는데, 하중에 의하여 보의 지점에서 보가 받는 힘을 **반력**(反力)이라고 한다.

이들 반력을 정역학적인 평형방정식에 의하여 결정할 수 있는 보를 **정정보**(靜定狀, statically determinate beam)라고 하고, 정역학적인 평형방정식만으로는 지점의 반력을 결정할 수 없는 보를 **부정정보**(不靜定狀, statically indeterminate beam)라고 한다.

부정정보에서, 정역학적인 평형방정식만으로는 지점에 작용하는 반력을 결정할 수 없는 이유는, 지점에 작용하는 반력의 수가 정역학적인 평형방정식의 수보다 많기 때문이다.

지지방법에 의한 보의 종류 중, 단순보, 외팔보, 돌출보 등은 정정보에 해당되고, 고정보, 일단지지 타단 고정보, 연속보 등은 부정정보에 해당된다.

정역학적 평형 방정식

보가 지지되어 정지하고 있을 때, "보에 작용하는 힘 F의 총합 $\sum F$와 모멘트의 총합 $\sum M$은 0이 된다"라는 조건으로부터 다음 식이 성립하는데, 이 식을 정역학적인 평형방정식이라고 한다.

$$\sum F = 0, \qquad \sum M = 0$$

6.1.4 하중의 종류

(1) 집중하중(集中荷重, concentrated load)

그림 6-3(a)에서와 같이, 어느 한 점에 집중하여 작용하는 하중을 말한다. 집중하중은 대문자 P로 표시한다.

(2) 균일 분포하중(均一分布荷重, uniformly distributed load)

그림 6-3(b)에서 보는 바와 같이, 보의 전 길이에 걸쳐 똑같은 하중이 분포하여 작용하는 하중으로 등분포하중이라고도 한다.

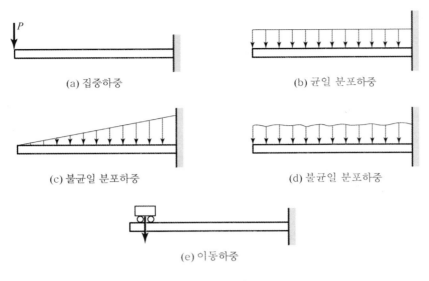

그림 6-3 하중의 종류

균일 분포하중은 소문자 p로 표시한다.

(3) 불균일 분포하중(不均一分布荷重, varing load)

그림 6-3(c), (d)에서 보는 바와 같이, 보의 전 길이에 걸쳐 하중이 불규칙하게 분포하여 작용하는 하중으로 부등분포하중이라고도 한다.

(4) 이동하중(移動荷重, moving load)

그림 6-3(e)에서 보는 바와 같이, 보 위에서 이동하는 하중을 말한다.

6.2 　보의 전단력과 굽힘모멘트

6.2.1 평형조건

보에 하중이 작용해도, 보가 움직이지 않고 제자리에 정지하고 있다는 것은, 지점에서 하중에 저항하는 반력이 작용하여, 이들의 힘이 서로 평형상태를 유지하기 때문이다.

즉 그림 6-4와 같이, 지점 A로부터 a만큼 떨어진 위치에 집중하중 P를 받고 있는 단순보의 경우에, 이 보가 하중을 받고 있음에도 불구하고, 위로나 아래로 이동하지 않는다는 것은 이 보에 작용하는 외력(하중과 반력) F의 총합 $\sum F = -P + R_A + R_B = 0$ 이 되기 때문이다.

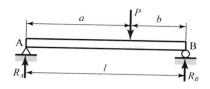

그림 6-4 집중하중을 받는 단순보

또 이 보가 하중 P를 받아 지점 A나 B를 중심으로 회전하지 않는다는 것은, 지점 A에 대하여 모멘트를 취했을 때 그 모멘트의 총합 $\sum M_A = Pa - R_B l = 0$이 되거나, 지점 B에 대하여 모멘트를 취한 값 $\sum M_B = -Pb + R_A l = 0$이 성립되어야 한다는 것을 의미한다.

따라서 보에 작용하는 반력을 구하기 위해서는, "보에 작용하는 외력의 총합은 0이다"라는 조건과 "보에 작용하는 외력에 의한 모멘트의 총합은 0이어야 한다"라는 조건인 다음과 같은 두 식을 사용하는데, 이 식을 정역학적 **평형방정식**(equiliblium equation) 또는 정역학적 **평형조건식**이라고 한다.

$$\sum F = 0, \qquad \sum M = 0$$

보의 반력을 구하고자 할 때 그 부호(+, −)의 혼동을 피하기 위하여, 힘과 모멘트의 방향에 따라 이 책에서는 그 부호를 다음과 같이 규정한다.

하중의 경우, 밑에서부터 위로 향하여 작용할 때를 +, 그 반대방향이면 −로 한다. 모멘트의 경우, 시계방향이면 +, 시계반대방향이면 −로 한다.

6.2.2 전단력과 굽힘모멘트

그림 6-5(a)는 집중하중 P를 받고 있는 단순보이고, 그림 6-5(b)는 지점 A로부터 임의의 거리 x만큼 떨어진 위치의 단면에 발생하는 전단력 F와 굽힘모멘트 M을 나타낸 것이다.

보에서의 **전단력**(剪斷力, shearing force)이란 외력에 대응하여 보의 단면에 평행하게 작용하는 내력(耐力)으로, 이는 전단력을 구하고자 하는 단면으로부터 좌측에 있는 힘의 총합으로 하여 구한다.

또 **굽힘모멘트**(bending moment)란 외력에 의하여 보를 구부러지게 하는 모멘트로, 굽힘모멘트를 구하고자 하는 단면의 좌측에 있는 외력에 의한 굽힘모멘트의 총합으로 하여

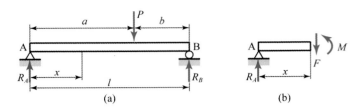

그림 6-5 보에 작용하는 전단력 F와 굽힘모멘트 M

구한다.

따라서 그림에서 전단력 F와 굽힘모멘트 M은 다음 식으로 구할 수 있다.

전단력　　　$F = R_A$: 단면 좌측에 있는 외력

굽힘모멘트 $M = R_A x$: 단면 좌측에 있는 외력에 의한 굽힘모멘트

여기서 전단력과 굽힘모멘트에 관한 부호 규약은, 이해를 쉽게 하기 위하여, 전단력의 경우, 단면의 좌측에 있는 외력이 위로 작용하면 +로 하고, 굽힘모멘트의 경우, 단면의 좌측에 있는 외력에 의한 굽힘모멘트가 시계방향으로 작용하면 +로 한다.

이제는 보에 작용하는 하중과 전단력, 굽힘모멘트 사이에 서로 어떠한 관계를 가지고 있는지 살펴보기로 하자.

그림 6-6(a)와 같은 보에서, 임의의 길이 x만큼 떨어진 거리의 단면에, 분포하중 p와 전단력 F 및 굽힘모멘트 M이 작용한다고 하면, 이들 사이에는 다음과 같은 관계가 성립한다.

① 하중 p와 전단력 F 사이의 관계

$$\frac{dF}{dx} = -p \tag{1}$$

단 식에서 p는 분포하중을 의미한다.

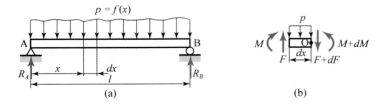

그림 6-6 분포하중이 작용하는 단순보와 미소길이 dx에 작용하는 힘

② 전단력 F와 굽힘모멘트 M 사이의 관계

$$\frac{dM}{dx} = F \tag{2}$$

이와 같은 관계식은 다음 절에서 설명할 예정인 전단력 선도와 굽힘모멘트 선도를 이해하는 데 참고가 될 수 있다.

▸ 공식 (1)과 (2)의 유도

그림 6-6(a)에서 보는 바와 같이, 보의 전 길이에 걸쳐 분포하중이 작용할 때, 보의 좌측 끝에서부터 임의의 길이 x만큼 떨어진 위치의 단면으로부터 미소길이 dx를 취하여, 그림 6-6(b)와 같이 균일 분포하중 p가 작용한다고 하면, 그 요소의 왼쪽 단면에는 양(+)의 전단력 F와 굽힘모멘트 M이 작용하고, 오른쪽 단면에는 전단력 F와 굽힘모멘트 M보다 각각 dF와 dM만큼 큰 음의 전단력 $F + dF$와 굽힘모멘트 $M + dM$이 작용한다.

따라서 미소요소 dx에는, 이와 같은 외력이 작용하여 평형상태에 있으므로, 다음과 같은 힘의 평형방정식이 성립한다.

즉, 미소요소에 작용하는 외력 F의 합은 0이어야 한다는 조건으로부터, 다음 식이 성립한다.

$$\sum F = F - pdx - (F + dF) = 0$$

따라서 이로부터

$$\frac{dF}{dx} = -p$$

의 관계식을 얻을 수 있으며, 다시 점 O에 관한 모멘트의 평형조건으로부터

$$\sum M = M + Fdx + pdx\left(\frac{dx}{2}\right) - (M + dM) = 0$$

가 되고, 여기서 고차의 미소항은 상대적으로 작은 양이므로, 이를 무시하고 정리하면

$$\frac{dM}{dx} = F$$

라는 관계식을 얻을 수 있다.

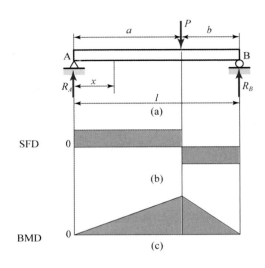

그림 6-7 보와 SFD 및 BMD의 예

6.2.3 전단력 선도와 굽힘모멘트 선도

하중을 받고 있는 보에서, 보의 단면에 작용하는 전단력과 굽힘모멘트는 지점으로 부터의 거리에 따라 달라질 수 있는데, 보의 전 길이에 걸쳐 전단력 F와 굽힘모멘트 M의 분포를 나타낸 것을 각각 **전단력 선도**(Shearing Force Diagram) 및 **굽힘모멘트 선도** (Bending Moment Diagram)라 하고, 약칭하여 각각 **SFD** 및 **BMD**라고 한다.

전단력 선도와 굽힘모멘트 선도의 작도법

1) 정역학적 평형방정식($\sum F = 0,\ \sum M = 0$)을 이용하여 지점에서의 반력을 구한다.
2) 좌측 끝단으로부터 다음 하중이 작용하는 점까지의 사이에 임의의 거리 x를 잡고, 이 단면에 작용하는 전단력 F_x와 굽힘모멘트 M_x를 구한다.
3) 보의 길이방향을 x좌표로 하고, 이와 수직방향의 축을 전단력 F 및 굽힘모멘트 M으로 하는 좌표를 각각 도시하여 SFD와 BMD의 기준축을 작성한 후, 2)에서 구한 결과를 이용하여 전단력은 SFD에, 굽힘모멘트는 BMD에 도시한다.

6.2.3.1 외팔보에 대한 SFD와 BMD

(1) 자유단에 한 개의 집중하중이 작용하는 외팔보에서의 SFD와 BMD

그림 6-8(a)와 같은 외팔보의 자유단에 집중하중 P가 작용할 때, 왼쪽 끝단 A로부

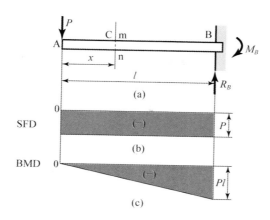

그림 6 – 8 집중하중 P를 받는 외팔보(a)와 전단력 선도(b) 및 굽힘모멘트 선도(c)

터 x만큼 떨어진 위치의 단면에 작용하는 전단력 F_x와 굽힘모멘트 M_x는 다음 식으로 된다.

$$\text{전단력} \quad F_x = - P \tag{1}$$

$$\text{굽힘모멘트} \quad M_x = - Px \tag{2}$$

이에 대한 전단력 선도(SFD)와 굽힘모멘트 선도(BMD)를 그려보면 그림 6 – 8(b), (c)와 같다.

그림에서 보는 바와 같이 전단력은 보의 전 길이에 걸쳐 균일하게 작용하고, 굽힘모멘트 M_x는 $X = 0$일 때 $M_o = 0$이 되어, 하중작용점에서 최소가 되고, 보의 고정단, 즉 $X = l$에서 $M_{\max} = - Pl$로 최대가 됨을 알 수 있다.

▸ **식 (1)과 (2)의 유도**

1) 지점에서의 반력

힘의 평형방정식으로부터

$$\sum F = - P + R_B = 0$$

$$R_B = P$$

여기서는 식 $\sum F = 0$만으로도 반력을 결정할 수 있으므로, 모멘트의 평형방정식 $\sum M = 0$은 적용할 필요가 없으며, 반력을 구하지 않고서도 구간 x에서의 외력을 알 수 있으므로 굳이 반력을 구할 필요도 없었다. 단, 여기서는 참고를 위해 반력을 구하였을 뿐이다.

2) 전단력과 굽힘모멘트

보의 왼쪽 끝단으로부터 임의의 거리 x를 취하여, 이 단면에 작용하는 전단력 F_x 및 굽힘모멘트 M_x를 각각 구하면 다음과 같이 된다.

$$전단력 \ F_x = -P$$
$$굽힘모멘트 \ M_x = -Px$$

3) SFD와 BMD

보의 길이방향을 X좌표로 하고, 이와 수직방향의 축을 전단력 F 및 굽힘모멘트 M으로 하는 좌표를 도시하여, 각각 SFD와 BMD의 기준축을 작성한 후, 2)에서 구한 결과를 이용하여 전단력은 SFD에, 굽힘모멘트는 BMD에 도시한다.

이때 전단력 선도는, 전단력 F_x가 일정한 값이므로 그림 6-8(b)와 같이 x축에 나란하게 되고, 굽힘모멘트 선도는 그림 6-8(c)와 같이 거리 x에 비례하여 증가한다.

예제 01

그림 6-9(a)와 같이 길이 $l = 2$ m인 외팔보의 자유단에 집중하중 $P = 100$ N이 작용할 때 이 보의 전단력 선도와 굽힘모멘트 선도를 그려라.

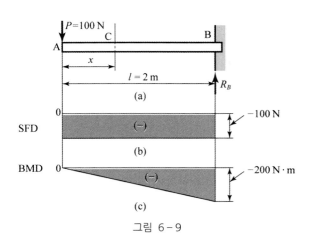

그림 6-9

풀이 보의 왼쪽 끝단으로부터 임의의 거리 x를 취하여, 이 단면에 작용하는 전단력 F_x 및 굽힘모멘트 M_x를 각각 구하면 다음과 같이 된다.

$$\text{전단력 } F_x = -100$$

$$\text{굽힘모멘트 } M_x = -100x$$

따라서 보의 길이방향을 X좌표로 하고, 이와 수직방향의 축을 전단력 F 및 굽힘모멘트 M으로 하는 좌표를 도시하여 각각 SFD와 BMD의 기준축을 작성한 후, 계산결과를 이용하여 전단력은 SFD에, 굽힘모멘트는 BMD에 도시하면, 그림 6-9(b), (c)와 같이 된다.

(2) 두 개의 집중하중이 작용하는 외팔보에서의 SFD와 BMD

그림 6-10(a)와 같은 외팔보에 집중하중 P_1과 P_2가 작용할 때, 왼쪽 지점으로부터 x만큼 떨어진 위치의 단면에 작용하는 전단력 F_x와 굽힘모멘트 M_x는 다음 식으로 된다.

① 구간 A-C 사이에서

$$\text{전단력 } F_x = -P_1 \tag{1}$$

$$\text{굽힘모멘트 } M_x = -P_1 x \tag{2}$$

② 구간 C-B 사이에서

$$\text{전단력 } F_x = -P_1 - P_2 \tag{3}$$

$$\text{굽힘모멘트 } M_x = -P_1 x - P_2(x-a) = -(P_1 + P_2)x + P_2 a \tag{4}$$

이에 대한 전단력 선도(SFD)와 굽힘모멘트 선도(BMD)를 그려보면 그림 6-10(b),

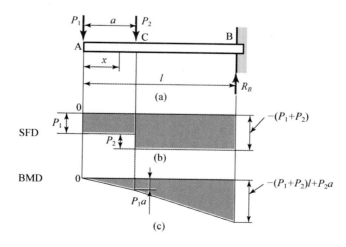

그림 6-10 두 개의 집중하중이 작용하는 외팔보와 SFD 및 BMD

(c)와 같다.

그림에서 보는 바와 같이, 전단력의 분포는 계단 형태의 모양이 되며, 굽힘모멘트는 보의 고정단($x = l$)에서 최대가 되고, $M_{\max} = -(P_1 + P_2)l + P_2a$이다.

▶ 식의 유도

1) 지점에서의 반력

힘의 평형방정식으로부터

$$\sum F = -P - P_2 + R_B = 0$$

의 관계식을 얻을 수 있으며, 따라서

$$반력 \ R_B = P_1 + P_2$$

를 얻을 수 있다.

여기서도, $\sum F = 0$의 식만으로도 반력을 결정할 수 있으므로, 평형방정식 $\sum M = 0$ 은 적용할 필요가 없으며, 반력을 구하지 않고서도, x구간에서의 외력을 알 수 있으므로 굳이 반력을 구할 필요도 없다. 단, 여기서는 참고를 위해 반력을 구하였을 뿐이다.

2) 전단력과 굽힘모멘트

① 구간 A – C, 즉 좌측 끝단으로부터 하중 P_2가 작용하는 점 사이에, 임의의 거리 x를 취했을 때

$$전단력 \ F_x = -P_1 \tag{ⓐ}$$
$$굽힘모멘트 \ M_x = -P_1x \tag{ⓑ}$$

② 구간 C – B, 즉 좌측 끝단으로부터, 하중 P_2가 작용하는 점과 고정단 사이에, 임의의 거리 x를 취했을 때

$$전단력 \ F_x = -P_1 - P_2 \tag{ⓒ}$$
$$굽힘모멘트 \ M_x = -P_1x - P_2(x-a) = -(P_1 + P_2)x + P_2a \tag{ⓓ}$$

3) SFD와 BMD

보의 길이방향을 X좌표로 하고, 이와 수직방향의 축을 전단력 F 및 굽힘모멘트 M으로 하는 좌표를 도시하여, 각각 SFD와 BMD의 기준축을 작성한 후, 2)에서 구한

결과를 이용하여 전단력은 SFD에, 굽힘모멘트는 BMD에 도시한다.

이때 전단력 선도는, 구간 A−C에서는 전단력 F가 상수이므로 그림 6−10(b)와 같이 x축에 평행한 직선이 되고, 구간 C−B에서도 전단력 F가 구간 A−C에서보다 P_2만큼 더 큰 상수이므로, 그림 6−10(b)와 같이 x축에 평행한 직선이 되어, 계단 형태의 모양이 됨을 알 수 있다.

또 굽힘모멘트는 식 ⓑ에서

$$x = 0일 때 \quad M_o = 0$$
$$x = a일 때 \quad M_a = -P_1 a$$

식 ⓓ에서

$$x = a일 때 \quad M_a = -P_1 a$$
$$x = l일 때 \quad M_l = -(P_1 + P_2)l + P_2 a$$

가 된다. 따라서 구간 A−C에서는, $x = 0$에서 $M_o = 0$으로부터 $x = a$에서 $M_a = -P_1 a$에 이르는 직선을 긋고, 구간 B−C에서는, $x = a$에서 $M_a = -P_1 a$가 되는 점으로부터 $x = l$에서 $M_l = -(P_1 + P_2)l + P_2 a$에 이르는 점까지 직선을 그으면, 그림 6−10(c)와 같은 굽힘모멘트 선도가 된다.

그림 6−10(c)의 BMD에서 보는 바와 같이, 굽힘모멘트는 보의 고정단($x = l$)에서 최대가 되며 그 값은 다음과 같다.

$$M_{\max} = -(P_1 + P_2)l + P_2 a$$

예제 01

그림 6−11(a)와 같이 길이 $l = 2\,\text{m}$인 외팔보의 자유단에 집중하중 $P_1 = 150\,\text{N}$이 작용하고, 자유단으로부터 $a = 0.5\,\text{m}$ 떨어진 곳에 집중하중 $P_2 = 150\,\text{N}$이 작용할 때, 보의 전단력 선도와 굽힘모멘트 선도를 그려라.

풀이 1) 우선, A−C 사이에 임의의 거리 x를 취하여, 이 단면에 작용하는 전단력 F_x 및 굽힘모멘트 M_x를 각각 구하면 다음과 같이 된다.

$$전단력 \quad F_x = -150$$
$$굽힘모멘트 \quad M_x = -150x$$

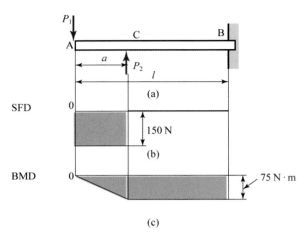

그림 6-11

2) C−B 사이에서 임의의 거리 x를 취하고, 이 단면에 작용하는 전단력과 굽힘모멘트를 구하면 다음과 같다.

$$전단력 \quad F_x = -150 + 150 = 0$$

$$굽힘모멘트 \quad M_x = -150x + 150(x - 0.5) = 75$$

따라서, 보의 길이방향을 X좌표로 하고, 이와 수직방향의 축을 전단력 F 및 굽힘모멘트 M으로 하는 좌표를 도시하여, 각각 SFD와 BMD의 기준축을 작성한 후, 전단력은 SFD에, 굽힘모멘트는 BMD에 도시하면, 그림 6-11(b), (c)와 같이 된다.

(3) 등분포하중이 작용하는 외팔보에서의 SFD와 BMD

그림 6-12(a)와 같은 외팔보에 등분포하중 p가 작용할 때, 자유단 A로부터 x만큼 떨어진 위치의 단면에 작용하는 전단력 F_x와 굽힘모멘트 M_x는 다음 식으로 된다.

$$전단력 \quad F_x = -px \tag{1}$$

$$굽힘모멘트 \quad M_x = -px\frac{x}{2} = -\frac{px^2}{2} \tag{2}$$

이에 대한 전단력 선도(SFD)와 굽힘모멘트 선도(BMD)를 그려보면, 그림 6-12(b), (c)와 같다.

그림의 SFD 및 BMD에서 보는 바와 같이, 전단력과 굽힘모멘트는 보의 고정단 ($x = l$)에서 최대가 되며 그 값은 각각 다음과 같다.

$$F_{\max} = -pl \tag{3}$$

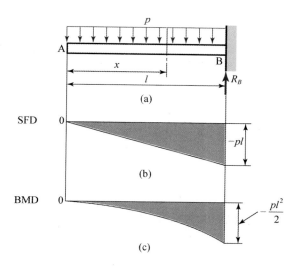

그림 6 - 12 등분포하중을 받는 외팔보와 SFD 및 BMD

$$M_{\max} = -\frac{pl^2}{2} \tag{4}$$

▸ **식의 유도**

1) 지점에서의 반력

힘의 평형방정정식으로부터

$$\sum F = -pl + R_B = 0$$

이 되고, 따라서 지점에서의 반력

$$R_B = pl$$

을 얻을 수 있다.

여기서도, $\sum F = 0$의 식만으로도 반력을 결정할 수 있으므로, 모멘트의 평형방정식 $\sum M = 0$은 적용할 필요가 없었으며, 반력을 구하지 않고서도, x구간에서의 외력을 알 수 있으므로 굳이 반력을 구할 필요도 없다. 단, 여기서도 참고를 위해 반력을 구하였을 뿐이다.

2) 전단력과 굽힘모멘트

자유단으로부터 임의의 거리 x를 취하고, 이 단면에 발생하는 전단력과 굽힘모멘트를 구하면 다음과 같이 된다.

$$전단력 \quad F_x = -px$$

$$굽힘모멘트 \quad M_x = -px\frac{x}{2} = -\frac{px^2}{2}$$

이와 같이, 등분포하중 p를 받는 보의 경우에 굽힘모멘트를 구하고자 할 때에는, 등분포하중 p가 작용하는 길이(x)의 중간($x/2$)에 모든 등분포하중이 집중하여 작용하는 것으로 보고 계산한다.

3) SFD와 BMD

보의 길이방향을 X좌표로 하고, 이와 수직방향의 축을 전단력 F 및 굽힘모멘트 M으로 하는 좌표를 도시하여, 각각 SFD와 BMD의 기준축을 작성한 후, 2)에서 구한 결과를 이용하여 전단력은 SFD에, 굽힘모멘트는 BMD에 도시한다. 이때 전단력 F는

$$x = 0에서 \quad F_o = 0$$

이 되고,

$$x = l에서 \quad F_l = -pl$$

이 된다. 따라서 전단력 선도는 그림 6−12(b)와 같이, 일차함수적인 직선을 그리면 되고, 굽힘모멘트 M은

$$x = 0에서 \quad M_o = 0$$

이 되고,

$$x = l에서 \quad M_l = -\frac{pl^2}{2}$$

이 된다. 따라서 굽힘모멘트 선도는 그림 6−12(c)와 같이 이차곡선을 그리면 된다.

그림 6−12(b), (c)의 SFD 및 BMD에서 보는 바와 같이, 전단력과 굽힘모멘트는 보의 고정단($x = l$)에서 최대가 되며 그 값은 각각 다음과 같다.

$$F_{\max} = -pl$$

$$M_{\max} = -\frac{pl^2}{2}$$

예제 01

그림 6−13(a)와 같은 길이 $l = 5$ m의 외팔보의 전 길이에 걸쳐, 균일 분포하중 $p = 10$ N/m가 작용할 때, 전단력 선도와 굽힘모멘트 선도를 그려라.

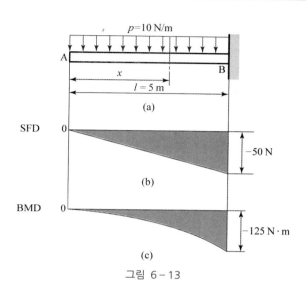

그림 6 − 13

풀이   1) 지점에서의 반력

외팔보이므로 지점의 반력을 구할 필요가 없다.

2) 전단력과 굽힘모멘트

자유단으로부터 임의의 거리 x를 취하고, 이 단면에 발생하는 전단력과 굽힘모멘트를 구하면 다음과 같이 된다.

$$전단력 \ \ F_x = -10x$$

$$굽힘모멘트 \ \ M_x = -10x\frac{x}{2} = -5x^2$$

3) SFD와 BMD

보의 길이방향을 X좌표로 하고, 이와 수직방향의 축을 전단력 F 및 굽힘모멘트 M으로 하는 좌표를 도시하여, 각각 SFD와 BMD의 기준축을 작성한 후, 2)에서 구한 결과를 이용하여, 전단력은 SFD에, 굽힘모멘트는 BMD에 도시한다. 이때 전단력 F는

$$x = 0 에서 \ \ F_o = 0$$

가 되고,

$$x = l = 5 에서 \ \ F_5 = (-10) \times 5 = -50 \ N$$

이 된다. 따라서 전단력 선도(SFD)는 그림 6 − 13(b)와 같은 일차함수적인 직선을 그리면 되고, 굽힘모멘트 M은

$$x = 0 \text{에서 } M_o = 0$$

이 되고,

$$x = l = 5 \text{에서 } M_5 = -\frac{pl^2}{2} = \frac{-10 \times 5^2}{2} = -125 \text{ N-m}$$

이 된다. 따라서 굽힘모멘트 선도(BMD)는 그림 6−13(c)와 같은 이차곡선으로 된다.

6.2.3.2 단순보에 대한 SFD와 BMD

(1) 한 개의 집중하중을 받는 단순보에서의 SFD와 BMD

그림 6−14(a)와 같은 단순보에 한 개의 집중하중 P가 작용할 때

1) 지점에서의 반력은 다음과 같이 된다.

$$R_A = P\frac{b}{l} \tag{1}$$

$$R_B = P\frac{a}{l} \tag{2}$$

2) 왼쪽 지점으로 A로부터 x만큼 떨어진 단면에 작용하는 전단력 F_x와 굽힘모멘트 M_x는 다음 식으로 된다.

① 구간 A−C 사이에서

$$F_x = R_A = \frac{Pb}{l} \tag{3}$$

$$M_x = R_A x = \frac{Pb}{l}x \tag{4}$$

② 구간 C−B에 사이에서

$$F_x = -\frac{Pa}{l} \tag{5}$$

$$M_x = \frac{-Pa}{l}x + Pa \tag{6}$$

이에 대한 전단력 선도와 굽힘모멘트 선도를 그려보면 각각 그림 6−14(b), (c)와 같다. 그림에서 보는 바와 같이 굽힘모멘트는 하중작용점에서 최대가 되고 그 값은 다음과 같다.

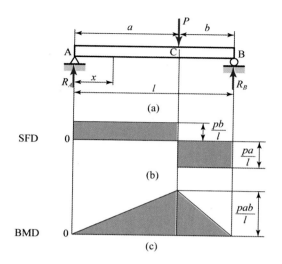

그림 6-14 한 개의 집중하중을 받는 단순보와 SFD 및 BMD

$$M_{\max} = \frac{Pab}{l}$$

만일, 하중이 보의 중앙에 작용한다고 하면, $a = b = l/2$인 중간 위치의 단면에서 굽힘모멘트가 최대로 되는데, 그 값은 다음과 같이 된다.

$$M_{\max} = \frac{Pl}{4}$$

▶ **식의 유도**

1) 지점에서의 반력
힘의 평형방정식으로부터

$$\sum F = R_A + R_B - P = 0$$

이고, 따라서

$$R_A + R_B = P \qquad\qquad ⓐ$$

의 관계식을 얻을 수 있으며, 지점 B에 대한 모멘트의 평형방정식으로부터

$$\sum M_B = R_A l - Pb = 0$$

이므로

$$R_A = P\frac{b}{l} \qquad\qquad ⓑ$$

의 관계식을 얻을 수 있다. 식 ⓑ를 식 ⓐ에 대입하면

$$R_B = P\frac{a}{l}$$

를 얻는다.

2) 전단력과 굽힘모멘트

이와 같이 집중하중이 작용하는 경우에는, 하중작용점 C를 기준으로, 단면에 작용하는 힘이 달라지게 되기 때문에, 구간 A−C와 C−B로 나누어 계산한다.

① 구간 A−C

지점 A로부터 하중 P의 작용점 C 사이에 임의의 거리 x를 취하고, 이 단면에 발생하는 전단력 F_x와 굽힘모멘트 M_x를 구하면 다음과 같이 된다.

$$F_x = R_A = \frac{Pb}{l}$$

$$M_x = R_A x = \frac{Pb}{l}x$$

② 구간 C−B

지점 A로부터, 하중 P의 작용점 C와 지점 B 사이에 임의의 거리 x를 취하고, 이 단면에 발생하는 전단력 F_x와 굽힘모멘트 M_x를 구하면 다음과 같이 된다.

$$F_x = R_A - P = \frac{Pb}{l} - P = \frac{Pb - Pl}{l} = \frac{P(b-l)}{l} = -\frac{Pa}{l}$$

$$M_x = R_A x - P(x-a) = \frac{Pb}{l}x - P(x-a) = \frac{Pb}{l}x - Px + Pa$$

$$= \frac{Pb}{l}x - \frac{Pl}{l}x + Pa = \frac{P(b-l)}{l}x + Pa = \frac{-Pa}{l}x + Pa$$

3) SFD와 BMD

보의 길이방향을 X좌표로 하고, 이와 수직방향의 축을 전단력 F 및 굽힘모멘트 M으로 하는 좌표를 도시하여, 각각 SFD와 BMD의 기준축을 작성한 후, 2)에서 구한

결과를 이용하여 다음과 같이 전단력은 SFD에, 굽힘모멘트는 BMD에 도시한다.

① 구간 A – C

$$x = 0 \text{에서 전단력 } F_o = R_A = \frac{Pb}{l}, \text{ 굽힘모멘트 } M_o = 0$$

$$x = a \text{에서 전단력 } F_a = R_A = \frac{Pb}{l}, \text{ 굽힘모멘트 } M_a = \frac{Pba}{l}$$

이므로, 전단력 선도는 기준축으로부터 $F = \dfrac{Pb}{l}$ 만큼 위로 올려서 X축에 나란한 직선을 그리면 되고, 굽힘모멘트 선도는 $x = 0$에서 $M_o = 0$이며, $x = a$에서 $M_a = \dfrac{Pb}{l} a$인 일차함수적인 직선을 그리면 된다.

② 구간 C – B

$$x = a \text{에서 전단력 } F_a = -\frac{Pa}{l},$$

$$\text{굽힘모멘트 } M_a = -P\frac{a^2}{l} + Pa = -P\frac{a^2}{l} + P\frac{al}{l} = -P\frac{a}{l}(a - l) = \frac{Pab}{l}$$

$$x = l \text{에서 전단력 } F_l = -\frac{Pa}{l},$$

$$\text{굽힘모멘트 } M_l = \frac{-Pa}{l} l + Pa = -Pa + Pa = 0$$

이므로, 전단력 선도는 기준축으로부터 $F = -\dfrac{Pa}{l}$ 만큼 아래로 내려서 X축에 나란한 직선을 그리면 되고, 굽힘모멘트 선도는 $x = a$에서 $M_a = \dfrac{Pab}{l}$인 점으로 부터, $x = l$에서 $M_l = 0$인 직선을 그으면 된다.

그림 6 – 14(c)에서 보는 바와 같이, 굽힘모멘트는 하중작용점 C에서 최대가 되고 그 값은 다음과 같이 된다.

$$M_{\max} = \frac{Pab}{l}$$

만일, 하중이 보의 중앙에 작용한다고 하면, $a = b = \dfrac{l}{2}$인 위치에서 굽힘모멘트가 최대가 되고 그 값은 다음과 같이 된다.

$$M_{\max} = \frac{Pl}{4}$$

예제 01

그림 6-15(a)에서 보는 바와 같이, 길이 $l = 200$ m의 단순보의 왼쪽 끝단으로부터 $a_1 = 20$ m, $a_2 = 100$ m의 위치에 각각 $P_1 = 200$ N, $P_2 = 400$ N의 집중하중이 작용할 때, 전단력 선도와 굽힘모멘트 선도를 그려라.

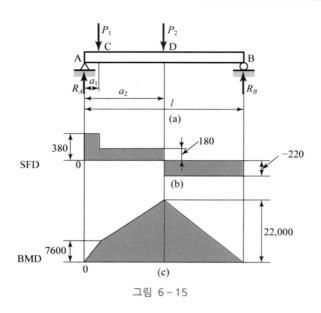

그림 6-15

풀이

1) 지점에서의 반력

힘의 평형방정식으로부터

$$\sum F = R_A + R_B - 200 - 400 = 0$$

이므로

$$R_A + R_B = 600 \tag{1}$$

의 관계식을 얻을 수 있으며, 지점 B에 대한 모멘트의 평형방정식으로부터

$$\sum M_B = R_A \times 200 - 200 \times (200 - 20) - 400 \times (200 - 100) = 0$$

이므로

$$R_A = 380 \tag{2}$$

이 되며, 식 (2)를 식 (1)에 대입하면

$$R_B = 220$$

을 얻는다.

2) 전단력과 굽힘모멘트

① 구간 A−C 사이에서

지점 A로부터 하중 P_1의 작용점 C 사이에 임의의 거리 x를 취하고, 이 단면에 발생하는 전단력 F_x와 굽힘모멘트 M_x를 구하면 다음과 같이 된다.

$$F_x = R_A = 380$$

$$M_x = R_A x = 380x$$

② 구간 C−D 사이에서

지점 A로부터 하중작용점 C와 D 사이의 위치에 임의의 거리 x를 취하고, 이 단면에 발생하는 전단력 F_x와 굽힘모멘트 M_x를 구하면 다음과 같이 된다.

$$F_x = R_A - P_1 = 380 - 200 = 180$$

$$M_x = R_A x - P_1(x - a_1) = 380x - 200(x - 20) = 180x + 4,000$$

③ 구간 D−B 사이에서

지점 A로부터 하중작용점 D와 지점 B 사이의 위치에 임의의 거리 x를 취하고, 이 단면에 발생하는 전단력 F_x와 굽힘모멘트 M_x를 구하면 다음과 같이 된다.

$$F_x = R_A - P_1 - P_2 = 380 - 200 - 400 = -220$$

$$M_x = R_A x - P_1(x - a_1) - P_2(x - a_2)$$

$$= 380x - 200(x - 20) - 400(x - 100) = -220x + 44,000$$

3) SFD와 BMD

보의 길이방향을 X좌표로 하고, 이와 수직방향의 축을 전단력 F 및 굽힘모멘트 M으로 하는 좌표를 도시하여, 각각 SFD와 BMD의 기준축을 작성한 후, 2)에서 구한 결과를 이용하여 전단력은 SFD에, 굽힘모멘트는 BMD에 도시하면 그림 6−15(b), (c)와 같이 된다.

(2) 양 지점으로부터 같은 거리의 위치에 같은 크기의 두 개의 집중하중을 받는 단순보에 대한 SFD와 BMD

그림 6−16(a)와 같이, 단순보의 양 지점으로부터 같은 거리의 위치에 같은 크기의 두 개의 집중하중 P가 작용할 때

1) 지점에서의 반력

$$R_A = R_B = P \tag{1}$$

2) 전단력과 굽힘모멘트

① 구간 A−C 사이에서

$$F_x = R_A = P \tag{2}$$

$$M_x = R_A x = Px \tag{3}$$

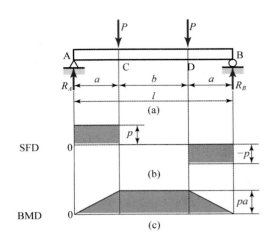

그림 6-16 양 지점으로부터 같은 거리로 떨어진 위치에 똑같은
두 개의 집중하중을 받는 단순보와 SFD 및 BMD

② 구간 C-D 사이에서

$$F_x = R_A - P = P - P = 0 \tag{4}$$

$$M_x = R_A x - P(x-a) = Px - P(x-a) = Pa \tag{5}$$

③ 구간 D-B 사이에서

$$F_x = R_A - P - P = P - P - P = -P \tag{6}$$

$$M_x = R_A x - P(x-a) - P\{x-(a+b)\} = -Px + Pl \tag{7}$$

이에 대한 전단력 선도(SFD)와 굽힘모멘트 선도(BMD)를 그려보면 각각 그림 6-16(b), (c)와 같다. 그림에서 보는 바와 같이, 구간 C-D 사이에서는 전단력은 0이 되고 굽힘모멘트만이 균일하게 작용하게 되는데, 이와 같은 상태를 **순수굽힘**(pure bending) 상태라고 한다.

▶ **식의 유도**

1) 지점에서의 반력

힘의 평형방정식으로부터

$$\sum F = R_A + R_B - P - P = 0$$

이고, 따라서

$$R_A + R_B = 2P \qquad \text{ⓐ}$$

의 관계식을 얻을 수 있으며, 지점 B에 대한 모멘트의 평형방정식으로부터

$$\sum M_B = R_A l - P(l-a) - P\{l-(a+b)\} = 0$$

$$R_A = \frac{P(l-a) + P\{l-(a+b)\}}{l}$$

$$= \frac{Pl - Pa + Pl - P(a+b)}{l}$$

$$= \frac{Pl - Pa + Pl - Pa - Pb}{l}$$

$$= \frac{2Pl - 2Pa - Pb}{l}$$

$$= \frac{2Pl - P(2a+b)}{l}$$

$$= \frac{2Pl - Pl}{l} = \frac{Pl}{l} = P \qquad \text{ⓑ}$$

가 된다. 식 ⓑ를 식 ⓐ에 대입하면

$$P + R_B = 2P$$

$$R_B = 2P - P = P$$

를 얻는다.

2) 전단력과 굽힘모멘트

이와 같이 집중하중이 작용하는 경우에는, 하중작용점을 기준으로 보 단면에 작용하는 힘이 달라지게 되므로, 구간 A-C, C-D, D-B로 나누어 계산한다.

① 구간 A-C 사이에서

지점 A로부터 하중 P의 작용점 C 사이에 임의의 거리 x를 취하고, 이 단면에 발생하는 전단력 F_x와 굽힘모멘트 M_x를 구하면 다음과 같이 된다.

$$F_x = R_A = P$$

$$M_x = R_A x = Px$$

② 구간 C-D

지점 A로부터 하중작용점 C와 D 사이에 임의의 거리 x를 취하고, 이 단면에 발생하는 전단력 F_x와 굽힘모멘트 M_x를 구하면 다음과 같이 된다.

$$F_x = R_A - P = P - P = 0$$
$$M_x = R_A x - P(x-a) = Px - P(x-a) = Pa$$

③ 구간 D-B

지점 A로부터 하중작용점 D와 B 사이에 임의의 거리 x를 취하고, 이 단면에 발생하는 전단력 F_x와 굽힘모멘트 M_x를 구하면 다음과 같이 된다.

$$F_x = R_A - P - P = P - P - P = -P$$
$$\begin{aligned} M_x &= R_A x - P(x-a) - P\{x-(a+b)\} \\ &= Px - P(x-a) - P\{x-(a+b)\} \\ &= Px - Px + Pa - Px + P(a+b) \\ &= Pa - Px + Pa + Pb \\ &= -Px + P(2a+b) \\ &= -Px + Pl \end{aligned}$$

3) SFD와 BMD

보의 길이방향을 X좌표로 하고, 이와 수직방향의 축을 전단력 F 및 굽힘모멘트 M으로 하는 좌표를 도시하여, 각각 SFD와 BMD의 기준축을 작성한 후, 2)에서 구한 결과를 이용하여 전단력은 SFD에, 굽힘모멘트는 BMD에 도시한다.

① 구간 A-C

$$전단력 \ F = P$$

로 상수이므로, 전단력 선도는 $F = P$만큼 위로 하여 X축에 나란한 직선을 그리면 되고, 굽힘모멘트 선도는 $x = 0$에서 $M = 0$이며, $x = a$에서 $M = Pa$이므로 그림 6-16(c)와 같이 일차함수적인 직선을 그리면 된다.

② 구간 C-D

전단력 $F = 0$으로 상수이므로, 전단력 선도는 x축과 일치하는 직선을 그리면 되고, 굽힘모멘트

$$M = Pa$$

로 상수이므로, 굽힘모멘트 선도는 Pa만큼 x축에 나란한 직선을 그리면 된다.

③ 구간 D-B

전단력 $F = -P$로 되어, 전단력 선도는 P만큼 아래로 하여 x축에 나란한 직선을 그리면 되고, 굽힘모멘트는 $x = a + b$에서

$$M = -P(a+b) + Pl$$
$$= -Pa - Pb + Pl$$
$$= -P(a+b-l)$$
$$= -P\{a+b-(2a+b)\}$$
$$= -P(a+b-2a-b)$$
$$= Pa$$

이고, $x = l$에서 0이 되므로, 굽힘모멘트 선도는 이 두 점을 연결한 직선을 그리면 된다.

예제 01

그림 6-17(a)에서 보는 바와 같이, 길이 $l = 200$ m의 단순보의 왼쪽 끝단으로부터 $a_1 = 20$ m, $a_2 = 180$ m의 위치에, 각각 $P_1 = 400$ N, $P_2 = 400$ N의 집중하중이 작용할 때, 전단력 선도와 굽힘모멘트 선도를 그려라.

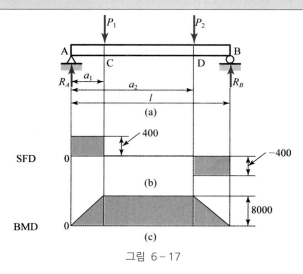

그림 6-17

1) 지점에서의 반력

힘의 평형방정식으로부터

$$\sum F = R_A + R_B - 400 - 400 = 0$$

이고, 따라서

$$R_A + R_B = 800 \tag{1}$$

의 관계식을 얻을 수 있으며, 지점 B에 대한 모멘트의 평형방정식으로부터

$$\sum M_B = R_A \times 200 - 400 \times (200 - 20) - 400 \times (200 - 180) = 0$$

이므로

$$R_A = 400 \tag{2}$$

의 반력을 얻을 수 있다. 식 (2)를 식 (1)에 대입하면

$$R_B = 400$$

을 얻는다.

2) 전단력과 굽힘모멘트

① 구간 A−C

지점 A로부터 하중 P_1의 작용점 사이에 임의의 거리 x를 취하고, 이 단면에 발생하는 전단력 F_x와 굽힘모멘트 M_x를 구하면 다음과 같이 된다.

$$F_x = R_A = 400, \quad M_x = R_A x = 400x$$

② 구간 C−D

지점 A로부터 하중 P_1과 P_2 사이의 위치에 임의의 거리 x를 취하고, 이 단면에 발생하는 전단력 F_x와 굽힘모멘트 M_x를 구하면 다음과 같이 된다.

$$F_x = R_A - P_1 = 400 - 400 = 0$$
$$M_x = R_A x - P_1(x - a_1) = 400x - 400(x - 20) = 8,000$$

③ 구간 D−B

지점 A로부터 하중 P_2와 지점 B 사이의 위치에 임의의 거리 x를 취하고, 이 단면에 발생하는 전단력 F_x와 굽힘모멘트 M_x를 구하면 다음과 같이 된다.

$$F_x = R_A - P_1 - P_2 = 400 - 400 - 400 = -400$$
$$M_x = R_A x - P_1(x - a_1) - P_2(x - a_2)$$
$$= 400x - 400(x - 20) - 400(x - 180) = -400x + 80,000$$

3) SFD와 BMD

보의 길이방향을 x좌표로 하고, 이와 수직방향의 축을 전단력 F 및 굽힘모멘트 M으로 하는 좌표를 도시하여, 각각 SFD와 BMD의 기준축을 작성한 후, 2)에서 구한 결과를 이용하여 전단력은 SFD에, 굽힘모멘트는 BMD에 도시하면 그림 6−17(b), (c)와 같이 된다.

(3) 등분포하중이 작용하는 단순보의 SFD와 BMD

그림 6 – 18(a)와 같은 단순보에 하중 p가 보의 전 길이에 걸쳐 균일하게 분포하여 작용할 때, 지점에서의 반력과 전단력 및 굽힘모멘트는 다음과 같다.

1) 지점에서의 반력

$$R_A = \frac{pl}{2} \tag{1}$$

$$R_B = \frac{pl}{2} \tag{2}$$

2) 전단력과 굽힘모멘트

$$F_x = - px + \frac{pl}{2} \tag{3}$$

$$M_x = - \frac{p}{2}x^2 + \frac{pl}{2}x \tag{4}$$

3) SFD와 BMD

이에 대한 전단력 선도(SFD)와 굽힘모멘트 선도(BMD)를 그려보면 그림 6 – 18(b), (c)와 같다.

그림에서 보는 바와 같이 전단력 F는 중앙$\left(x = \dfrac{l}{2}\right)$에서 0이 되고, 굽힘모멘트는

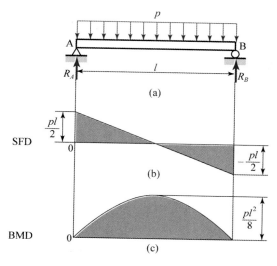

그림 6 – 18 등분포하중을 받는 단순보와 SFD 및 BMD

최댓값 $M_{\max} = \dfrac{pl^2}{8}$ 이 된다.

▸ **식의 유도**

1) 지점에서의 반력

힘의 평형방정식으로부터

$$\sum F = R_A - pl + R_B = 0$$

$$R_A + R_B = pl \qquad\qquad\qquad ⓐ$$

의 관계식을 얻을 수 있으며, 지점 B에 대한 모멘트의 평형방정식으로부터

$$\sum M_B = R_A l - pl\left(\dfrac{l}{2}\right) = 0$$

$$R_A = \dfrac{pl}{2} \qquad\qquad\qquad ⓑ$$

를 얻을 수 있다. 또한 식 ⓑ를 식 ⓐ에 대입하면

$$R_B = \dfrac{pl}{2}$$

을 얻게 된다.

2) 전단력과 굽힘모멘트

지점 A로부터 임의의 거리 x를 취하고, 이 단면에 발생하는 전단력 F_x와 굽힘모멘트 M_x를 구하면 다음과 같이 된다.

$$F_x = R_A - px = \dfrac{pl}{2} - px = -px + \dfrac{pl}{2} \qquad\qquad ⓒ$$

$$M_x = R_A x - px \times \dfrac{x}{2} = \dfrac{pl}{2}x - \dfrac{p}{2}x^2 = -\dfrac{p}{2}x^2 + \dfrac{pl}{2}x \qquad ⓓ$$

이와 같이 등분포하중 p를 받는 보의 경우에 굽힘모멘트를 구하고자 할 때에는, 등분포하중 p가 작용하는 길이(x)의 중간($x/2$)에 모든 등분포하중(px)이 작용하는 것으로 보고 계산한다.

3) SFD와 BMD

보의 길이방향을 x좌표로 하고, 이와 수직방향의 축을 전단력 F 및 굽힘모멘트 M으로 하는 좌표를 도시하여 각각 SFD와 BMD의 기준축을 작성한 후, 2)에서 구한 결과를 이용하여 전단력은 SFD에, 굽힘모멘트는 BMD에 도시한다.

이때 전단력 F는 식 ⓒ에서

$$x = 0일 \ 때 \quad F_o = \frac{pl}{2}$$

이고

$$x = l에서 \quad F_l = -\frac{pl}{2}$$

이 되므로, 전단력 선도는 이 두 점을 연결하는 직선을 그리면 된다.

또 굽힘모멘트는 식 ⓓ에서

$$x = 0일 \ 때 \quad M_o = 0$$

이며

$$x = l에서 \quad M_l = 0$$

이 된다는 것을 알 수 있으나, 최대점의 위치 및 그 크기는 알 수 없다. 따라서 최대점의 위치는, 다음과 같이 굽힘모멘트에 대한 식 ⓓ를 x에 대하여 미분하여 그 값이 0이 되는 x의 값으로 한다. 즉

$$\frac{dM}{dx} = -px + \frac{pl}{2} = 0$$

으로부터

$$x = \frac{l}{2} \qquad\qquad\qquad ⓔ$$

을 얻을 수 있는데, 이는 보의 중간 지점이라는 것을 알 수 있다.

이때 굽힘모멘트의 최댓값은 식 ⓔ를 식 ⓓ에 대입하면

$$M_{\max} = \frac{pl^2}{8}$$

이 된다. 따라서 굽힘모멘트 선도(BMD)는, 굽힘모멘트 값이 $x=0$ 및 $x=l$에서 0이 되고, 중앙$\left(x=\dfrac{l}{2}\right)$에서 $M_{\max}=\dfrac{pl^2}{8}$이 되는 위로 볼록인 이차함수곡선을 그리면 된다.

예제 01

그림 6-19(a)와 같은 길이 $l=5$ m인 단순보의 전 길이에 걸쳐 균일 분포하중 $p=12$ N/m가 작용할 때, 전단력 선도와 굽힘모멘트 선도를 그려라.

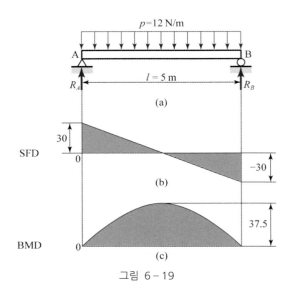

그림 6-19

풀이 1) 지점에서의 반력

힘의 평형방정식으로부터

$$\sum F=R_a+R_B-12\times 5=0$$

$$R_A+R_B=60 \tag{1}$$

의 관계식을 얻을 수 있으며, 지점 B에 대한 모멘트의 평형방정식으로부터

$$\sum M_B=R_A\times 5-12\times 5\times\frac{5}{2}=0$$

$$R_A=30\text{ N} \tag{2}$$

을 얻을 수 있다. 식 (2)를 식 (1)에 대입하면

$$R_B=30\text{ N}$$

을 얻게 된다.

2) 전단력과 굽힘모멘트

지점 A로부터 임의의 거리 x를 취하고, 이 단면에 발생하는 전단력 F_x와 굽힘모멘트 M_x를

구하면 다음과 같이 된다.

$$F_x = R_A - 12x = 30 - 12x = -12x + 30 \tag{3}$$

$$M_x = R_A x - 12 \times x \times \frac{x}{2} = 30x - 6x^2 = -6x^2 + 30x \tag{4}$$

3) SFD와 BMD

보의 길이방향을 x좌표로 하고, 이와 수직방향의 축을 전단력 F 및 굽힘모멘트 M으로 하는 좌표를 도시하여 각각 SFD와 BMD의 기준축을 작성한 후, 2)에서 구한 결과를 이용하여 전단력은 SFD에, 굽힘모멘트는 BMD에 도시하면 그림 6-19(b), (c)와 같다.

전단력 F는 식 (3)에서

$$x = 0 일 때 \quad F_o = 30$$

이고,

$$x = 5 에서 \quad F_5 = -30$$

이 되므로, 전단력 선도는 이 두 점을 연결하는 직선을 그리면 된다.

또 굽힘모멘트 선도는 식 (4)에서

$$x = 0 일 때 \quad M_o = 0$$

이며

$$x = 5 에서 \quad M_5 = 0$$

이 된다.

굽힘모멘트가 최대가 되는 위치는 식 (4)를 x에 대하여 미분하여 그 값이 0을 만족하는 x의 값이다. 즉

$$\frac{dM}{dx} = -12x + 30 = 0, \quad x = \frac{30}{12} = 2.5$$

이것을 식 (4)에 대입하면 굽힘모멘트의 최댓값은

$$M_{max} = -6 \times 2.5^2 + 30 \times 2.5 = 37.5 \, N \cdot m$$

가 된다.

따라서 굽힘모멘트 선도(BMD)는 굽힘모멘트 값이 $x = 0$ 및 $x = l$에서 0이고, 중앙$\left(x = \frac{l}{2}\right)$에서 $M_{max} = 37.5 \, N \cdot m$인 위로 볼록인 이차함수곡선을 그리면 된다.

연습문제

1. 길이 5 m인 외팔보의 자유단에 집중하중 $P = 5\,\text{kN}$이 작용할 때 최대굽힘모멘트를 구하라.

2. 길이 8 m의 외팔보에 균일 분포하중 $p = 2\,\text{kN} \cdot \text{m}$가 작용할 때 고정단에서의 굽힘모멘트와 전단력을 구하라.

3. 그림 6 – 20과 같은 외팔보에서 점 B에 작용하는 굽힘모멘트의 크기와 방향을 구하라.

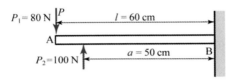

그림 6 – 20

4. 그림 6 – 21과 같은 외팔보에서 고정단의 최대굽힘모멘트는 얼마인가?

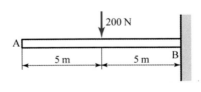

그림 6 – 21

5. 그림 6 – 22와 같은 외팔보에서 고정단에서의 굽힘모멘트는 얼마인가?

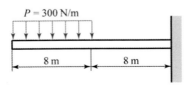

그림 6 – 22

6. 그림 6 – 23과 같은 외팔보에서 고정단의 굽힘모멘트는 얼마인가?

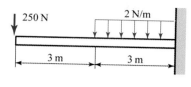

그림 6 – 23

7. 그림 6 – 24와 같은 외팔보에서 최대굽힘모멘트는?

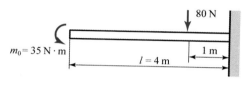

그림 6 – 24

8. 그림 6 – 25와 같은 외팔보에서 최대굽힘모멘트를 구하라.

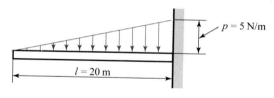

그림 6 – 25

9. 길이 4 m인 단순보에 등분포하중 $p = 2$ kN/m가 작용할 때 최대굽힘모멘트는?

10. 그림 6 – 26과 같은 단순보에서 최대굽힘모멘트를 구하라.

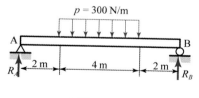

그림 6 – 26

11. 길이 4 m인 단순보의 중앙에서 집중하중 $P = 2\,kN$이 작용할 때 최대전단력은?

12. 그림 6 – 27과 같은 단순보에 생기는 최대굽힘모멘트는?

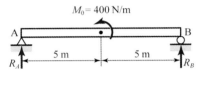

그림 6 – 27

13. 그림 6 – 28과 같은 단순보에서 길이 $l = 2\,m$, $q = 5\,kN$일 때 점 C에서의 굽힘모멘트는 얼마인가?

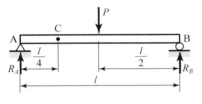

그림 6 – 28

14. 그림 6 – 29와 같은 돌출보에서 지점 B에서의 반력 R_B를 구하라.

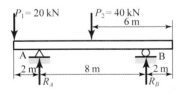

그림 6 – 29

15. 그림 6 – 30과 같이 양단으로부터 각각 $a = 20\,cm$ 떨어져 지지되어 있는 길이 1 m인 돌출보가 있다. 이 돌출보에 등분포하중 $p = 20\,kN/cm$가 작용할 때 최대굽힘모멘트와 최대전단력을 구하라.

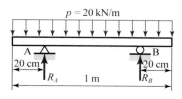

그림 6 – 30

16. 그림 6 – 31과 같이 양단으로부터 각각 $a = 20\,\text{cm}$ 떨어져 지지되어 있는 길이 1 m인 돌출보가 있다. 이 돌출보의 중앙에서 집중하중 $P = 10\,\text{kN}$ 이 작용할 때 최대굽힘모멘트와 최대전단력을 구하라.

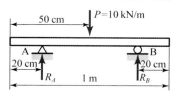

그림 6 – 31

STRENGTH OF MATERIALS

제7장 보에서의 응력

7.1 보에서의 굽힘응력

앞 장에서 설명한 바와 같이, 보에 하중이 작용하면 보에는 전단력과 굽힘모멘트가 작용하게 되는데, 이와 같은 전단력과 굽힘모멘트에 의하여 보의 단면에는 전단응력과 수직응력이 발생하게 된다.

우선, 보의 단면에 수직으로 작용하는 수직응력은, 보가 굽힘모멘트에 의하여 굽혀질 때 발생하는 응력으로, **굽힘응력**(bending stress)이라 한다. 이 굽힘응력은 그림 7-1과 같이 인장력을 받아 늘어나는 부분과 압축력을 받아 줄어드는 부분으로 나누어진다.

이때 인장력과 압축력이 서로 뒤바뀌는 어느 곳에서는, 인장력과 압축력 그 어느 것도 작용하지 않게 되는데, 이 부분을 **중립면**(neutral surface)이라 하고, 이 중립면과 횡단면과의 교선을 **중립축**(neutral axis)이라 한다.

또 굽힘응력은 그림 7-1에서와 같이, 중립축에서부터 최외단으로 갈수록 점점 커지고, 최외단에서 최대가 되는데, 이때 최외단에 발생하는 최대굽힘응력 σ는 다음과 같이 된다.

$$\sigma = \frac{M}{Z} \tag{1}$$

여기서 M은 그 단면에 작용하는 굽힘모멘트이고, Z는 단면계수이다.

이때 구부러진 보의 곡률반지름 ρ는 다음 식으로 된다.

$$\frac{1}{\rho} = \frac{M}{EI} \tag{2}$$

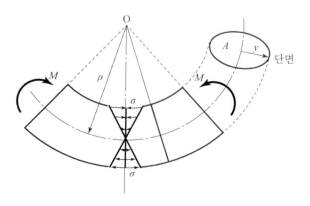

그림 7-1 굽힘모멘트에 의한 굽힘응력의 발생원리

식에서 E는 재료의 종탄성계수이고, I는 보 단면의 단면2차모멘트이다.

이 식에서 보는 바와 같이 보의 곡률반지름 ρ는 EI에 비례하는 것을 볼 수 있는데, 이 EI는 보의 탄성변형의 저항도를 나타내는 지수로 **굽힘강성**(굽힘剛性, flexural rigidity)이라 한다.

앞의 식 (1)과 (2)를 **굽힘공식**(flexure formula)이라 한다.

▸ **식의 유도**

그림 7-2와 같이 보의 양단에서 굽힘모멘트 M을 받아 보가 구부러질 때, 중립축에서 보의 길이방향으로 dx만큼 떨어진 두 개의 인접한 단면 mn과 pq를 살펴보면, 이 두 개의 인접한 단면 mn과 pq의 연장선은 변형 후에 점 O에서 서로 만나게 된다. 이들이 중심 O에 대하여 이루는 각도를 $d\theta$, 중립축까지의 곡률반지름을 ρ라고 하자.

그 다음에 점 b를 지나고 단면 mn에 나란한 직선 p′q′를 그리면, 그것은 변형 전의 단면 pq에 해당된다는 것을 알 수 있다. 따라서, 보가 구부러지면서 발생하는 두 단면 사이의 길이 변화를 보면, 맨 위의 섬유층에서 pp′만큼 줄어들고, 맨 아래의 섬유층에서 qq′만큼 늘어나게 되는 것을 알 수 있다.

이때 중립축으로부터 임의의 거리 y만큼 떨어진 섬유층 cd에서는 dd′ $= yd\theta$만큼 늘어나게 됨을 알 수 있다.

그런데 섬유층 cd가 늘어나기 전의 길이 cd′ $= dx$이므로, 이 섬유층의 변형률은 다음 식으로 된다.

$$\epsilon = \frac{yd\theta}{dx}$$

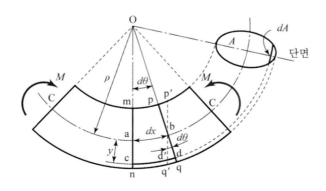

그림 7-2 굽힘모멘트에 의한 보의 변형

또한 $dx = \rho d\theta$, 즉 $\dfrac{d\theta}{dx} = \dfrac{1}{\rho}$ 이므로 이 식은 다음과 같이 된다.

$$\epsilon = \frac{y}{\rho}$$

따라서, 훅의 법칙을 적용하여 이 섬유층에 작용하는 수직응력을 구하면 다음과 같이 된다.

$$\sigma = E\epsilon = \frac{Ey}{\rho} \qquad \qquad \text{ⓐ}$$

이와 같은 응력을 굽힘응력이라 하며, 굽힘응력 σ는 중립축으로부터의 거리 y에 비례하고 그 최외단에서 최대가 됨을 알 수 있다.

또 중립축으로부터 임의의 거리 y만큼 떨어진 섬유층에서의 미소 단면적을 dA라고 하면, 이곳에 작용하는 수직력 dF는 다음과 같이 된다.

$$dF = \sigma dA = \frac{Ey}{\rho} dA$$

이 힘이 중립축에 대한 굽힘모멘트로 작용한다고 하고, 이때의 굽힘모멘트를 구하면 다음과 같이 된다.

$$dM = y dF = \frac{E}{\rho} y^2 dA$$

따라서 총 단면적 A에 대한 굽힘모멘트 M은 이 식을 적분하여 얻을 수 있다. 즉

$$M = \int dM = \int \frac{E}{\rho} y^2 dA$$

이 식에서 종탄성계수 E와 곡률반지름 ρ가 일정하다고 하면 다음 식이 성립한다.

$$M = \frac{E}{\rho} \int y^2 dA = \frac{E}{\rho} I$$

식에서 I는 단면2차모멘트로 $I = \displaystyle\int y^2 dA$ 이다. 따라서 이 식을 곡률반지름 ρ에 대한 식으로 고쳐 쓰면 다음과 같이 된다.

$$\frac{1}{\rho} = \frac{M}{EI} \qquad \text{ⓑ}$$

또한 식 ⓐ에서 $\rho = \frac{Ey}{\sigma}$이므로, 이를 식 ⓑ에 대입하면 다음과 같이 된다.

$$\sigma = \frac{My}{I} \qquad \text{ⓒ}$$

이 식에서 보는 바와 같이, 굽힘응력 σ는 중립축으로부터 멀어질수록 커지게 되며, 볼록한 표면에서 최대인장응력이 작용하고, 오목한 표면에서 최대압축응력이 작용한다는 것을 알 수 있다. 최대인장응력과 최대압축응력을 받는 최외단까지의 거리를 각각 e_1과 e_2라고 하면, 최대인장응력 σ_1과 최대압축응력 σ_2는 각각 다음과 같이 된다.

$$\sigma_1 = \frac{Me_1}{I}, \qquad \sigma_2 = \frac{Me_2}{I}$$

그런데 단면계수 $Z = \frac{I}{e}$이므로, 이 식은 다음과 같은 형태로 나타낼 수 있다.

$$\sigma_1 = \frac{M}{Z_1}, \qquad \sigma_2 = \frac{M}{Z_2}$$

따라서, 단면의 모양이 도심축에 대하여 대칭이면 $Z_1 = Z_2$가 되므로, 이 식은 다음과 같이 간단하게 된다.

$$\sigma = \frac{M}{Z}$$

이 식은 굽힘모멘트를 받는 재료에서의 굽힘응력을 구하는 식으로, 보의 설계와 강도계산에 긴요하게 사용된다.

예제 01

높이 $h = 30 \text{ cm}$, 폭 $b = 20 \text{ cm}$의 직사각형 단면을 가진 길이 $l = 200 \text{ cm}$인 외팔보의 자유단에 집중하중 $P = 150 \text{ N}$이 작용한다. 이 보에 발생하는 최대굽힘응력과 보의 곡률반지름을 구하라. 단, 보 재료의 종탄성계수 $E = 2 \times 10^7 \text{ N/cm}^2$이다.

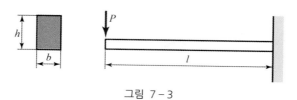

그림 7 – 3

풀이 최대굽힘모멘트는 보의 고정단에서 발생하고, 최대굽힘모멘트

$$M = Pl = 150 \times 200 = 30,000 \text{ N} \cdot \text{cm}$$

이고, 보 단면의 단면계수

$$Z = \frac{bh^2}{6} = \frac{20 \times 30^2}{6} = 3,000 \text{ cm}^3$$

이므로, 최대굽힘응력

$$\sigma = \frac{M}{Z} = \frac{30,000}{3,000} = 10 \text{ N/cm}^2$$

또한 보 단면의 단면2차모멘트

$$I = \frac{bh^3}{12} = \frac{20 \times 30^3}{12} = 45,000 \text{ cm}^4$$

이므로, 곡률반지름

$$\rho = \frac{EI}{M} = \frac{2 \times 10^7 \times 45,000}{30,000} = 3 \times 10^7 \text{ cm}$$

7.2 보 단면의 형상 설계

앞 절에서, 굽힘모멘트를 받는 보의 단면에서는, 중립축을 경계로 하여 인장응력과 압축으로 나뉘어 작용하고, 응력의 크기는 $\sigma = \dfrac{My}{I}$ 로 되어, 중립축으로부터의 거리 y에 비례한다는 것을 알았다. 이와 같은 이유 등으로 해서 굽힘모멘트를 받는 보의 경우에는, 재료를 최대한 절약하면서 소요의 강도를 가지도록 하기 위하여 다음과 같이 보 단면의 형상을 설계하는 것이 좋다.

1) 구조용강과 같이 인장강도와 압축강도가 동일한 재료의 경우, 인장 측과 압축 측 모두 동일한 응력이 작용하도록, 중립축에 대칭인 형태의 형상을 가진 단면으로 하는 것이 좋다.

2) 주철과 같이 인장강도와 압축강도가 동일하지 않은 재료의 경우, 단면의 도심으

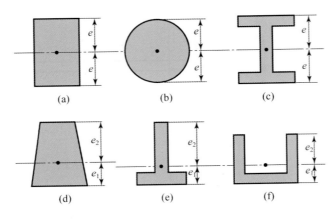

(a)   (b)   (c)

(d)   (e)   (f)

그림 7 - 4 보의 여러 가지 단면 현상

로부터 인장과 압축을 받는 단면의 최외단까지의 거리 e_1과 e_2가 재료의 강도에 비례하도록 설계한다.

3) 재질 및 단면계수가 같으나 그 단면적이 다른 몇 개의 도형이 있을 경우에는, 단면적이 작은 도형을 선택하는 것이 재료의 절감 및 중량 감소의 측면에서 유리하다.

▶ **보충설명**

굽힘으로 인하여 발생하는 최대인장응력과 최대압축응력은 중립축으로부터 가장 먼 쪽에 작용한다.

지금 단면의 중립축에 대한 단면2차모멘트가 I인 재료의 인장응력을 σ_t, 압축강도를 σ_c라 하고, 중립축으로부터 최외단까지의 거리를 각각 e_1, e_2라 하면,

$$\sigma_t = M\frac{e_1}{I}, \qquad \sigma_c = M\frac{e_2}{I}$$

의 관계가 성립한다.

이때, 인장강도와 압축강도가 동일한 재료라고 하면, 인장 측과 압축 측 모두 똑같은 응력인 $\sigma = \sigma_t = \sigma_c$가 작용하도록 해야 하고, 따라서 윗식은 다음과 같이 된다.

$$\sigma = M\frac{e_1}{I} = M\frac{e_2}{I}$$

여기서 I, M은 일정하므로 $e_1 = e_2$의 관계를 얻을 수 있다.

이와 같이 인장강도와 압축강도가 동일한 재료일 경우에는, 인장 측과 압축 측 모두 동일한 응력이 작용하도록, 중립축에 대하여 대칭인 형태의 형상을 가진 단면으로 하는 것이 합리적이다. 즉 인장강도와 압축강도가 동일한 구조용강과 같은 재료의 단면형상은, 중립축에 대하여 대칭인 정사각형, 직사각형, 원형 및 I형 등을 사용한다.

그러나, 주철과 같은 취성재료에서는, 인장강도가 압축강도보다 작으므로, 압축 측에 더 많은 응력이 작용하도록 해야 하기 때문에 $\sigma_t < \sigma_c$가 되도록 해야 하고, 따라서 $e_1 < e_2$의 관계를 얻는다.

따라서 단면의 최외단까지의 거리인 e_1과 e_2의 비를 인장강도와 압축강도의 비율과 같은 형상으로 만들어 인장과 압축에 대한 저항력이 같아지도록 하든가, ㄴ, ㅗ 형상과 같이 만들어, 인장응력을 받는 쪽에 더 많은 단면적이 분배되도록 한다.

한편, 단면계수가 동일한 단면형상이라고 하더라도, 가급적 그 단면적이 작은 것이 재료의 절감 및 경량화 측면에서 경제적으로 유리하다. 이와 같은 경제적인 단면형상의 설계를 위하여 고려할 사항을 살펴보자.

첫째, 폭에 비해 높이가 높은 형태의 단면이, 폭에 비해 높이가 낮은 단면보다 단면적이 작게 된다. 폭 b, 높이 h인 직사각형 단면에 대하여 예를 들어보자.

직사각형 단면의 단면계수 $Z = \dfrac{bh^2}{6}$이고, 단면적 $A = bh$이므로

$$Z = \frac{bh^2}{6} = \frac{1}{6}Ah \qquad\qquad ⓐ$$

의 관계를 얻을 수 있다.

식 ⓐ에 의하면 단면계수 Z를 일정하게 했을 때, 높이 h를 증가시킴에 따라 면적 A를 상대적으로 작아지게 할 수 있으므로, 그만큼 단면적을 작게 하면서도 동일한 단면계수를 가지도록 할 수 있음을 알 수 있다.

둘째, 보의 단면적을 중립축에 가까운 부분은 적게 배정하고, 굽힘응력을 많이 받는 바깥쪽은 많이 배정하여, 응력이 단면에 균일하게 작용하도록 만들면 단면적을 작아지게 하는 효과를 얻을 수 있다.

즉, 단면의 형상을 I자형, ㅁ자형, ㄷ자형으로 한다.

셋째, 단면계수는 동일하지만 그 단면적이 동일하지 않은 도형의 단면형상일 경우에는, 단면적이 작은 도형을 선택하는 것이 재료의 절감 및 중량 감소 측면에서 유리하다.

쉽게 이해할 수 있도록 하기 위해, 지름 d인 원형단면과 동일한 면적을 가진 정사각

형 도형의 단면을 예를 들어 설명하면 다음과 같다.

지름 d인 원의 면적 $A = \dfrac{\pi d^2}{4}$이고, 이와 면적이 같은 정사각형의 한 변의 길이를 h라 하면, 정사각형의 면적 $A = h^2$이므로 이들 사이에는 다음 식이 성립한다.

$$h^2 = \frac{\pi d^2}{4}$$

따라서

$$h = \sqrt{\pi}\, \frac{d}{2}$$

또 지름 d인 원형단면의 단면계수 $Z_c = \dfrac{\pi d^3}{32}$이고, 단면적 $A = \dfrac{\pi d^2}{4}$이므로

$$Z_c = \frac{\pi d^3}{32} = \frac{1}{8} \times \frac{\pi d^2}{4} \times d = \frac{1}{8} A d$$

가 되며, 한 변의 길이 $h = \sqrt{\pi}\, \dfrac{d}{2}$인 정사각형 단면의 단면계수는 다음과 같이 된다.

$$Z_r = \frac{h^3}{6} = \frac{1}{6}\left(\frac{d\sqrt{\pi}}{2}\right)^3$$

$$= \frac{1}{6}\left(\frac{\pi d^3 \sqrt{\pi}}{8}\right) = \frac{1}{6} \times \frac{\pi d^2}{4} \times \frac{d}{2}\sqrt{\pi}$$

$$= \frac{\sqrt{\pi}}{12} A d = 0.1475 A d = 1.18 Z_c$$

식에서 보는 바와 같이, 단면의 형상이 정사각형일 때의 단면계수가 원형일 때보다 18%만큼 크므로, 좀 더 경제적인 것임을 알 수 있다.

예제 01

인장 허용응력 $\sigma_t = 30\,\text{MPa}$이고, 압축 허용응력 $\sigma_c = 140\,\text{MPa}$인 주철로 그림 7 – 5와 같은 단면 형상을 가진 보를 만들어, 순수 굽힘을 받는 부재로 사용하고자 한다. $t = 40\,\text{mm}$, $h = 240\,\text{mm}$일 때 경제적으로 가장 유리한 단면의 폭 b를 구하라.

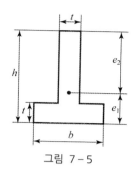

그림 7 - 5

풀이 경제적으로 가장 유리한 단면이란, 최대한 재료를 절약하면서 소요의 강도를 가지도록 하는 단면을 말한다. 문제에서 인장허용응력보다 압축허용응력이 크므로 인장을 받는 쪽을 하단으로, 압축을 받는 쪽을 상단으로 배치하고, 가장 경제적인 단면은 도심이 그 강도에 비례하도록 설계해야 하므로, 최외단으로부터 도심까지의 거리를 e_1, e_2라 하면

$$e_1 : \sigma_t = e_2 : \sigma_c, \qquad 즉 \quad \frac{e_1}{e_2} = \frac{\sigma_t}{\sigma_c}$$

로 하여야 한다. $h = e_1 + e_2$이므로, 이들 식으로 부터 다음과 관계를 얻을 수 있다.

$$\frac{e_1}{h - e_1} = \frac{\sigma_t}{\sigma_c}$$

따라서 도심까지의 거리

$$e_1 = \frac{\sigma_t}{\sigma_t + \sigma_c} h = \frac{30}{30 + 140} \times 240 = 42.35 \, \text{mm}$$

도심에 대한 단면1차모멘트 Q_c는 0이어야 하므로

$$Q_c = 40 \times 200 \times (100 - 42.35) - 40 \times b \times (42.35 - 20) = 0$$

의 관계식이 성립한다. 따라서

$$b = 516 \, \text{mm}$$

7.3 보에 작용하는 전단응력

7.3.1 보에 작용하는 전단응력에 관한 일반식

6장의 6.2.2절에서 보는 바와 같이, 보에 작용하는 굽힘모멘트 M과 전단력 F 사이에는 다음과 같은 관계식이 성립한다.

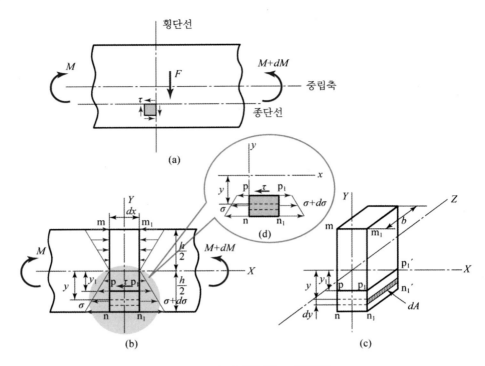

그림 7 – 6 보에 작용하는 전단응력

$$F = \frac{dM}{dx}$$

이 식에서 $\frac{dM}{dx} \neq 0$인 보의 단면에는 전단력 F가 발생한다는 것을 알 수 있다. 즉, 단면의 위치에 따라 굽힘모멘트가 변화하는 경우에는, 단면 사이에 작용하는 굽힘모멘트의 차(dM)에 의하여 단면에 전단력이 발생하고, 이와 같은 전단력에 의하여 그림 7 – 6(a)와 같은 전단응력 τ가 발생한다. 이와 같은 전단응력은 보 단면에 나란한 방향과 수직인 두 방향으로 발생하며, 이들의 크기는 서로 같다.

그림 7 – 6(b)와 같이 보의 양단에서 굽힘모멘트 M과 $M+dM$이 작용할 때, 보의 중립면으로부터 y_1만큼 떨어진 면(pp_1면)에 발생하는 전단응력 τ은 다음 식으로 된다.

$$\tau = \frac{FQ}{Ib} \tag{1}$$

식에서 F는 보 단면에 작용하는 전단력이며, b는 보 단면의 폭, I는 보 단면의 단면2차모멘트이다.

또 Q는 구하고자 하는 전단응력이 작용하는 종단면층(p_1p_1)으로부터 최외단(n_1n_1)까지 걸쳐 있는 횡단면[그림 7–6(c)의 $p_1p_1n_1n_1$]의 중립축인 Z축에 대한 단면1차모멘트로, 그림에서 단면1차모멘트 Q는 다음과 같다.

$$Q = \int_{y_1}^{h/2} y\,dA \tag{2}$$

▸ **식의 유도**

그림 7–6(b)와 같이 양단에 굽힘모멘트 M과 $M+dM$이 작용하는 보에서 미소길이 dx를 취하고, mn단면과 m_1n_1단면에 발생하는 응력을 살펴보면, 중립축인 x축을 중심으로 상부에는 압축응력이 발생하고 하부에는 인장응력이 발생한다.

이때 그림 7–6(d)와 같이 중립축으로부터 y_1만큼 떨어진 직사각형 요소 pp_1nn_1에 작용하는 힘을 분석하여 보면, 종단면인 pp_1면에는 전단응력 τ가 발생하고, 횡단면인 pn면과 p_1n_1면에는 수직응력이 발생한다.

그런데 이와 같은 수직응력은 거리 y에 따라 변화하므로, 중립축으로부터 임의의 거리 y만큼 떨어진 곳에 미소면적 dA를 취하고, 좌측면 pn의 미소면적 dA에 작용하는 수직응력을 σ, 우측면 p_1n_1의 미소면적 dA에 작용하는 수직응력을 $\sigma + d\sigma$라 하자.

이때 좌측면 pn의 미소면적 dA에 작용하는 수직력은 σdA가 되는데, 7.1절에서의 굽힘응력과 굽힘모멘트와의 관계식에서 $\sigma = \dfrac{My}{I}$ 이므로, 좌측면 pn의 미소면적 dA에 작용하는 수직력은 다음과 같은 식으로 표시할 수 있다.

$$\sigma dA = \frac{My}{I}\,dA$$

따라서 좌측면 pn의 면적 전체에 작용하는 수직력은 다음과 같이 된다.

$$\int_{y_1}^{h/2} \frac{My}{I}\,dA \tag{ⓐ}$$

이와 똑같은 방법으로 우측면 p_1n_1의 면적 전체에 작용하는 수직력은 다음과 같이 된다.

$$\int_{y_1}^{h/2} \frac{(M+dM)}{I}\,y\,dA \tag{ⓑ}$$

한편 종단면 pp_1상에 작용하는 전단력은 다음과 같이 된다.

$$\tau b dx \qquad\qquad \text{ⓒ}$$

따라서 직사각형 요소 pp_1nn_1이 힘을 받아 평형상태로 있기 위해서는, 힘의 평형방정식이 성립해야 하므로, 수평방향의 힘에 대하여 평형방정식을 취하면 다음과 같이 된다.

$$\tau b dx = \int_{y_1}^{h/2} \frac{(M+dM)y}{I}dA - \int_{y_1}^{h/2} \frac{My}{I}dA$$

$$= \frac{(M+dM)}{I}\int_{y_1}^{\frac{h}{2}} y dA - \frac{M}{I}\int_{y_1}^{\frac{h}{2}} y dA$$

$$= \left(\frac{M+dM}{I} - \frac{M}{I}\right)\int_{y_1}^{\frac{h}{2}} y dA$$

$$= \frac{dM}{I}\int_{y_1}^{\frac{h}{2}} y dA$$

$$\tau = \frac{1}{b dx} \cdot \frac{dM}{I}\int_{y_1}^{\frac{h}{2}} y dA = \frac{dM}{dx}\left(\frac{1}{Ib}\right)\int_{y_1}^{h/2} y dA$$

이 식에 전단력 F와 굽힘모멘트 M과의 관계식 $\dfrac{dM}{dx} = F$를 대입하면 다음과 같이 된다.

$$\tau = \frac{F}{Ib}\int_{y_1}^{h/2} y dA \qquad\qquad \text{ⓓ}$$

이와 같은 식 ⓓ는 중립축으로부터 임의의 거리 y_1만큼 떨어진 종단면에 작용하는 전단응력을 구하는 일반식이다. 이 식에 있는 적분항은 구하고자 하는 전단응력이 작용하는 종단면의 위치인 y_1으로부터 최외단까지의 횡단면, 즉 그림에서 면적 $p_1p_1{'}n_1n_1{'}$의 중립축 Z에 대한 단면1차모멘트이다. 식 ⓓ에서 $\int_{y_1}^{h/2} y dA = Q$로 나타내면 다음과 같이 간단한 식이 된다.

$$\tau = \frac{FQ}{Ib} \qquad\qquad \text{ⓔ}$$

7.3.2 직사각형(矩形) 단면을 가진 보에서의 전단응력

그림 7-7(a)와 같이 단면적 A인 직사각형 단면을 가진 보에 굽힘모멘트가 작용할 때, 그림 7-7(b)와 같이 중립면에서 최대의 전단응력이 작용하게 되고, 그 값은 다음 식으로 된다.

$$전단응력 \ \tau_{\max} = \frac{3F}{2A} \tag{1}$$

식에서 F는 전 종단면층에 작용하는 전단력이고, A는 횡단면의 면적이다.

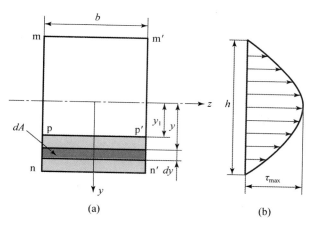

그림 7-7 직사각형 단면과 전단응력분포

▶ 식 (1)의 유도

그림 7-7(a)와 같은 직사각형 단면에서 중립축으로부터 임의의 거리 y만큼 떨어진 거리에 미소면적 dA를 취하면, 미소면적 $dA = bdy$이므로, 중립면으로부터의 거리 y_1으로부터 최외단까지 단면의 단면1차모멘트 Q는 다음과 같은 식으로 된다.

$$Q = \int_{y_1}^{h/2} y dA = \int_{y_1}^{h/2} by dy = \frac{b}{2}\left(\frac{h^2}{4} - y_1^2\right)$$

위의 식을 7.3.1절의 식 (1)에 대입하여 정리하면, 다음과 같은 직사각형 단면에서의 전단응력분포에 대한 식을 얻을 수 있다.

$$\tau = \frac{FQ}{Ib} = \frac{F}{2I}\left(\frac{h^2}{4} - y_1^2\right)$$

이 식으로부터, 전단응력 τ의 값은 y_1의 이차 함수관계로 비례하여 변화된다는 것을 알 수 있으며, 중립면으로부터의 거리 $y_1 = \pm\frac{h}{2}$인 곳에서 전단응력 $\tau = 0$이 되고, 중립면, 즉 $y_1 = 0$에서 전단응력이 최대가 되는데 그 값은 다음과 같다.

$$\tau_{\max} = \frac{Fh^2}{8I}$$

이와 같은 관계를 그림으로 도시하면 그림 7-7(b)와 같다.

중립축에 대한 단면2차모멘트 $I = \frac{bh^3}{12}$이고, 단면적 $A = bh$이므로, 이 식을 단면적 A와 전단력 F에 대한 식으로 나타내면 다음과 같이 된다.

$$\tau_{\max} = \frac{Fh^2}{8I} = \frac{Fh^2}{8 \times \frac{bh^3}{12}}$$

$$= \frac{12}{8} \cdot \frac{Fh^2}{bh^3} = \frac{3}{2} \cdot \frac{Fh^2}{(bh)h^2}$$

$$= \frac{3F}{2A}$$

위의 식으로부터, 전단력 F를 단면적 A로 나눈 값인 평균전단응력보다 최대전단응력이 50% 정도 더 크다는 사실을 알 수 있다.

예제 01

길이 $l = 2\,m$인 외팔보의 자유단에 집중하중 $P = 150\,kN$이 작용한다. 이 보에 작용하는 최대전단응력을 구하라. 단, 이 보의 단면은 직사각형으로 폭 $b = 150\,mm$, 높이 $h = 200\,mm$이다.

풀이 외팔보에 작용하는 전단력은 보의 전 길이에 걸쳐 $P = 150\,kN$이다. 따라서 최대전단력 $F = P = 150\,kN$이므로 최대전단응력

$$\tau_{\max} = \frac{3F}{2A} = \frac{3 \times (150 \times 10^3)}{2 \times 0.2 \times 0.15} = 7.5 \times 10^6\,N/m^2 = 7.5\,MPa$$

7.3.3 원형단면을 가진 보에서의 전단응력

단면적 A인 원형단면을 가진 보에 굽힘모멘트가 작용할 때, 그림 7−8(b)와 같이 중립면에서 최대의 전단응력이 작용하게 되는데, 그 값은 다음 식으로 주어진다.

$$전단응력 \quad \tau_{\max} = \frac{4F}{3A} \tag{1}$$

식에서 F는 전 종단면층에 작용하는 전단력이고, A는 횡단면의 면적이다.

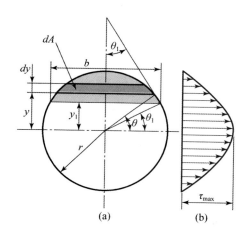

그림 7−8 원형단면과 전단응력분포

▸ **식 (1)의 유도**

그림 7−8(a)와 같은 반지름 r인 원형단면에 작용하는 전단응력분포를 구하기 위하여, 우선 중립축으로부터 y만큼 떨어진 거리에 미소길이 dy를 취하고, 이 부분의 미소면적 dA를 구해보자.

우선 그림에서

$$y = r\sin\theta \tag{ⓐ}$$

이고, y를 θ에 대하여 미분하면

$$\frac{dy}{d\theta} = r\cos\theta$$

가 되며, 이 식으로부터

$$dy = r\cos\theta d\theta \qquad \text{ⓑ}$$

라는 관계식을 얻을 수 있다.

그림에서 미소면적

$$dA = 2r\cos\theta dy \qquad \text{ⓒ}$$

이므로 식 ⓑ를 식 ⓒ에 대입하면 다음과 같이 된다.

$$dA = 2r\cos\theta dy = 2r^2\cos^2\theta d\theta \qquad \text{ⓓ}$$

따라서 음영 부분의 중립축에 대한 단면1차모멘트에 대한 식

$$Q = \int_{y_1}^{r} ydA$$

에 식 ⓐ와 ⓓ를 대입하면 다음과 같이 된다.

$$Q = \int_{y_1}^{r} ydA = \int_{\theta_1}^{\frac{\pi}{2}} 2r^3\cos^2\theta\sin\theta d\theta = 2r^3\int_{\theta_1}^{\frac{\pi}{2}} \cos^2\theta\sin\theta d\theta \qquad \text{ⓔ}$$

이 식을 적분하기 위하여

$$\frac{d(\cos\theta)}{d\theta} = -\sin\theta, \ \text{즉} \ d\theta = -\frac{1}{\sin\theta}d(\cos\theta)$$

로 치환하여, 이들의 관계를 식 ⓔ에 대입하면 다음과 같이 된다.

$$Q = 2r^3\int_{\theta_1}^{\frac{\pi}{2}} \cos^2\theta\sin\theta d\theta$$

$$= 2r^3\int_{\theta_1}^{\frac{\pi}{2}} \cos^2\theta\sin\theta\left\{-\frac{1}{\sin\theta}d(\cos\theta)\right\}$$

$$= -2r^3\int_{\theta_1}^{\frac{\pi}{2}} \cos^2\theta\{d(\cos\theta)\}$$

$$= -2r^3\left[\frac{1}{3}\cos^3\theta\right]_{\theta_1}^{\frac{\pi}{2}} = \frac{2}{3}r^3\cos^3\theta_1$$

따라서 이 식을 7.3.1절의 식 (1)에 대입하면 전단응력 τ는 다음 식과 같이 된다.

$$\tau = \frac{F}{Ib}\left(\frac{2}{3}r^3\cos^3\theta_1\right)$$

여기에 폭 $b = 2r\cos\theta_1$, 원형단면의 단면2차모멘트 $I = \frac{\pi d^4}{64} = \frac{\pi r^4}{4}$ 의 관계를 대입하면 다음과 같이 된다.

$$\tau = \frac{F}{\dfrac{\pi r^4}{4} \cdot 2r\cos\theta_1}\left(\frac{2}{3}r^3\cos^3\theta_1\right) = \frac{4F}{3\pi r^2}\cos^2\theta_1 \qquad \text{ⓕ}$$

또 원형단면의 면적 $A = \pi r^2$이므로, 이와 같은 관계를 식 ⓕ에 대입하면 다음과 같은 임의의 각 θ_1에 있어서의 전단응력에 대한 식을 얻을 수 있다.

$$\tau = \frac{4F}{3A}\cos^2\theta_1 \qquad \text{ⓖ}$$

식 ⓖ에서 $\theta_1 = 0$ rad일 때 $\cos\theta_1 = 1$이 되어, 최대가 되므로 전단응력의 최댓값은 다음과 같이 된다.

$$\tau_{\max} = \frac{4F}{3A}$$

이를 그림으로 도시하면 그림 7-8(b)와 같이 된다.

예제 01

길이 2 m인 단순보에 균일 분포하중 $p = 120$ kN/m이 작용한다. 단면의 지름 $d = 400$ mm일 때, 이 보에 작용하는 최대전단응력을 구하라.

풀이 최대전단력은 보 길이 중간의 단면에 작용하고 그 값

$$F = \frac{pl}{2} = \frac{120 \times 2}{2} = 120 \text{ kN}$$

이므로, 이때 종단면에 발생하는 최대전단응력 $\tau_{\max}$은 다음과 같이 된다.

$$\tau_{\max} = \frac{4F}{3A} = \frac{4 \times F}{3 \times \dfrac{\pi d^2}{4}} = \frac{4 \times 120 \times 10^3}{3 \times \dfrac{\pi \times 0.4^2}{4}} = 1.27 \times 10^6 \text{ N/m}^2 = 1.27 \text{ MPa}$$

7.3.4 보에서의 주응력

보의 한 단면에는 일반적으로, 그림 7−9(a)와 같이 굽힘모멘트 M에 의한 굽힘응력 σ_x와 전단력 F에 의한 전단응력 τ_{xy}가 동시에 작용하게 되는데, 그 값은 각각 다음과 같다.

$$\sigma_x = \frac{My}{I}, \qquad \tau_{xy} = \frac{FQ}{Ib}$$

이와 같은 굽힘응력 σ_x와 전단응력 τ_{xy}의 조합에 의한 주응력 σ_1과 σ_2는 다음 식과 같이 된다.

$$\sigma_1 = \frac{1}{2}\sigma_x + \frac{1}{2}\sqrt{\sigma_x^2 + 4\tau_{xy}^2}$$
$$\sigma_2 = \frac{1}{2}\sigma_x - \frac{1}{2}\sqrt{\sigma_x^2 + 4\tau_{xy}^2}$$

(1)

또 주응력의 방향 θ는 다음 식으로 된다.

$$\tan 2\theta = -\frac{2\tau_{xy}}{\sigma_x}$$

(2)

그림 7−9(a)에서 보는 바와 같이, 보 단면의 가장 아랫부분과 가장 윗부분에서는

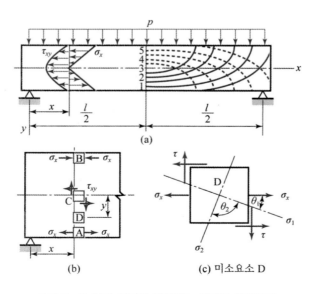

그림 7 − 9 보의 단면에 발생하는 응력과 주응력선

$\tau_{xy} = 0$이 되므로, 식 (1)에서 $\sigma_1 = \sigma_x$가 되고, 식 (2)에서 주응력의 방향 θ는 0이 되어 축선과 일치함을 알 수 있다.

또 보 단면의 중립축에서는 $\sigma_x = 0$이 되어, 전단응력 τ_{xy}에 의해서만 주응력이 발생하며, 식 (1)에서 주응력 $\sigma_1 = \tau_{xy}$, $\sigma_2 = -\tau_{xy}$가 되고, 식 (2)에서 그 방향 θ는 축선방향과 $\pm 45°$를 이루게 된다는 사실을 알 수 있다.

▶ **식의 유도**

그림 7−9(a)와 같은 직사각형 단면의 단순보에 균일 분포하중 P가 작용할 때, 왼쪽 지점으로부터 임의의 거리 x만큼 떨어진 단면에 작용하는 전단력 F와 굽힘모멘트 M은 다음 식과 같이 거리 x에 따라 변화한다.

$$F = \frac{pl}{2} - px \qquad\qquad ⓐ$$

$$M = \frac{pl}{2}x - \frac{p}{2}x^2 \qquad\qquad ⓑ$$

이와 같이 보의 단면에는 굽힘모멘트 M과 전단력 F가 동시에 작용하게 되는데, 이에 의해서 중립면으로부터 임의의 거리 y만큼 떨어진 거리에 있는 미소요소 D에는 다음 식으로 주어지는 수직응력 σ_x와 전단응력 τ_{xy}가 동시에 작용하게 된다(7.1절, 7.3.2절 참조).

$$\sigma_x = \frac{My}{I} \qquad\qquad ⓒ$$

$$\tau_{xy} = \frac{FQ}{Ib} = \frac{F}{2I}\left(\frac{h^2}{4} - y_1^2\right) \qquad\qquad ⓓ$$

식 ⓐ, ⓑ, ⓒ, ⓓ에서 알 수 있는 바와 같이, 수직응력 σ_x와 전단응력 τ_{xy}는 x와 y에 따라 연속적으로 변화함을 알 수 있다.

따라서 3.1.1절의 평면응력 상태에서의 주응력에 대한 다음과 같은 식에 적용하여, 미소요소 D에 작용하는 주응력 σ_1과 σ_2를 구할 수 있다.

$$\sigma_1 = \frac{1}{2}(\sigma_x + \sigma_y) + \frac{1}{2}\sqrt{(\sigma_x - \sigma_y)^2 + 4\tau_{xy}^2}$$

$$\sigma_2 = \frac{1}{2}(\sigma_x + \sigma_y) - \frac{1}{2}\sqrt{(\sigma_x - \sigma_y)^2 + 4\tau_{xy}^2} \qquad\qquad ⓔ$$

미소요소 D에서 $\sigma_y = 0$이므로 이 식은 다음과 같이 된다.

$$\sigma_1 = \frac{1}{2}\sigma_x + \frac{1}{2}\sqrt{\sigma_x^2 + 4\tau_{xy}^2}$$

$$\sigma_2 = \frac{1}{2}\sigma_x - \frac{1}{2}\sqrt{\sigma_x^2 + 4\tau_{xy}^2}$$

ⓕ

이때 $\frac{1}{2}\sigma_x < \frac{1}{2}\sqrt{\sigma_x^2 + 4\tau_{xy}^2}$ 이므로 주응력 σ_1은 항상 양으로 인장응력이 되고, 주응력 σ_2는 항상 음으로 압축응력이 됨을 알 수 있다.

주응력의 방향은 3.1.1절의 평면응력 상태에서의 주응력의 방향 θ에 대한 다음과 같은 식에 적용하여 구한다.

$$\tan 2\theta = -\frac{2\tau_{xy}}{\sigma_x - \sigma_y}$$

ⓖ

미소요소 D에서 $\sigma_y = 0$이므로 이 식은 다음과 같이 된다.

$$\tan 2\theta = -\frac{2\tau_{xy}}{\sigma_x}$$

ⓗ

그림 7-9(b)에서 보는 바와 같이 보 단면상의 가장 아랫부분과 윗부분의 미소요소 A, B에서는 전단응력이 작용하지 않으므로 식 ⓕ에 $\tau_{xy} = 0$을 대입하면, 주응력

$$\sigma_1 = \sigma_x, \qquad \sigma_2 = 0$$

ⓘ

이 된다.

따라서 이곳에서의 주응력은 굽힘모멘트에 의한 수직응력 σ_x와 같다는 것을 알 수 있다.

이곳에서의 주응력의 방향을 알아보기 위하여 식 ⓗ에 $\tau_{xy} = 0$을 대입하면, $\theta = 0°$와 $\theta = 90°$를 얻게 되는데, 이것은 보의 아랫면과 윗면에서 주응력 σ_1의 방향이 x축 방향과 일치하며, 주응력 σ_2의 방향은 x축 방향과 90°라는 것을 나타낸다.

또한 중립면 위의 요소 C에서는 수직응력 $\sigma_x = 0$이므로, 주응력의 크기는 식 ⓕ에서 $\sigma_x = 0$을 대입하면 다음과 같이 된다.

$$\sigma_1 = \tau_{xy}, \qquad \sigma_2 = \tau_{xy} \qquad\qquad ⓚ$$

따라서 주응력은 전단력에 의한 전단응력 τ_{xy}뿐이라는 것을 알 수 있으며, 주응력의 방향은 식 ⓗ에서 $\sigma_x = 0$을 대입하면 $\theta = \pm 45°$가 되어, x축 방향과 $\pm 45°$를 이루게 된다는 것을 알 수 있다.

또 임의의 위치에서의 x, y의 값을 식 ⓐ, ⓑ, ⓒ, ⓓ, ⓗ에 차례로 대입하고 주응력의 방향 θ의 값을 구하여 그림으로 나타내 보면 그림 7−9(a)의 우측과 같이 나타난다.

그림에서 실선은 주응력(인장응력) σ_1의 응력선을 나타내며, 점선은 주응력(압축응력) σ_2의 응력선을 나타낸다.

여기서 두 종류의 곡선은 서로 직교하며, 중립축인 x축과는 45° 각도로 만나는 것을 알 수 있다.

예제 01

길이 $l = 2$ m인 외팔보의 자유단에 하중 $P = 20$ kN이 작용한다. 보의 단면은 폭 $b = 4$ cm, 높이 $h = 8$ cm인 직사각형 모양일 때, 보의 고정단에서 중립면으로부터 2 cm 떨어진 요소에 작용하는 주응력의 크기와 방향을 구하라.

풀이 고정단에 작용하는 굽힘모멘트

$$M = Pl = 20 \times 10^3 \times 2 = 4 \times 10^4 \,\text{N} \cdot \text{m}$$

단면의 단면2차모멘트

$$I = \frac{bh^3}{12} = \frac{0.04 \times 0.08^3}{12} = 2.13 \times 10^{-5} \,\text{m}^4$$

이므로, 굽힘응력

$$\sigma_x = \frac{My}{I} = \frac{4 \times 10^4 \times (-0.02)}{2.13 \times 10^{-5}} = -37{,}558{,}685 \,\text{N/m}^2 = -37.56 \,\text{MPa}$$

고정단에 작용하는 전단력

$$F = 20 \,\text{kN} = 2 \times 10^4 \,\text{N}$$

이므로, 전단응력

$$\tau_{xy} = \frac{FQ}{Ib}$$

$$= \frac{F}{Ib} \frac{b}{2} \left(\frac{h^2}{4} - y_1^2 \right)$$

$$= \frac{F}{2I} \left(\frac{h^2}{4} - y_1^2 \right)$$

$$= \frac{2 \times 10^4}{2 \times 2.13 \times 10^{-5}} \left\{ \frac{0.08^2}{4} - (-0.02)^2 \right\}$$

$$= 563,380 \ \text{N/m}^2 = 0.56 \ \text{MPa}$$

따라서 주응력

$$\sigma_1 = \frac{1}{2} \sigma_x + \frac{1}{2} \sqrt{\sigma_x^2 + 4\tau_{xy}^2}$$

$$= \frac{1}{2} \times (-37.56) + \frac{1}{2} \sqrt{(-37.56)^2 + 4 \times 0.56^2} = 0.01 \ \text{MPa}$$

$$\sigma_2 = \frac{1}{2} \sigma_x - \frac{1}{2} \sqrt{\sigma_x^2 + 4\tau_{xy}^2}$$

$$= \frac{1}{2} \times (-37.56) - \frac{1}{2} \sqrt{(-37.56)^2 + 4 \times 0.56^2} = -37.57 \ \text{MPa}$$

주응력의 방향 θ는

$$\tan 2\theta = -\frac{2\tau_{xy}}{\sigma_x} = -\frac{2 \times 0.56}{-37.57} = 0.0298$$

$$2\theta = 0.0298 = 1.707°$$

따라서

$$\theta = 0.85°$$

7.4　굽힘과 비틀림을 동시에 받는 축에서의 응력해석

풀리, 기어, 플라이휠 등이 달려 있는 회전축은 비틀림 모멘트를 받는 동시에 굽힘모멘트를 받으면서 동력을 전달하고 있다. 이러한 경우 축에 발생하는 최대응력을 구하기 위해서는 다음과 같은 응력들을 고려해야 한다.

(1) 비틀림 모멘트 T에 의한 전단응력
(2) 굽힘모멘트 M에 의한 굽힘응력
(3) 전단력 F에 의한 전단응력

여기서 비틀림 모멘트에 의한 전단응력과 굽힘모멘트에 의한 굽힘응력은 축의 최외단에서 최대가 되는 데 비하여, 전단력으로 인한 전단응력은 이들 응력이 0이 되는 중립면에서 최대가 된다. 따라서 전단력에 의한 전단응력은 다른 응력들에 비해 회전축에 미치는 영향이 극히 작으므로 무시하고, 비틀림 모멘트에 의한 전단응력과 굽힘모멘트에 의한 굽힘응력이 각각 최대가 되는 축의 표면에 대하여 주응력을 계산하고 이것을 설계기준으로 해야 한다.

그런데 이와 같이 어떠한 축이 비틀림 모멘트 T와 굽힘모멘트 M을 동시에 받을 때, 축에 작용하는 응력을 계산하기 위해서는 이 두 개의 힘을 합성해야 하는데, 간단 하게 계산하기 위하여, 굽힘모멘트에 상당(相當)하는 값으로 환산한 것을 **상당굽힘모멘트**(相當굽힘모멘트, equivalent bending moment) M_e라 하고, 비틀림 모멘트에 상당하는 값으로 환산한 것을 **상당비틀림 모멘트**(相當비틀림 모멘트, equivalent twisting moment) T_e라 하고, 각각 다음 식과 같이 된다.

$$M_e = \frac{1}{2}(M + \sqrt{M^2 + T^2}) \tag{1}$$

$$T_e = \sqrt{M^2 + T^2} \tag{2}$$

이때 축단면의 단면계수와 극단면계수를 각각 Z와 Z_p라 하면, 축단면에 작용하는 최대수직응력 $\sigma_{\max}$과 최대전단응력 $\tau_{\max}$은 다음과 같은 식으로 구할 수 있게 된다.

$$\sigma_{\max} = \frac{M_e}{Z} \tag{3}$$

$$\tau_{\max} = \frac{T_e}{Z_p} \tag{4}$$

▶ **식의 유도**

지름 d인 원형단면축에 비틀림 모멘트 T와 굽힘모멘트 M이 동시에 작용할 때, 비틀림 모멘트 T에 의한 최대전단응력 τ는 축의 표면에서 발생하고 그 크기는 다음과 같이 된다.

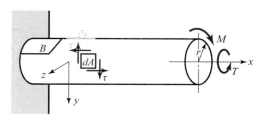

그림 7-10 굽힘모멘트 M과 비틀림 모멘트 T가 동시에 작용하는 축에서의 응력 발생

$$\tau = \frac{T}{Z_p} = \frac{16\,T}{\pi d^3} \qquad \text{ⓐ}$$

굽힘모멘트 M에 의한 최대수직응력 σ_b도 축의 표면에서 발생하고, 다음 식과 같이 된다.

$$\sigma_b = \frac{M}{Z} = \frac{32M}{\pi d^3} \qquad \text{ⓑ}$$

이와 같이 축의 표면에 발생하는 전단응력과 수직응력을 도시하면 그림 7–10과 같다.

따라서 $\sigma_x = \sigma_b$, $\sigma_y = 0$으로 하여 평면응력 상태에서의 주응력을 구하는 식에 적용하면 최대수직응력(최대굽힘응력)은 다음과 같이 된다.

$$\sigma_{\max} = \frac{1}{2}(\sigma_x + \sigma_y) + \frac{1}{2}\sqrt{(\sigma_x - \sigma_y)^2 + 4\tau_{xy}^2}$$

$$= \frac{1}{2}\sigma_b + \frac{1}{2}\sqrt{\sigma_b^2 + 4\tau^2} \qquad \text{ⓒ}$$

식 ⓐ와 ⓑ를 식 ⓒ에 대입하면 다음과 같이 된다.

$$\sigma_{\max} = \frac{16}{\pi d^3}(M + \sqrt{M^2 + T^2}) = \frac{1}{2Z}(M + \sqrt{M^2 + T^2}) \qquad \text{ⓓ}$$

여기서 $M_e = \frac{1}{2}(M + \sqrt{M^2 + T^2})$으로 놓으면, 식 ⓒ는 다음과 같이 간단한 식으로 표현할 수 있다.

$$\sigma_{\max} = \frac{M_e}{Z} \qquad \text{ⓔ}$$

여기서 M_e는 굽힘모멘트 M과 비틀림 모멘트 T에 의하여 합성되어, 최대굽힘응력을 발생시킬 수 있는 굽힘모멘트에 상당(相當)하므로 '상당굽힘모멘트' 또는 '등가굽힘모멘트'라고 한다.

또 평면응력 상태에서의 최대전단응력을 구하는 식에 적용하여 최대전단응력 $\tau_{\max}$를 구하면 다음 식과 같이 된다.

$$\tau_{\max} = \frac{1}{2}\sqrt{(\sigma_x - \sigma_y)^2 + 4\tau_{xy}^2}$$

$$= \frac{1}{2}\sqrt{\sigma_b^2 + 4\tau^2} \qquad \text{ⓕ}$$

식 ⓐ와 ⓑ를 식 ⓕ에 대입하면 다음과 같이 된다.

$$\tau_{\max} = \frac{16}{\pi d^3}(\sqrt{M^2 + T^2})$$

$$= \frac{1}{Z_p}(\sqrt{M^2 + T^2}) \qquad \text{ⓖ}$$

식 ⓖ에서 $T_e = \sqrt{M^2 + T^2}$ 으로 놓으면 다음과 같이 된다.

$$\tau_{\max} = \frac{T_e}{Z_p} \qquad \text{ⓗ}$$

이때의 T_e는 최대전단응력 $\tau_{\max}$와 동일한 크기의 최대전단응력을 발생시킬 수 있는 비틀림 모멘트 T_e에 상당하므로 이를 '상당비틀림 모멘트' 또는 '등가비틀림 모멘트'라고 한다.

예제 01

지름 $d = 25\,\text{cm}$인 원형단면으로 된 자동차 축에 굽힘모멘트 $M = 100\,\text{kN} \cdot \text{m}$, 비틀림 모멘트 $T = 200\,\text{kN} \cdot \text{m}$가 동시에 작용할 때 축 속에 발생하는 최대수직응력과 최대전단응력을 구하라.

풀이 상당굽힘모멘트

$$M_e = \frac{1}{2}(M + \sqrt{M^2 + T^2}) = \frac{1}{2}(100 + \sqrt{100^2 + 200^2}) = 162\,\text{kN} \cdot \text{m}$$

이고, 단면계수

$$Z = \frac{\pi d^3}{32} = \frac{\pi \times 0.25^3}{32} = 1.534 \times 10^{-3}\,\text{m}^3$$

이므로, 최대수직응력

$$\sigma_{\max} = \frac{M_e}{Z} = \frac{162}{1.534 \times 10^{-3}} = 0.10 \times 10^3\,\text{kN/m}^2 = 0.10\,\text{MPa}$$

또 상당비틀림 모멘트

$$T_e = \sqrt{M^2 + T^2} = \sqrt{100^2 + 200^2} = 224\,\text{kN} \cdot \text{m}$$

이고, 극단면계수

$$Z_p = \frac{\pi d^3}{16} = \frac{\pi \times 0.25^3}{16} = 3.068 \times 10^{-3}\,\mathrm{m}^3$$

이므로 최대전단응력

$$\tau_{\max} = \frac{T_e}{Z_p} = \frac{224}{3.068 \times 10^{-3}} = 0.07 \times 10^3\,\mathrm{kN/m}^2 = 0.07\,\mathrm{MPa}$$

연습문제

1. 지름 5 mm의 강선을 1.2 m의 원통에 감을 때 강선에 발생하는 굽힘응력과 굽힘모멘트를 구하라. 단, 강선의 종탄성계수 $E = 196\,\mathrm{GPa}$이다.

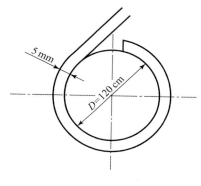

그림 7 – 11

2. 폭 $b = 30\,\mathrm{cm}$, 높이 $h = 40\,\mathrm{cm}$인 직사각형 단면을 가진 길이 5 m의 단순보의 중앙에서 집중하중 $P = 3\,\mathrm{kN}$이 작용할 때 보 속에 생기는 최대굽힘응력을 구하라.

3. 10 kN/m의 등분포하중을 받는 길이 5 m의 단순보를 설계하고자 한다. 이 보의 단면은 높이 h에 대하여 폭 $b = h/2$인 직사각형 단면으로 하고자 한다. 이 보 재료의 허용굽힘응력 $\sigma_a = 400\,\mathrm{MPa}$이라 할 때 보가 파괴되지 않도록 하기 위한 보 단면의 높이 h를 구하라.

4. 길이 $l = 2\,\mathrm{m}$, 단면의 지름 $d = 25\,\mathrm{cm}$인 단순보가 있다. 이 보의 허용굽힘응력이 $\sigma_a = 400\,\mathrm{MN}$이라 할 때, 보의 중앙에는 집중하중 P를 얼마까지 작용시킬 수 있겠는가?

5. 지름 20 cm의 축을 안·바깥지름이 1 : 2 되는 중공축으로 변경하고자 한다. 굽힘강도가 같도록 하기 위해서는 중공축의 안·바깥지름을 얼마로 하여야 하는가?

6. 양단으로부터 20 cm 떨어진 거리에서 두 개의 집중하중 $P = 15\,\text{kN}$이 작용하는 길이 1 m의 단순보가 있다. 이 보에 발생하는 최대굽힘응력을 구하라. 단, 단면은 지름 $d = 8\,\text{cm}$인 원형단면이다.

7. 길이 2 m의 외팔보의 자유단에 집중하중 $P = 800\,\text{kN}$이 작용하고 있다. 보의 중립축에 발생하는 전단응력을 구하라. 단, 보의 단면은 폭 $b = 30\,\text{cm}$, 높이 $h = 40\,\text{cm}$인 직사각형 단면이다.

8. 길이 3 m의 외팔보의 자유단에 집중하중 $P = 500\,\text{kN}$이 작용하고 있다. 이 보의 중립축에 발생하는 전단응력을 구하라. 단, 보의 단면은 지름 $d = 30\,\text{cm}$인 원형단면이다.

9. 원형단면을 가진 축에 비틀림 모멘트 $T = 400\,\text{kN}\cdot\text{m}$와 굽힘모멘트 $M = 600\,\text{kN}\cdot\text{m}$가 동시에 작용할 때 상당굽힘모멘트를 구하라.

10. 지름 $d = 20\,\text{cm}$의 원형단면을 가진 축에 비틀림 모멘트 $T = 500\,\text{kN}\cdot\text{m}$와 굽힘모멘트 $M = 800\text{kN}\cdot\text{m}$가 동시에 작용할 때 최대굽힘응력과 최대전단응력을 구하라.

11. 지름 12 cm인 원형단면을 가진 길이 2 m의 외팔보의 자유단에 300 kN의 집중하중이 작용하고 있는 동시에, $T = 500\,\text{kN}\cdot\text{m}$의 비틀림 모멘트가 작용할 때 최대굽힘응력을 구하라.

STRENGTH OF MATERIALS

제8장 보의 처짐

탄성곡선의 미분방정식에 의한 보의 처짐해석

기계 등 구조물의 부재는 외력에 의해 파괴되지 않도록 해야 하는 것은 물론이고, 구조물의 안정 등을 위해 부재의 변형도 어느 정도 이하로 제한해야 한다.

따라서 구조물의 부재로 사용되는 보의 변형량을 해석할 필요성이 있으며, 그 방법은 다음과 같다.

그림 8−1(a)와 같이 보가 하중을 받으면 처지게 되는데, 보의 단면의 위치 x에 따른 보의 처짐 y가 그리는 곡선을 **처짐곡선** 또는 **탄성곡선**(elastic curve)이라 하며, 이를 식으로 표시하면 다음과 같다.

$$\frac{d^2y}{dx^2} = -\frac{M}{EI} \tag{1}$$

이 식을 **탄성곡선의 미분방정식** 또는 **처짐곡선의 미분방정식**이라 하며, 이 미분방정식을 한 번 적분하면 보의 처짐각 $\theta = \dfrac{dy}{dx}$를 얻을 수 있으며, 두 번 적분함으로써 보의 처짐량 y를 구할 수 있는데 이를 **중적분법**(重積分法)이라 한다.

▸ **식의 유도**

그림 8−1(a)는 단순보가 외력을 받아 처진 모습을 보인 처짐곡선이다.

그림에서 처짐곡선상의 점 m에서의 접선과 x축 사이의 각을 θ, 처짐곡선상의 점 m에서의 법선과 점 m_1에서의 법선 사이의 각을 $d\theta$라 하면, 처짐곡선상의 미소길이

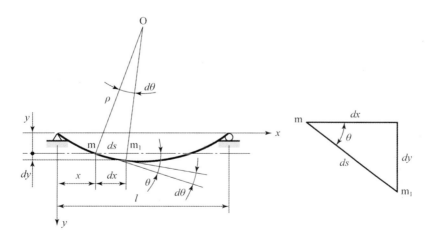

그림 8−1 보의 탄성곡선

ds는 곡률반지름 ρ와 다음과 같은 관계식이 성립한다.

$$ds = \rho d\theta$$

따라서 이 식은 다음과 같은 형태로 고쳐 쓸 수 있다.

$$\frac{1}{\rho} = \frac{d\theta}{ds} \qquad \text{ⓐ}$$

한편 보에 허용되는 처짐은 재료의 탄성한계 이내여야 하고, 그 값은 대단히 작은 양으로 간주할 수 있으므로 다음과 같이 가정할 수 있다.

$$ds \fallingdotseq dx$$

또 θ가 rad 단위이고, 그 크기가 매우 작다고 하면 다음과 같은 관계가 성립한다.

$$\theta \fallingdotseq \tan\theta = dy/dx$$

따라서 이들 관계를 식 ⓐ에 대입하면, 다음과 같은 처짐곡선의 곡률 $\dfrac{1}{\rho}$에 대한 식을 얻을 수 있다.

$$\frac{1}{\rho} = \frac{d\theta}{ds} = \frac{d\left(\dfrac{dy}{dx}\right)}{dx} = \frac{d^2y}{dx^2} \qquad \text{ⓑ}$$

그런데 탄성곡선의 곡률 $1/\rho$은 7.1절의 식 (2)에서 보는 바와 같이 굽힘모멘트 M과 다음과 같은 관계가 성립한다.

$$\frac{1}{\rho} = \frac{M}{EI} \qquad \text{ⓒ}$$

따라서 식 ⓒ를 식 ⓑ에 대입하면, 다음과 같은 2차 미분방정식 형태의 굽힘모멘트 M과 처짐량 y에 대한 식을 얻을 수 있다.

$$\frac{d^2y}{dx^2} = \frac{M}{EI}$$

여기서 굽힘모멘트 M은, 처짐곡선이 그림 8-2와 같이 아래로 볼록일 때 +이고, $\dfrac{dy}{dx}$가 x에 따라 감소하므로 $\dfrac{d^2y}{dx^2}$는 -가 되기 때문에, 굽힘모멘트 M과 $\dfrac{d^2y}{dx^2}$의 부호는 서로 반대가 된다는 사실을 알 수 있다.

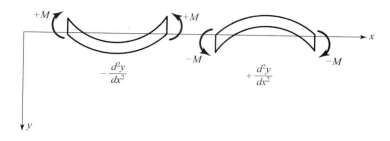

그림 8-2 처짐곡선의 부호

따라서 이 식은 다음과 같이 고쳐 쓸 수 있다.

$$\frac{d^2y}{dx^2} = -\frac{M}{EI}$$

이 식을 **처짐곡선의 미분방정식** 또는 **탄성곡선의 미분방정식**이라고 한다.

8.1.1 집중하중을 받는 외팔보의 처짐

그림 8-3과 같은 외팔보에서 자유단에 집중하중 P가 작용할 때, 최대 처짐각 및 최대 처짐량은 자유단에서 일어나고 그 크기는 다음 식과 같다.

$$\text{최대 처짐각 } \theta_{\max} = -\frac{Pl^2}{2EI} \tag{1}$$

$$\text{최대 처짐량 } y_{\max} = \frac{Pl^3}{3EI} \tag{2}$$

단 여기서 처짐각의 단위는 rad이다.

▸ **식의 유도**

그림 8-3과 같이 자유단에 집중하중 P가 작용할 때, 자유단으로부터 임의의 거리

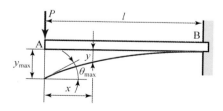

그림 8-3 집중하중을 받는 외팔보의 처짐

x만큼 떨어진 단면에서의 굽힘모멘트 M은 다음 식으로 된다.

$$M = -Px \qquad \text{ⓐ}$$

이 식을 처짐곡선의 미분방정식에 대입하면

$$EI\frac{d^2y}{dx^2} = Px \qquad \text{ⓑ}$$

가 되고, 이 식을 x에 대하여 적분하면 다음과 같이 된다.

$$EI\frac{dy}{dx} = \frac{Px^2}{2} + C_1 \qquad \text{ⓒ}$$

다시 식 ⓒ를 적분하면

$$EIy = \frac{Px^3}{6} + C_1 x + C_2 \qquad \text{ⓓ}$$

가 되는데, 여기서 적분상수 C_1과 C_2를 결정하기 위해서는, 다음과 같은 **경계조건** (boundary condition)을 사용한다.

즉 경계조건이란 "미분방정식의 일반해에 내포되어 있는 상수를 결정하는 데 필요한 경계에 부과되는 조건"으로서 여기서의 경계조건은 $x = l$에서 $\theta = \dfrac{dy}{dx} = 0$, $y = 0$ 이므로, 이를 각각 식 ⓒ와 ⓓ에 대입하면

$$C_1 = -\frac{Pl^2}{2} \qquad \text{ⓔ}$$

$$C_2 = +\frac{Pl^3}{3} \qquad \text{ⓕ}$$

을 얻는다.

따라서 식 ⓔ와 ⓕ를 식 ⓒ와 ⓓ에 대입하면, 자유단으로부터 임의의 거리 x만큼 떨어진 단면에서의 처짐각 $\theta = \dfrac{dy}{dx}$과 처짐량 y에 대한 식을 얻을 수 있다.

$$\theta = \frac{dy}{dx} = \frac{P}{2EI}(x^2 - l^2) \qquad \text{ⓖ}$$

$$y = \frac{P}{6EI}(x^3 - 3l^2 x + 2l^3) \qquad \text{ⓗ}$$

여기서, 최대 처짐각 및 최대 처짐량은 $x=0$인 자유단에서 일어나므로, 식 ⓖ와 ⓗ에 $x=0$을 대입하면, 다음과 같은 최대 처짐각 $\theta_{\max}$과 최대 처짐량 $y_{\max}$을 얻을 수 있다.

$$\theta_{\max} = \left(\frac{dy}{dx}\right)_{\max} = -\frac{Pl^2}{2EI} \qquad ⓘ$$

$$y_{\max} = \frac{Pl^3}{3EI} \qquad ⓙ$$

예제 01

길이 $l=2$ m인 외팔보의 자유단에 집중하중 $P=30$ kN이 작용한다. 최대 처짐각과 최대 처짐량을 구하라. 단, 보의 단면은 $b \times h = 40$ cm $\times$ 80 cm인 직사각형이고, 보 재료의 종탄성계수 $E=20$ MPa이다.

풀이 단면2차모멘트

$$I = \frac{bh^3}{12} = \frac{0.4 \times 0.8^3}{12} = 0.017 \, \text{m}^3$$

이므로,

최대 처짐량

$$y_{\max} = \frac{Pl^3}{3EI} = \frac{(30 \times 10^3) \times 2^3}{3 \times (20 \times 10^6) \times 0.017} = 0.24 \, \text{m}$$

최대 처짐각

$$\theta_{\max} = -\frac{Pl^2}{2EI} = -\frac{(30 \times 10^3) \times 2^2}{2 \times (20 \times 10^6) \times 0.017} = -0.17 \, \text{rad}$$

8.1.2 등분포하중을 받는 외팔보의 처짐

그림 8-4와 같은 등분포하중 p를 받는 외팔보의 경우, 최대 처짐각 및 최대 처짐량은 보의 자유단에서 발생하고 그에 대한 식은 다음과 같다.

$$\text{최대 처짐각} \quad \theta_{\max} = -\frac{pl^3}{6EI} \qquad (1)$$

$$\text{최대 처짐량} \quad y_{\max} = \frac{pl^4}{8EI} \qquad (2)$$

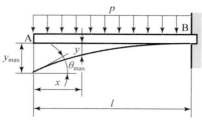

그림 8 – 4

▸ **식의 유도**

그림 8–4와 같이 등분포하중 p를 받는 외팔보에 있어서, 보의 왼쪽 끝단으로부터 임의의 거리 x만큼 떨어져 있는 단면에서의 굽힘모멘트를 구하면 다음과 같이 된다.

$$M = -\frac{px^2}{2} \tag{ⓐ}$$

이때 굽힘모멘트는 보의 길이 x에 분포하여 작용하는 힘의 총합인 $-px$가 길이 x의 중간인 $\frac{x}{2}$에 집중하여 작용하는 것으로 보고 계산한다.

따라서 식 ⓐ를 처짐곡선의 미분방정식에 대입하면 다음과 같이 된다.

$$EI\frac{d^2y}{dx^2} = \frac{px^2}{2} \tag{ⓑ}$$

식 ⓑ를 x에 대하여 한 번 적분하면 다음과 같이 된다.

$$EI\frac{dy}{dx} = \frac{px^3}{6} + C_1 \tag{ⓒ}$$

이 식을 한 번 더 적분하면 다음과 같은 식을 얻는다.

$$EIy = \frac{px^4}{24} + C_1 x + C_2 \tag{ⓓ}$$

다음에 식 ⓒ의 적분상수 C_1을 구하기 위하여, 경계조건 $x = l$에서 $dy/dx = 0$을 식 ⓒ에 대입하여

$$C_1 = -\frac{pl^3}{6} \tag{ⓔ}$$

을 얻을 수 있다.

따라서 식 ⓔ를 식 ⓒ에 대입하면, 다음과 같은 보의 임의의 위치에 있어서의 처짐각에 대한 일반식을 얻을 수 있다.

$$\theta = \frac{dy}{dx} = \frac{p}{6EI}\left(x^3 - l^3\right) \qquad \text{ⓕ}$$

또 식 ⓔ를 식 ⓓ에 대입하면

$$EIy = \frac{px^4}{24} - \frac{pl^3}{6}x + C_2 \qquad \text{ⓖ}$$

가 되고, 식 ⓖ의 적분상수 C_2를 구하기 위하여, $x = l$에서 $y = 0$이 된다라고 하는 경계조건을 식 ⓖ에 대입하면

$$C_2 = \frac{pl^4}{8} \qquad \text{ⓗ}$$

을 얻는다.

따라서 식 ⓗ를 식 ⓖ에 대입하면 자유단으로부터 임의의 거리 x만큼 떨어진 단면에서의 처짐량 y에 대한 다음과 같은 식을 얻을 수 있다.

$$y = \frac{p}{24EI}\left(x^4 - 4l^3x + 3l^4\right) \qquad \text{ⓘ}$$

최대 처짐각 $\theta_{\max}$과 최대 처짐량 $y_{\max}$은 모두 보의 자유단에서 발생하므로, $x = 0$을 식 ⓕ와 식 ⓘ에 각각 대입하여 구하면 그 결과는 다음과 같이 된다.

$$\theta_{\max} = -\frac{pl^3}{6EI}, \qquad y_{\max} = \frac{pl^4}{8EI}$$

예제 01

길이 $l = 2$ m인 외팔보에 등분포하중 $p = 3$ kN/m가 작용한다. 최대 처짐각과 최대 처짐량을 구하라. 단, 보의 단면은 $b \times h = 40$ cm $\times$ 80 cm인 직사각형이고, 보 재료의 종탄성계수 $E = 20$ MPa이다.

풀이 단면2차모멘트

$$I = \frac{bh^3}{12} = \frac{0.4 \times 0.8^3}{12} = 0.017 \text{ m}^3$$

이므로

최대 처짐량

$$y_{max} = \frac{pl^4}{8EI} = \frac{(3 \times 10^3) \times 2^4}{8 \times (20 \times 10^6) \times 0.017} = 0.018 \text{ m}$$

최대 처짐각

$$\theta_{max} = -\frac{pl^3}{6EI} = -\frac{(3 \times 10^3) \times 2^3}{6 \times (20 \times 10^6) \times 0.017} = -0.012 \text{ rad}$$

8.1.3 굽힘모멘트를 받는 외팔보의 처짐

그림 8-5에서 보는 바와 같이, 보의 자유단에 굽힘모멘트 M_0가 작용하는 경우, 최대 처짐각 θ_{max}과 최대 처짐량 y_{max}은 자유단에서 일어나고, 그에 대한 식은 다음과 같다.

$$\text{최대 처짐각} \quad \theta_{max} = -\frac{M_0 l}{EI} \tag{1}$$

$$\text{최대 처짐량} \quad y_{max} = \frac{M_0 l^2}{2EI} \tag{2}$$

▸ **식의 유도**

그림 8-5에서 보는 바와 같이, 보의 자유단에 굽힘모멘트 M_0가 작용하는 경우, 보의 전 길이에 걸쳐 굽힘모멘트는 일정하게 된다.

따라서 자유단으로부터 임의의 거리 x만큼 떨어진 단면에서의 굽힘모멘트 M은 다음과 같이 된다.

$$M = -M_0 \tag{ⓐ}$$

따라서 식 ⓐ를 처짐곡선의 미분방정식에 대입하면

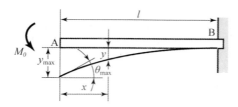

그림 8-5 굽힘모멘트를 받는 외팔보의 처짐

$$EI\frac{d^2y}{dx^2} = M_0 \qquad\qquad ⓑ$$

가 되고, 식 ⓑ를 x에 대하여 한 번 적분하면 다음과 같이 된다.

$$EI\frac{dy}{dx} = M_0 x + C_1 \qquad\qquad ⓒ$$

이 식을 다시 한 번 더 적분하면 다음과 같이 된다.

$$EIy = \frac{M_0 x^2}{2} + C_1 x + C_2 \qquad\qquad ⓓ$$

이제 $x = l$에서 처짐각 $dy/dx = 0$, 처짐량 $y = 0$이 된다라고 하는 경계조건을 식 ⓒ와 ⓓ에 각각 대입하여 다음과 같은 적분상수 C_1과 C_2를 구할 수 있다.

$$C_1 = - M_0 l \qquad\qquad ⓔ$$

$$C_2 = \frac{M_0 l^2}{2} \qquad\qquad ⓕ$$

따라서 자유단으로부터 임의의 거리 x만큼 떨어진 단면에서의 처짐각 θ와 처짐량 y는, 식 ⓔ와 ⓕ를 식 ⓒ와 ⓓ에 대입하여 얻을 수 있으며, 그 결과는 다음과 같다.

$$\theta = \frac{dy}{dx} = \frac{M_0}{EI}(x - l) \qquad\qquad ⓖ$$

$$y = \frac{M_0}{2EI}(x - l)^2 \qquad\qquad ⓗ$$

최대 처짐각과 최대 처짐량은 $x = 0$인 자유단에서 일어나게 되므로, 식 ⓖ와 ⓗ에 각각 $x = 0$을 대입하면 다음과 같은 최대 처짐각 $\theta_{\max}$과 최대 처짐량 $y_{\max}$을 얻을 수 있다.

$$\theta_{\max} = - \frac{M_0 l}{EI}$$

$$y_{\max} = \frac{M_0 l^2}{2EI}$$

예제 01

길이 $l = 2$ m인 외팔보의 자유단에 굽힘모멘트 $M_0 = 30$ kN · m가 작용한다. 최대 처짐각과 최대 처짐량을 구하라. 단, 보의 단면은 $b \times h = 40$ cm × 80 cm인 직사각형이고, 보 재료의 종탄성 계수 $E = 20$ MPa이다.

풀이 단면2차모멘트

$$I = \frac{bh^3}{12} = \frac{0.4 \times 0.8^3}{12} = 0.017 \text{ m}^3$$

이므로

최대 처짐량

$$y_{max} = \frac{M_0 l^2}{2EI} = \frac{(30 \times 10^3) \times 2^2}{2 \times (20 \times 10^6) \times 0.017} = 0.18 \text{ m}$$

최대 처짐각

$$\theta_{max} = -\frac{M_0 l}{EI} = -\frac{(30 \times 10^3) \times 2}{(20 \times 10^6) \times 0.017} = -0.18 \text{ rad}$$

8.1.4 등분포하중을 받는 단순보의 처짐

그림 8−6에서 보는 바와 같이, 등분포하중 p를 받는 단순보에 있어서 최대 처짐각 θ_{max}은 $x = 0$과 $x = l$에서 발생하며 그 값은 다음 식과 같이 된다.

$$\theta_{max} = \frac{pl^3}{24EI} \tag{1}$$

최대 처짐량 y_{max}은 보의 중앙인 $x = l/2$에서 발생하며 그 값은 다음 식과 같다.

$$y_{max} = \frac{5pl^4}{384EI} \tag{2}$$

▶ **식의 유도**

그림 8−6에서 보는 바와 같이 등분포하중 p를 받는 단순보에 있어서, 지점 A로부터 임의의 거리 x만큼 떨어진 단면에 작용하는 굽힘모멘트 M은 다음 식과 같다.

$$M = \frac{pl}{2}x - \frac{p}{2}x^2 \tag{ⓐ}$$

따라서 이 식을 처짐곡선의 미분방정식에 대입하면 다음과 같이 된다.

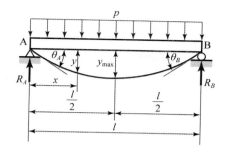

그림 8-6 등분포하중을 받는 단순보의 처짐

$$EI\frac{d^2y}{dx^2} = -\frac{pl}{2}x + \frac{p}{2}x^2 \qquad \text{ⓑ}$$

이 식을 차례로 두 번 적분하여 정리하면 다음과 같이 된다.

$$EI\frac{dy}{dx} = -\frac{pl}{4}x^2 + \frac{p}{6}x^3 + C_1 \qquad \text{ⓒ}$$

$$EIy = -\frac{pl}{12}x^3 + \frac{p}{24}x^4 + C_1x + C_2 \qquad \text{ⓓ}$$

식 ⓒ와 ⓓ의 적분상수 C_1, C_2를 구하기 위하여, 다음과 같은 경계조건

$$x = \frac{l}{2}\text{에서 } \frac{dy}{dx} = 0$$

$$x = 0\text{에서 } y = 0$$

을 식 ⓒ와 ⓓ에 차례로 대입하면, 다음과 같이 된다.

$$C_1 = \frac{pl^3}{24} \qquad \text{ⓔ}$$

$$C_2 = 0 \qquad \text{ⓕ}$$

따라서 식 ⓔ와 ⓕ를 식 ⓒ와 ⓓ에 대입하면, 지점 A로부터 임의의 거리 x만큼 떨어진 단면에서의 처짐각과 처짐량에 대한 다음과 같은 식을 얻을 수 있다.

$$\frac{dy}{dx} = \frac{p}{24EI}(4x^3 - 6lx^2 + l^3) \qquad \text{ⓖ}$$

$$y = \frac{px}{24EI}(x^3 - 2lx^2 + l^3) \qquad \text{ⓗ}$$

따라서 최대 처짐각 $\theta_{\max}$은 $x=0$과 $x=l$에서 발생하며, 다음 식과 같이 된다.

$$\theta_{\max} = \left(\frac{dy}{dx}\right)_{x=0} = \frac{pl^3}{24EI}$$

$$\theta_{\max} = \left(\frac{dy}{dx}\right)_{x=l} = -\frac{pl^3}{24EI}$$

또 최대 처짐량 $y_{\max}$은 보의 중앙인 $x=\dfrac{l}{2}$에서 발생하며, 그 값은 다음 식과 같다.

$$y_{\max} = \frac{5pl^4}{384EI}$$

예제 01

길이 $l=10$ m인 단순보에 등분포하중 $p=3$ kN/m가 작용한다. 최대 처짐각과 최대 처짐량을 구하라. 단, 보의 단면은 $b \times h=40$ cm × 80 cm인 직사각형이고, 보 재료의 종탄성계수 $E=200$ GPa이다.

풀이 단면2차모멘트

$$I = \frac{bh^3}{12} = \frac{0.4 \times 0.8^3}{12} = 0.017 \text{ m}^3$$

이므로,

최대 처짐량

$$y_{\max} = \frac{5pl^4}{384EI} = \frac{5 \times (3 \times 10^3) \times 10^4}{384 \times (200 \times 10^9) \times 0.017} = 1.1 \times 10^{-4} \text{ m}$$

최대 처짐각

$$\theta_{\max} = -\frac{pl^3}{24EI} = -\frac{(3 \times 10^3) \times 10^3}{24 \times (200 \times 10^9) \times 0.017} = -3.7 \times 10^{-5} \text{ rad}$$

8.1.5 집중하중을 받는 단순보의 처짐

그림 8−7에서 보는 바와 같은 단순보에서, 지점 A로부터 a만큼 떨어진 지점에 집중하중 P가 작용할 때, 최대 처짐각은 지점 A 및 B에서 발생하며 그 값은 다음과 같다.

$$\theta_A = \frac{Pab}{6lEI}(l+b), \ \theta_B = -\frac{Pab}{6lEI}(l+a) \tag{1}$$

또 최대 처짐량은 $x = \sqrt{(l^2 - b^2)/3}$ 인 위치에서 생기며, 그 값은 다음과 같다.

$$y_{max} = \frac{Pb}{9\sqrt{3}\,lEI}\sqrt{(l^2 - b^2)^3} \tag{2}$$

하중이 보의 중앙에 작용하는 경우 $a = b = \dfrac{l}{2}$ 이 되어, 양 지점에 같은 크기의 최대 처짐각이 발생하며, 그 값은 다음과 같다.

$$\theta_{max} = \frac{Pl^2}{16EI} \tag{3}$$

이때 최대 처짐량은 하중의 작용점에서 일어나며, 그 값은 다음과 같다.

$$y_{max} = \frac{Pl^3}{48EI} \tag{4}$$

▶ 식의 유도

그림 8–7에서 보는 바와 같이, 단순보에 집중하중 P가 작용할 때에는 하중의 작용점을 경계로 하여 굽힘모멘트의 식이 서로 다르게 된다. 따라서 다음과 같이 하중의 작용점을 경계로 하여 각 구간별로 구분하여 해석해야 한다.

우선 지점 A, B에서의 반력 R_A 및 R_B를 구하기 위하여, 평형조건식을 적용하면 다음과 같이 된다.

$$\sum F = R_A + R_B - P = 0$$

$$\sum M_B = R_A l - Pb = 0$$

이로부터 반격 R_A 및 R_B를 구하면 다음과 같이 된다.

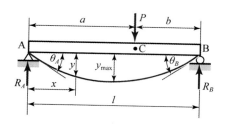

그림 8–7 집중하중을 받는 단순보의 처짐

$$R_A = \frac{Pb}{l}, \qquad R_B = \frac{Pa}{l}$$

따라서

1) $0 < x < a$인 구간에서 지점 A로부터 임의의 거리 x만큼 떨어진 단면에서의 굽힘모멘트

$$M = \frac{Pb}{l}x \qquad\qquad ⓐ$$

가 되고, 이것을 탄성곡선의 미분방정식에 대입하면 다음과 같이 된다.

$$EI\frac{d^2y}{dx^2} = -\frac{Pb}{l}x \qquad\qquad ⓑ$$

이 식을 거리 x에 관하여 차례로 두 번 적분하면 다음과 같이 된다.

$$EI\frac{dy}{dx} = -\frac{Pb}{2l}x^2 + C_1 \qquad\qquad ⓒ$$

$$EIy = -\frac{Pb}{6l}x^3 + C_1x + C_2 \qquad\qquad ⓓ$$

2) $a < x < l$ 구간에서 지점 A로부터 임의의 거리 x만큼 떨어진 단면에서의 굽힘모멘트는 다음과 같이 된다.

$$M = \frac{Pb}{l}x - P(x-a) \qquad\qquad ⓔ$$

이것을 처짐곡선의 미분방정식에 대입하면

$$EI\frac{d^2y}{dx^2} = -\frac{Pb}{l}x + P(x-a) \qquad\qquad ⓕ$$

이 식을 거리 x에 관해서 차례로 두 번 적분하면 다음과 같이 된다.

$$EI\frac{dy}{dx} = -\frac{Pb}{2l}x^2 + \frac{P}{2}(x-a)^2 + D_1 \qquad\qquad ⓖ$$

$$EIy = -\frac{Pb}{6l}x^3 + \frac{P}{6}(x-a)^3 + D_1x + D_2 \qquad\qquad ⓗ$$

참고 여기서 $\int (x-a)^2 dx$의 계산은 $(x-a)=t$로 치환하여 구한다.

다음에는 식 ⓒ, ⓓ, ⓖ, ⓗ의 적분상수 C_1, C_2, D_1, D_2를 구하기 위하여, 다음과 같이 경계조건을 적용한다.

즉 거리 $x=a$에서는 식 ⓒ와 ⓖ에서 각각 구한 처짐곡선의 기울기는 같아야 하므로, 식 ⓒ와 ⓖ에 각각 $x=a$를 대입하고, 식 ⓒ = 식 ⓖ 하면

$$C_1 = D_1 \qquad\qquad ⓘ$$

을 얻는다.

또 거리 $x=a$에서는 식 ⓓ와 ⓗ에서 각각 구한 처짐량도 같아야 하므로, 식 ⓓ와 ⓗ에 각각 $x=a$를 대입하고, 식 ⓓ = 식 ⓗ 하면

$$C_2 = D_2 \qquad\qquad ⓙ$$

를 얻는다.

또 $x=0$에서 처짐량 $y=0$이므로, 이 조건을 식 ⓓ에 대입하면 적분상수 $C_2 = 0$이 되고, 식 ⓙ에서의 관계로부터

$$D_2 = 0 \qquad\qquad ⓚ$$

을 얻을 수 있다.

또 $x=l$에서 처짐량 $y=0$이므로 식 ⓗ와 ⓘ의 관계로부터 적분상수 D_1과 C_1을 구하면 다음 식과 같이 된다.

$$D_1 = C_1 = \frac{Pb}{6l}(l^2 - b^2) \qquad\qquad ⓛ$$

이와 같은 적분상수 C_1과 C_2의 값을 식 ⓒ와 ⓓ에 대입하여 정리하면 다음과 같이 된다.

$$\frac{dy}{dx} = \frac{Pb}{6lEI}(l^2 - b^2 - 3x^2) \qquad\qquad ⓜ$$

$$y = \frac{Pbx}{6lEI}(l^2 - b^2 - x^2) \qquad\qquad ⓝ$$

지점 A에서의 처짐곡선의 기울기 θ_A는 식 ⓜ에 $x=0$을 대입하여 구할 수 있으며, 다음과 같이 된다.

$$\theta_A = \frac{Pb}{6lEI}(l^2 - b^2) = \frac{Pab}{6lEI}(l+b) \qquad \text{ⓞ}$$

또 적분상수 D_1과 D_2의 값을 식 ⓖ와 ⓗ에 대입하여 정리하면 다음과 같다.

$$\frac{dy}{dx} = \frac{Pb}{6lEI}\left\{(l^2-b^2) + \frac{3l}{b}(x-a)^2 - 3x^2\right\} \qquad \text{ⓟ}$$

$$y = \frac{Pb}{6lEI}\left\{\frac{l}{b}(x-a)^3 + (l^2-b^2)x - x^3\right\} \qquad \text{ⓠ}$$

지점 B에서의 처짐곡선의 기울기 θ_B는 식 ⓟ에 $x=l$을 대입하여 구할 수 있으며, 다음과 같이 된다.

$$\begin{aligned}
\theta_B = \frac{dy}{dx} &= \frac{Pb}{6lEI}\left\{(l^2-b^2) + \frac{3l}{b}(l-a)^2 - 3l^2\right\} \\
&= \frac{Pb}{6lEI}\left\{(l+b)(l-b) + 3lb - 3l^2\right\} \\
&= \frac{Pb}{6lEI}\left\{(l+b)a - 3l(l-b)\right\} \\
&= -\frac{Pab}{6lEI}(2l-b) \\
&= -\frac{Pab}{6lEI}(l+a) \qquad \text{ⓡ}
\end{aligned}$$

그 결과는 하중이 작용하는 점 C에서의 처짐량은 식 ⓝ 또는 ⓠ에 $x=a$를 대입하여 구할 수 있으며, 그 결과는 다음과 같이 된다.

$$y_c = \frac{Pa^2b^2}{3lEI} \qquad \text{ⓢ}$$

최대 처짐이 생기는 위치는, $a>b$일 때 $0<x<a$인 구간에서 일어날 것이 분명하므로, 식 ⓜ에서 처짐곡선의 기울기 $\frac{dy}{dx}=0$으로 놓으면 다음과 같이 된다.

$$l^2 - b^2 - 3x^2 = 0$$

따라서

$$x = \sqrt{(l^2 - b^2)/3} \qquad \text{ⓣ}$$

이 되고, 따라서 최대 처짐량 $y_{\max}$ 은 식 ⓝ에 식 ⓣ를 대입하면 다음과 같이 된다.

$$y_{\max} = \frac{Pb}{9\sqrt{3}\,lEI}\sqrt{(l^2 - b^2)^3} \qquad \text{ⓤ}$$

그런데, 만약 $a = b = \dfrac{l}{2}$ 인 중간 지점에 하중이 작용할 때에는, 최대 처짐량은 하중의 작용점에서 일어나며, $a = b = \dfrac{l}{2}$ 을 식 ⓝ에 대입하면 그 값은 다음과 같이 된다.

$$y_{\max} = \frac{Pl^3}{48EI} \qquad \text{ⓥ}$$

이때 최대 처짐각 $\theta_{\max}$ 은 양 지점에서 발생하며, 식 ⓞ 또는 식 ⓡ에 $a = b = \dfrac{l}{2}$ 을 대입하면 다음과 같이 된다.

$$\theta_{\max} = \theta_A = \theta_B = \frac{Pl^2}{16EI} \qquad \text{ⓦ}$$

예제 01

지름 $d = 20$ cm이고 길이 $l = 10$ m인 단순보의 중앙에 집중하중 $P = 30$ kN이 작용한다. 최대 처짐각과 최대 처짐량을 구하라. 단, 보 재료의 종탄성계수 $E = 200$ GPa이다.

풀이 단면2차모멘트

$$I = \frac{\pi d^4}{64} = \frac{\pi \times 0.2^4}{64} = 7.85 \times 10^{-5}\,\text{m}^4$$

이므로

최대 처짐량

$$y_{\max} = \frac{Pl^3}{48EI} = \frac{(30 \times 10^3) \times 10^3}{48 \times (200 \times 10^9) \times (7.85 \times 10^{-5})} = 0.04\,\text{m} = 4\,\text{cm}$$

최대 처짐각

$$\theta_{\max} = \theta_A = \theta_B = \frac{Pl^2}{16EI} = \frac{(30 \times 10^3) \times 10^2}{16 \times (200 \times 10^9) \times (7.85 \times 10^{-5})} = 0.012\,\text{rad}$$

8.1.6 굽힘모멘트를 받는 단순보의 처짐

그림 8-8과 같은 단순보의 지점 B에서 굽힘모멘트 M_0가 작용하는 경우, 지점 A와 B에서의 처짐각 θ_A 및 θ_B는 각각 다음과 같다.

$$\theta_A = \frac{M_0 l}{6EI}$$

$$\theta_B = -\frac{M_0 l}{3EI}$$

(1)

또 최대 처짐량 $y_{\max}$은 $x = \dfrac{l}{\sqrt{3}}$의 위치에서 발생하며, 그 값은 다음과 같다.

$$y_{\max} = \frac{M_0 l^2}{9\sqrt{3}\,EI}$$

(2)

▶ **식의 유도**

우선 반력을 구하기 위하여 힘의 평형방정식을 적용하면

$$\sum F = R_A + R_B = 0 \qquad\qquad ⓐ$$
$$\sum M_B = R_A l - M_0 = 0 \qquad\qquad ⓑ$$

이 되고, 식 ⓑ에서

$$R_A = \frac{M_0}{l}$$

을 얻을 수 있다.

따라서 지점 A로부터 임의의 거리 x만큼 떨어진 단면에서의 굽힘모멘트는 다음과 같이 된다.

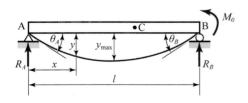

그림 8-8 굽힘모멘트 M_0를 받는 단순보의 처짐

$$M = \frac{M_0}{l}x \qquad\qquad ⓒ$$

따라서 이를 처짐곡선의 미분방정식에 대입하면 다음과 같이 된다.

$$EI\frac{d^2y}{dx^2} = -\frac{M_0}{l}x \qquad\qquad ⓓ$$

이 식을 거리 x에 대하여 차례로 두 번 적분하면 다음과 같이 된다.

$$EI\frac{dy}{dx} = -\frac{M_0}{2l}x^2 + C_1 \qquad\qquad ⓔ$$

$$EIy = -\frac{M_0}{6l}x^3 + C_1 x + C_2 \qquad\qquad ⓕ$$

식 ⓕ의 적분상수 C_1과 C_2를 구하기 위하여 $x = 0$에서 $y = 0$, $x = l$에서 $y = 0$이 된다라고 하는 경계조건을 식 ⓕ에 대입하면 적분상수

$$C_2 = 0$$

$$C_1 = \frac{M_0 l}{6}$$

를 얻는다. 따라서 이와 같은 적분상수를 식 ⓔ와 ⓕ에 대입하면

$$\frac{dy}{dx} = \frac{M_0}{6lEI}(l^2 - 3x^2) \qquad\qquad ⓖ$$

$$y = \frac{M_0 x}{6lEI}(l^2 - x^2) \qquad\qquad ⓗ$$

을 얻는다.

최대 처짐은 $dy/dx = 0$인 점에서 일어나므로, 식 ⓖ에 $\dfrac{dy}{dx} = 0$을 대입하여 최대 처짐이 일어나는 위치 x의 값을 구하면 다음과 같이 된다.

$$x = \frac{l}{\sqrt{3}} \qquad\qquad ⓘ$$

이것을 식 ⓗ에 대입하면 다음과 같은 최대 처짐량을 구할 수 있게 된다.

$$y_{\max} = \frac{M_0 l^2}{9\sqrt{3}\,EI} \qquad \text{ⓙ}$$

또 지점 A와 B에서의 처짐각은 식 ⓔ에 $x = 0$과 $x = l$을 각각 대입하여 구할 수 있으며 그 결과는 다음과 같이 된다.

$$\theta_A = \frac{M_0 l}{6EI}$$

$$\theta_B = -\frac{M_0 l}{3EI} \qquad \text{ⓚ}$$

예제 01

지름 $d = 20\,\text{cm}$이고 길이 $l = 10\,\text{m}$인 단순보의 한 지점에서 굽힘모멘트 $M_0 = 5\,\text{kN}\cdot\text{m}$가 작용한다. 지점에서의 처짐각과 최대 처짐량을 구하라. 단, 보 재료의 종탄성계수 $E = 200\,\text{GPa}$이다.

풀이 단면2차모멘트

$$I = \frac{\pi d^4}{64} = \frac{\pi \times 0.2^4}{64} = 7.85 \times 10^{-5}\,\text{m}^4$$

이므로

최대 처짐량

$$y_{\max} = \frac{M_0 l^2}{9\sqrt{3}\,EI} = \frac{(5 \times 10^3) \times 10^2}{9\sqrt{3} \times (200 \times 10^9) \times (7.85 \times 10^{-5})} = 0.002\,\text{m} = 0.2\,\text{cm}$$

지점에서의 처짐각

$$\theta_A = \frac{M_0 l}{6EI} = \frac{(5 \times 10^3) \times 10}{6 \times (200 \times 10^9) \times (7.85 \times 10^{-5})} = 5.3 \times 10^{-4}\,\text{rad}$$

$$\theta_B = -\frac{M_0 l}{3EI} = -\frac{(5 \times 10^3) \times 10}{3 \times (200 \times 10^9) \times (7.85 \times 10^{-5})} = -10.6 \times 10^{-4}\,\text{rad}$$

8.2 면적 모멘트법에 의한 보의 처짐해석

앞 절에서 소개했던 탄성곡선의 미분방정식을 이용한 방법보다 더욱 간단하게 보의 처짐각(기울기)과 처짐량을 구하는 방법으로 면적 모멘트법이 있다.

면적 모멘트법(area moment method)이란 굽힘모멘트 선도를 이용하여 보의 처짐각(기울기)과 처짐량을 도식적으로 간단히 구하는 방식으로, 다음과 같이 제1면적 모멘트법과 제2면적 모멘트법으로 구분된다.

1) 제1면적 모멘트법

제1면적 모멘트법이란 그림 8-9에서 보는 바와 같이 "탄성곡선의 임의의 두 점 A와 B에서 그은 두 접선 사이의 각 θ는 그 두 점 사이에 있는 굽힘모멘트 선도의 면적을 보의 굽힘강성 EI로 나눈 값과 같다"는 법칙으로 이를 **모어의 정리 (1)**이라고도 하며 식으로 표시하면 다음과 같다.

$$\theta = \frac{A_M}{EI} \tag{1}$$

식에서 A_M은 굽힘모멘트 선도의 면적이고, E는 보 재료의 종탄성계수, I는 보 단면의 단면2차모멘트이다.

2) 제2면적 모멘트법

그림 8-9에서 보는 바와 같이 "처짐곡선상의 두 점 A와 B에서 각각 접선을 그었을 때, 점 A에서의 접선으로부터 이탈한 점 B의 처짐량은 점 A와 점 B 사이에 있는 굽힘모멘트 선도의 면적의 점 B에 관한 모멘트를 EI로 나눈 값과 같다"는 법칙으로 이를 **모어의 정리 (2)**라고도 하며, 식으로 표시하면 다음과 같다.

$$y = \frac{A_M \bar{x}}{EI} \tag{2}$$

식에서 $\bar{x}$는 점 B로부터 굽힘모멘트 선도의 도심까지의 거리이다.

식 (1)과 (2)를 이용하여, 보의 임의의 위치에서의 처짐각과 처짐량을 간단히 계산할 수 있다.

그런데 이와 같은 면적 모멘트법을 이용하기 위해서는 굽힘모멘트 선도의 면적과

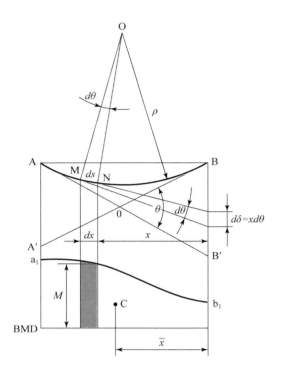

그림 8-9 보의 탄성곡선과 굽힘모멘트 선도(BMD)

도심을 알아야 한다. 따라서 일반적으로 많이 사용되는 굽힘모멘트 선도의 면적과 도심에 관한 몇 가지 공식을 도시하면 그림 8-10과 같다.

▶ 식 (1)의 유도

그림 8-9에서 선분 AB는 보의 처짐곡선의 일부분이고, 선분 $a_1 b_1$은 그에 대응하는 굽힘모멘트 선도이다.

보의 처짐곡선상의 미소거리 ds만큼 떨어진 두 점에서 그은 접선 사이의 미소각을 $d\theta$, 보의 곡률반지름을 ρ라 하면 $ds = \rho d\theta$, 즉 $d\theta = \dfrac{1}{\rho} ds$의 관계가 성립하고, 7.1절의 식 (2)에서의 보의 곡률반지름 ρ와 굽힘모멘트와의 관계식 $\dfrac{1}{\rho} = \dfrac{M}{EI}$을 이용하면, 다음과 같은 관계식을 얻을 수 있다.

$$d\theta = \frac{1}{\rho} ds = \frac{M}{EI} ds \qquad \text{ⓐ}$$

일반적으로 구조물을 이루는 보의 곡률은 매우 작으므로, 보가 처진 후의 미소길이 ds는 보가 처지기 전의 미소길이 dx와 거의 같다고 볼 수 있으므로, 식 ⓐ는 다음과

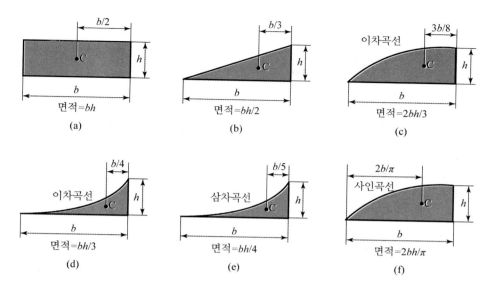

(a)   (b)   (c)

(d)   (e)   (f)

그림 8-10 여러 가지 도형의 면적과 도심

같이 쓸 수 있다.

$$d\theta = \frac{M}{EI}dx \qquad \qquad ⓑ$$

식 ⓑ를 도식적으로 표현하면, 그림 8-9에서 굽힘모멘트 선도의 음영 부분의 면적인 Mdx를 굽힘강성 EI로 나눈 것과 같다는 것을 알 수 있다. 따라서 점 A의 접선과 점 B에서의 접선 사이의 각 θ는 식 ⓑ를 적분하여 구할 수 있다.

$$\theta = \int_A^B \frac{M}{EI}dx = \frac{1}{EI}\int_A^B Mdx = \frac{A_M}{EI} \qquad \qquad ⓒ$$

식에서 $A_M = \int_A^B Mdx$로, 굽힘모멘트 선도의 면적이다. 이것을 모어의 정리 (1)이라 하며, 처짐곡선상의 두 점 A와 B에서 그은 두 접선 사이의 각은 그 두 점 사이에 낀 굽힘모멘트 선도의 면적을 그 보의 굽힘강성 EI로 나눈 것과 같다는 것을 알 수 있다.

▸ **식 (2)의 유도**

보의 곡률반지름 ρ가 매우 크다고 하면 보가 처진 후의 처짐곡선상의 접선의 길이는 처지기 전의 보의 길이와 거의 같다고 볼 수 있으므로, 처짐곡선상의 점 M과 N에서 그은 접선들이 BB′선과 만난 두 점 사이의 길이 $d\delta$는 다음과 같이 된다.

$$d\delta = xd\theta = x\frac{Mdx}{EI}$$ ⓓ

이 식을 그림 8-9의 굽힘모멘트 선도와 비교하면, 굽힘모멘트 선도의 음영 부분의 미소면적 Mdx의 점 B에 대한 면적모멘트를 EI로 나눈 것과 같은 것임을 알 수 있다.

따라서 이 식을 보의 전 길이에 대하여 적분하면, 처짐곡선의 임의의 한 점 A에서 그은 접선이 점 B 아래에서 만나는 점 B′와 점 B 사이의 거리 BB′를 얻을 수 있다.

$$\delta = \mathrm{BB}' = \int_A^B \frac{1}{EI}xMdx = \frac{1}{EI}\int_A^B xMdx = \frac{A_M\overline{x}}{EI}$$ ⓔ

식에서 A_M은 굽힘모멘트 선도의 AB 사이의 면적이고, $\overline{x}$는 점 B에 대한 굽힘모멘트 선도의 도심까지의 거리이다. 따라서 $A_M\overline{x}$는 굽힘모멘트 선도의 점 B에 대한 면적모멘트이다. 이것을 모어의 정리 (2)라 하며, 보의 처짐곡선상의 점 A에서 그은 접선이 점 B 아래에서 만나는 점 B′까지의 거리 BB′는, 점 A와 점 B 사이에 있는 굽힘모멘트 선도의 면적의 점 B에 대한 면적모멘트를 그 보의 굽힘강성 EI로 나눈 것과 같음을 알 수 있다.

8.2.1 외팔보에서의 면적 모멘트법의 적용

(1) 집중하중을 받는 외팔보의 처짐

그림 8-11(a)에서 보는 바와 같이 외팔보의 자유단에 집중하중 P가 작용할 때, 굽힘모멘트 선도는 그림 8-11(b)와 같이 된다.

처짐곡선상의 점 A와 점 B에서 그은 접선 사이의 각, 즉 점 B의 처짐각 θ_B가 최대 처짐각이 되므로, 최대 처짐각 $\theta_{\max} = \theta_B$는 모어의 정리 (1)에 의하여 다음과 같이 구할 수 있다.

$$\theta_{\max} = \theta_B = \frac{A_M}{EI} = \frac{pl\times l\times\frac{1}{2}}{EI} = \frac{Pl^2}{2EI}$$

최대 처짐량 $y_{\max}$은 하중작용점인 점 B에서 생기므로, 모어의 정리 (2)에 의하여 모멘트 선도의 면적 aba_1의 점 b에 대한 면적모멘트를 굽힘강성 EI로 나누면 다음과

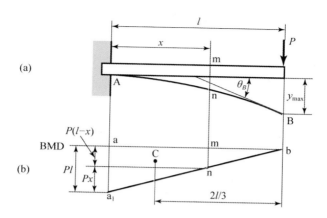

그림 8-11 집중하중 P를 받는 외팔보와 굽힘모멘트 선도(BMD)

같이 된다.

$$y_{\max} = \frac{A_M \bar{x}}{EI} = \frac{\left(Pl \times l \times \frac{1}{2}\right) \times \frac{2}{3}l}{EI} = \frac{Pl^3}{3EI}$$

이 식들은 앞에서 처짐곡선의 미분방정식을 이용하여 구한 결과와 일치한다.

다음에 보의 고정단으로부터 임의의 거리 x만큼 떨어진 단면 mn에 있어서의 처짐각과 처짐량은 다음과 같이 구한다.

우선, 처짐각 θ는 굽힘모멘트 선도의 면적 mna₁a를 굽힘강성 EI로 나눈 값과 같으므로 다음과 같이 된다.

$$\theta = \frac{A_M}{EI} = \frac{1}{EI}\left\{\frac{Pl \times l}{2} - \frac{P(l-x)(l-x)}{2}\right\}$$
$$= \frac{P}{2EI}\left[l^2 - (l-x)^2\right] = \frac{P}{2EI}(2lx - x^2)$$

또 처짐량 y는 굽힘모멘트 선도의 면적 mna₁a의 점 m에 관한 면적모멘트를 굽힘강성 EI로 나눈 값과 같으며, 계산의 편의상 그림 8-11(b)에서 보는 바와 같이 굽힘모멘트 선도의 면적 mna₁a를 직사각형과 삼각형으로 나누어 계산하면 다음과 같이 된다.

$$y = \frac{1}{EI}\left\{P(l-x)x \times \frac{x}{2} + Px \times x \times \frac{1}{2} \times \frac{2}{3}x\right\}$$

$$= \frac{1}{EI}\left\{ P(l-x)\frac{x^2}{2} + \frac{Px^3}{3} \right\}$$

$$= \frac{P}{EI}\left(\frac{lx^2}{2} - \frac{x^3}{6} \right)$$

$$= \frac{Px^2}{6EI}(3l-x)$$

(2) 등분포하중을 받는 외팔보의 처짐

그림 8-12(a)와 같은 외팔보에 등분포하중 p가 작용할 때의 처짐각과 처짐량을 면적 모멘트법을 사용하여 구해보자.

이때 굽힘모멘트 선도를 도시하면 그림 8-12(b)와 같은 이차곡선이 된다.

우선 최대 처짐각 $\theta_{\max}$은 자유단인 점 B에서 생기므로, $\theta_{\max} = \theta_B$는 모어의 정리 (1)에 의하여 다음과 같이 구할 수 있다.

$$\theta_{\max} = \theta_B = \frac{A_M}{EI} = \frac{1}{EI}\frac{\left(l \times \frac{1}{2}pl^2 \right)}{3} = \frac{pl^3}{6EI}$$

최대 처짐량 $y_{\max}$도 하중작용점인 점 B에서 생기므로, 모어의 정리 (2)에 의하여

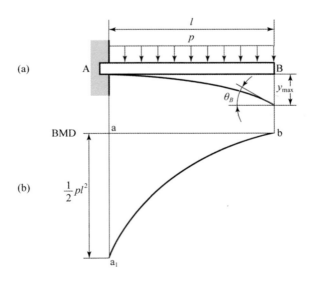

그림 8-12 등분포하중을 받는 외팔보와 굽힘모멘트 선도(BMD)

모멘트 선도의 면적 aba_1의 점 B에 대한 면적모멘트를 굽힘강성 EI로 나누어 구하면 다음과 같이 된다.

$$y_{\max} = \frac{A_M \overline{x}}{EI} = \frac{1}{EI}\left(\frac{pl^3}{6} \times \frac{3l}{4}\right) = \frac{pl^4}{8EI}$$

이 식들은 처짐곡선의 미분방정식을 이용하여 구한 앞에서의 결과와 일치한다.

8.2.2 단순보에서의 면적 모멘트법의 적용

(1) 집중하중을 받는 단순보의 처짐

그림 8−13(a)와 같이 단순보의 점 F에 집중하중 P가 작용할 때, 굽힘모멘트 선도는 그림 8−13(b)와 같은 삼각형 형태로 된다. 따라서 굽힘모멘트 선도의 전체 면적 $a_1 f_1 b_1$은 $l \times \frac{Pab}{l} \times \frac{1}{2} = \frac{Pab}{2}$ 이고, 점 b_1으로부터 도심 C까지의 거리는 $\frac{l+b}{3}$가 된다.

지점 A에서의 처짐곡선의 접선이 지점 B의 아래에서 만나는 점을 B′라고 하면, 거리 $BB' = \delta$는 모어의 정리 (2)에 의하여 다음과 같이 된다.

$$\delta = \frac{A_M \overline{x}}{EI} = \frac{1}{EI} \times \frac{Pab}{2} \times \frac{l+b}{3} = \frac{Pab(l+b)}{6EI}$$

따라서 △ABB′에서 $\tan\theta_A = \frac{\delta}{l}$이고, θ_A가 rad 단위이고 그 값이 작다고 하면 $\tan\theta_A \approx \theta_A$이므로, 다음과 같은 식이 성립한다.

$$\theta_A = \frac{\delta}{l} = \frac{Pab(l+b)}{6lEI}$$

다음에 지점 B에서의 처짐각 θ_B를 계산하기 위하여, "처짐곡선상의 두 점 A와 B에서 그은 두 접선 사이의 각은 그 두 점 사이에 낀 굽힘모멘트 선도의 면적을 그 보의 굽힘강성 EI로 나눈 것과 같다"는 모어의 정리 (1)에 의거하여 처짐곡선상의 두 점 A와 B에서 그은 두 접선 사이의 각 θ를 구하면 다음과 같다.

$$\theta = \frac{A_M}{EI} = \frac{Pab}{2EI}$$

따라서 점 B에서의 처짐각 θ_B는 다음과 같이 구할 수 있다.

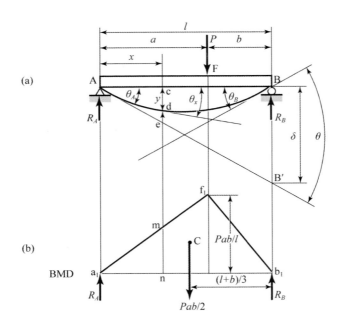

그림 8–13 집중하중을 받는 단순보와 굽힘모멘트 선도(BMD)

$$\theta_B = \theta - \theta_A = \frac{Pab}{2EI} - \frac{Pab(l+b)}{6lEI} = \frac{Pab(l+a)}{6lEI}$$

이 식들은 처짐곡선의 미분방정식에 의한 결과와 일치함을 알 수 있다.
다음에 지점 A로부터 임의의 거리 x만큼 떨어진 단면에서의 처짐량

$$y = 선분\,ce - 선분\,de \qquad\qquad ⓐ$$

이고, △Ace에서 선분 ce는 다음과 같이 구한다.

$$선분\ \ ce = x\theta_A = \frac{Pab(l+b)x}{6lEI} \qquad\qquad ⓑ$$

또 선분 de는 접선 Ae로부터 처짐곡선상의 점 d까지의 거리이므로, 모어의 정리 (2)를 적용하면 다음과 같다.

$$선분\ \ de = \frac{A_M \overline{x}}{EI} = \frac{1}{EI} \times (\triangle a_1 mn 의\ 면적) \times \frac{x}{3}$$

$$= \frac{1}{EI} \times \left(\frac{Pbx}{l} \times x \times \frac{1}{2} \right) \times \frac{x}{3}$$

$$= \frac{Pbx^3}{6lEI} \qquad \text{ⓒ}$$

따라서 식 ⓑ 및 ⓒ를 식 ⓐ에 대입하여 정리하면

$$y = \frac{Pab(l+b)x}{6lEI} - \frac{Pbx^3}{6lEI} = \frac{Pbx}{6lEI}(l^2 - b^2 - x^2) \qquad \text{ⓓ}$$

이 된다.

따라서 최대 처짐량 y_{max}은 $\dfrac{dy}{dx} = 0$인 곳에서 발생하므로

$$\frac{dy}{dx} = \frac{Pb}{6lEI}(l^2 - b^2 - 3x^3) = 0$$

에서

$$x = \sqrt{\frac{l^2 - b^2}{3}} \qquad \text{ⓔ}$$

이 되고, 이 값을 식 ⓓ에 대입하면 최대 처짐량 y_{max}은 다음과 같이 된다.

$$y_{max} = \frac{Pb}{6lEI}\sqrt{\frac{l^2-b^2}{3}}\left(l^2 - b^2 - \frac{l^2-b^2}{3}\right) = \frac{Pb\sqrt{(l^2-b^2)^3}}{9\sqrt{3}\,lEI}$$

(2) 등분포하중을 받는 단순보의 처짐

그림 8-14(a)와 같이 등분포하중을 받는 단순보의 굽힘모멘트 선도는 그림 8-14(b)와 같으며, 이와 같은 굽힘모멘트 선도의 전 면적은 그림 8-10(c)로부터 다음과 같이 된다.

$$A_M = \left(\frac{2}{3} \times \frac{l}{2} \times \frac{pl^2}{8}\right) \times 2 = \frac{pl^3}{12}$$

따라서 지점 A에서의 처짐곡선의 접선이 지점 B의 아래에서 만나는 점을 B′라 하고, 모어의 정리 (2)를 적용하여 길이 BB′ = δ를 구하면 다음과 같이 된다.

$$\delta = \frac{A_M \overline{x}}{EI} = \frac{1}{EI} \times \frac{pl^3}{12} \times \frac{l}{2} = \frac{pl^4}{24EI} \qquad \text{ⓐ}$$

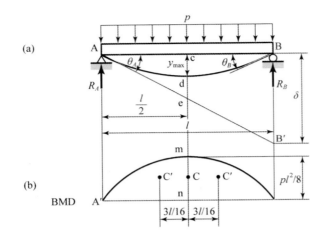

그림 8-14 등분포하중을 받는 단순보와 굽힘모멘트 선도(BMD)

따라서 지점 A에서의 처짐각 θ_A와 δ와의 사이에는 $\triangle ABB'$에서 $\tan\theta_A = \dfrac{\delta}{l}$가 성립하고, θ_A가 rad 단위이고 그 값이 작다고 하면 $\tan\theta_A \approx \theta_A$이므로, 다음 식이 성립한다.

$$\theta_A = \frac{\delta}{l} = \frac{pl^3}{24EI} \qquad \text{ⓑ}$$

이때 양단에서의 처짐각은 같으므로 지점 B에서의 처짐각은 다음과 같다.

$$\theta_B = \frac{pl^3}{24EI} \qquad \text{ⓒ}$$

다음에 최대 처짐량은 보의 중앙 $\left(\dfrac{l}{2}\right)$에서 발생하므로 최대 처짐량 $y_{\max}$은 다음과 같이 구한다.

$$y_{\max} = 선분\,ce - 선분\,de \qquad \text{ⓓ}$$

여기서 선분 ce는 $\triangle Ace$로부터 다음과 같이 구한다.

$$선분\ ce = \frac{l}{2}\theta_A = \frac{pl^3}{24EI} \times \frac{l}{2} = \frac{pl^4}{48EI} \qquad \text{ⓔ}$$

또 선분 de는 지점 A에서의 접선 Ae로부터 처짐곡선상의 점 d까지의 거리이므로, 모어의 정리 (2)를 적용하면 다음과 같다.

선분 $de = \dfrac{A_M \bar{x}}{EI}$

$$= \frac{1}{EI} \times (굽힘모멘트\ 선도\ A'mn의\ 면적) \times \frac{3}{16}l$$

$$= \frac{1}{EI} \times \left\{ \frac{2}{3} \times \frac{l}{2} \times \frac{pl^2}{8} \right\} \times \frac{3}{16}l$$

$$= \frac{3pl^4}{384EI} \qquad\qquad ⓕ$$

따라서 식 ⓔ 및 ⓕ를 식 ⓓ에 대입하여 정리하면 최대 처짐량

$$y_{\max} = \frac{5pl^4}{384EI} \qquad\qquad ⓖ$$

을 얻는다.

(3) 굽힘모멘트를 받는 단순보의 처짐

그림 8-15(a)에서 보는 바와 같이 길이 l인 단순보의 지점 B에서 시계반대방향으로 굽힘모멘트 M_0가 작용할 경우, 보의 최대 처짐이 일어나는 위치와 최대 처짐량 $y_{\max}$ 을 면적 모멘트법에 의하여 구해보자.

굽힘모멘트 선도(BMD)는 그림 8-15(b)와 같으며, 이로부터 처짐곡선상의 점 A에 서의 접선이 지점 B의 아래에서 만나는 점을 B′라 할 때, 모어의 정리 (2)에 의하여

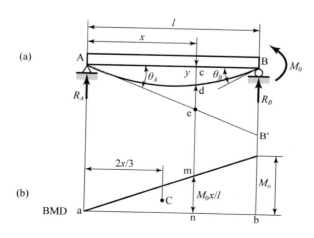

그림 8-15 굽힘모멘트를 받는 단순보와 굽힘모멘트 선도(BMD)

BB′는 다음과 같이 된다.

$$\mathrm{BB}' = \frac{A_M \overline{x}}{EI} = \frac{M_0 l}{2EI} \times \frac{l}{3} = \frac{M_0 l^2}{6EI}$$ ⓐ

따라서 지점 A에서의 처짐곡선의 접선각

$$\theta_A = \frac{\mathrm{BB}'}{l} = \frac{M_0 l^2}{6EIl} = \frac{M_0 l}{6EI}$$ ⓑ

이 되고, 지점 A로부터 임의의 거리 x의 지점에서 발생되는 처짐량 y는 다음과 같이 된다.

$$\begin{aligned} y &= \text{선분 ce} - \text{선분 de} \\ &= x\theta_A - \frac{1}{EI}(\text{BMD의 amn의 면적}) \times \frac{x}{3} \\ &= \frac{M_0 l}{6EI} x - \frac{1}{EI} \times \frac{M_0 x^2}{2l} \times \frac{x}{3} \\ &= \frac{M_0 l x}{6EI}\left(1 - \frac{x^2}{l^2}\right) \end{aligned}$$ ⓒ

최대 처짐은 $\dfrac{dy}{dx} = 0$인 곳에서 발생하므로

$$\frac{dy}{dx} = \frac{M_0 l}{6EI}\left(1 - \frac{3x^2}{l^2}\right) = 0$$

이 성립하고, 이 식으로부터

$$x = \frac{l}{\sqrt{3}}$$ ⓓ

을 얻는다. 따라서 식 ⓓ를 식 ⓒ에 대입하면, 다음과 같은 최대 처짐량 $y_{\max}$을 얻을 수 있다.

$$y_{\max} = \frac{M_0 l^2}{9\sqrt{3}\,EI}$$

8.3 중첩법에 의한 보의 처짐해석

두 개 이상의 하중이 동시에 작용하는 보의 경우, 단면에 발생하는 처짐각과 처짐량은 각 하중들이 개별로 작용할 때 발생하는 처짐각과 처짐량들을 합하여 구할 수 있는데, 이와 같은 방법을 **중첩법**(重疊法, method of superposition)이라고 한다.

8.3.1 두 개의 집중하중을 받는 외팔보의 처짐

그림 8-16(a)와 같이 두 개의 집중하중 P_1과 P_2를 받고 있는 외팔보의 자유단에서의 처짐량을 중첩법을 사용하여 구해보자. 여기서는 각 하중에 의한 처짐량을 면적모멘트법을 사용하여 구하고, 이들을 모두 합하여 최대 처짐량을 구해보기로 한다.

우선 보의 고정단으로부터 하중작용점 P_1 사이에 임의의 거리 x를 취하고, 이 단면에서의 집중하중 P_1에 의한 굽힘모멘트 M_1을 구하면 다음 식과 같다.

$$M_1 = P_1(a-x)$$

따라서 보의 고정단, 즉 $x=0$에서의 굽힘모멘트는

$$M_1 = P_1 a$$

이며, 이에 대한 BMD는 그림 8-16(b)와 같다.

따라서 집중하중 P_1에 의하여 보의 자유단에 발생하는 처짐량 y_1은 모어의 정리 (2)에 의해

$$y_1 = \frac{A_M \overline{x}}{EI} = \frac{1}{EI} \frac{P_1 aa}{2}\left(l - \frac{a}{3}\right) = \frac{P_1 a^2(3l-a)}{6EI} \qquad \text{ⓐ}$$

가 된다.

또 보의 고정단으로부터 하중작용점 P_1과 P_2 사이에 임의의 거리 x를 취했을 때, 이 단면에서의 집중하중 P_2에 의한 굽힘모멘트 M_2는 다음 식과 같이 된다.

$$M_2 = P_2(b-x)$$

따라서 보의 고정단, 즉 $x=0$에서의 굽힘모멘트 M_2는

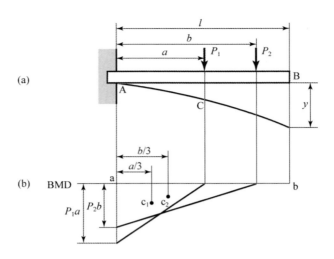

그림 8-16 두 개의 집중하중을 받는 외팔보와 굽힘모멘트 선도(BMD)

$$M_2 = P_2 b$$

가 되고, 이에 대한 BMD는 그림 8-16(b)와 같다. 따라서 집중하중 P_2에 의하여 보의 자유단에 발생하는 처짐량 y_2는 모어의 정리 (2)에 의해 다음과 같이 된다.

$$y_2 = \frac{A_M \overline{x}}{EI} = \frac{1}{EI} \frac{P_2 bb}{2}\left(l - \frac{b}{3}\right) = \frac{P_2 b^2(3l - b)}{6EI} \qquad ⓑ$$

따라서 집중하중 P_1과 P_2에 의하여 보의 자유단에 발생하는 전 처짐량 y는 다음과 같이 중첩하여 구할 수 있다.

$$y = y_1 + y_2 = \frac{P_1 a^2(3l - a)}{6EI} + \frac{P_2 b^2(3l - b)}{6EI} \qquad ⓒ$$

만일 $P = P_1 = P_2$이고, $a = l/3$, $b = 2l/3$일 경우에는, 식 ⓒ는 다음과 같이 간단하게 된다.

$$y = \frac{2Pl^3}{9EI} \qquad ⓓ$$

8.3.2 균일 분포하중과 집중하중을 동시에 받는 외팔보의 처짐

그림 8-17(a)와 같이 균일 분포하중 p와 집중하중 P를 동시에 받고 있는 외팔보의 최대 처짐각과 최대 처짐량을 중첩법을 사용하여 구해보자.

우선 집중하중 P가 자유단에 작용하는 경우, 보의 고정단으로부터 임의의 거리 x의 단면에 발생하는 굽힘모멘트 M_1는

$$M_1 = P(l - x)$$

이고, 고정단, 즉 $x = 0$에서의 굽힘모멘트

$$M_1 = Pl$$

이므로, 이의 BMD는 그림 8-17(b)와 같이 된다.

따라서 면적 모멘트법을 적용하여, 집중하중 P에 의하여 보의 자유단에 발생하는 처짐각 θ_1과 처짐량 y_1을 구하면 다음 식으로 된다.

$$\theta_1 = \frac{A_M}{EI} = \frac{Pl^2}{2EI} \qquad \text{ⓐ}$$

$$y_1 = \frac{A_M \overline{x}}{EI} = \frac{Pl^2}{2EI} \times \frac{2}{3} l = \frac{Pl^3}{3EI} \qquad \text{ⓑ}$$

다음에, 균일 분포하중 p가 보의 전 길이에 걸쳐 작용할 때, 보의 고정단으로부터 임의의 거리 x의 단면에 발생하는 굽힘모멘트 M_2는

$$M_2 = \frac{p}{2}(l - x)^2$$

이고, 고정단, 즉 $x = 0$에서의 굽힘모멘트

$$M_2 = \frac{pl^2}{2}$$

이므로, 이의 BMD는 그림 8-17(c)와 같이 된다.

따라서, 균일 분포하중 p가 작용할 때, 자유단에서의 처짐각 θ_2와 처짐량 y_2는 면적 모멘트법에 의하여 다음과 같이 구할 수 있다.

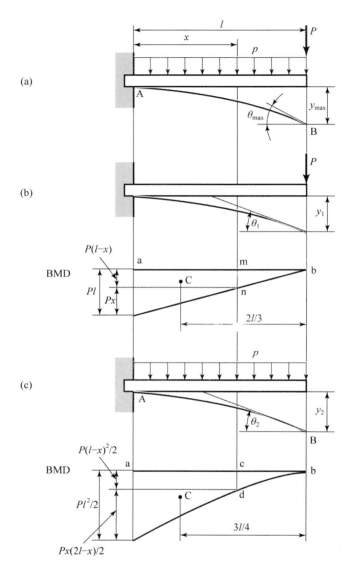

그림 8-17 균일 분포하중 p와 집중하중 P를 동시에 받는 외팔보와 굽힘모멘트 선도(BMD)

$$\theta_2 = \frac{A_M}{EI} = \frac{pl^3}{6EI} \qquad \text{ⓒ}$$

$$y_2 = \frac{A_M \overline{x}}{EI} = \frac{pl^3}{6EI} \times \frac{3l}{4} = \frac{pl^4}{8EI} \qquad \text{ⓓ}$$

최대 처짐각과 최대 처짐량은 보의 자유단에서 발생하므로 집중하중 P와 균일

분포하중 p에 의한 최대 처짐각 θ_{max}과 최대 처짐량 y_{max}은 다음과 같이 중첩하여 구할 수 있다.

$$\theta_{max} = \theta_1 + \theta_2 = \frac{Pl^2}{2EI} + \frac{pl^3}{6EI} = \frac{l^2}{6EI}(3P + pl) \qquad \text{ⓔ}$$

$$y_{max} = y_1 + y_2 = \frac{Pl^3}{3EI} + \frac{pl^4}{8EI} = \frac{l^3}{24EI}(8P + 3pl) \qquad \text{ⓕ}$$

8.3.3 돌출된 부분에 등분포하중를 받는 돌출보의 처짐

그림 8-18(a)에서 보는 바와 같이, 돌출된 부분에 등분포하중이 작용하는 보의 경우, 우선 돌출된 부분에 작용하는 등분포하중으로 인하여, 그림 8-18(b)와 같이 지점 B에 굽힘모멘트 $M_B = pa^2/2$을 받는 단순보로 가정할 수 있다.

이에 대한 굽힘모멘트 선도(BMD)는 그림 8-18(c)와 같으며, 이로부터 처짐곡선의 지점 A에서의 접선이 지점 B의 위에서 만나는 점을 B′라 할 때 BB′는 다음과 같이 된다.

$$\text{BB}' = \delta_b = \frac{A_M \overline{x}}{EI} = \frac{1}{EI} \frac{pa^2}{2} \frac{l}{2} \frac{l}{3} = \frac{pa^2 l^2}{12EI} \qquad \text{ⓐ}$$

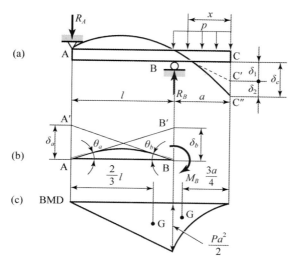

그림 8-18 돌출된 부분에 등분포하중을 받는 돌출보

따라서 지점 A에서의 처짐곡선의 접선각

$$\theta_a = \frac{\delta_b}{l} = \frac{pa^2 l}{12EI} \qquad \qquad ⓑ$$

이 되고, 처짐곡선의 지점 B에서의 접선이 지점 A의 위에서 만나는 점을 A′라 할 때 AA′는 다음과 같다.

$$\mathrm{AA'} = \delta_a = \frac{1}{EI} \frac{pa^2}{2} \frac{l}{2} \frac{2l}{3} = \frac{pa^2 l^2}{6EI}$$

따라서 지점 B에서의 처짐곡선의 접선각

$$\theta_b = \frac{\delta_a}{l} = \frac{pa^2 l}{6EI}$$

이 된다. 이로부터 돌출보의 자유단 C에 대한 처짐량은 다음과 같이 구할 수 있다.

우선 굽힘모멘트 M_B에 의한 지점 B에서의 접선의 회전으로 인한 자유단 C의 처짐은 점 C′에 오게 되며, 이때의 처짐량 δ_1은 다음과 같이 된다.

$$\delta_1 = \theta_b a = \frac{pa^3 l}{6EI}$$

한편 점 C는 돌출 부분에 작용하는 등분포하중으로 인하여 더 많은 처짐을 일으켜 점 C″까지 오게 된다. 그러므로 C′C″ = δ_2는 다음과 같이 구한다.

이차곡선을 이루고 있는 굽힘모멘트 선도에서 이차곡선의 도심은 $3a/4$에 있으므로, 모어의 정리 (2)를 적용하면 다음과 같이 된다.

$$\delta_2 = \frac{A_M \overline{x}}{EI} = \frac{1}{EI} \frac{a}{3} \frac{pa^2}{2} \frac{3a}{4} = \frac{pa^4}{8EI}$$

따라서 자유단 C의 전체 처짐량 C′C″ = δ_c는 이들을 중첩으로 하여 구할 수 있으며, 다음과 같이 된다.

$$\delta_c = \delta_1 + \delta_2 = \frac{pa^3 l}{6EI} + \frac{pa^4}{8EI} = \frac{pa^2}{48EI}(8l + 6a)$$

8.4   탄성변형에너지법에 의한 보의 처짐해석

그림 8-19와 같이 외팔보의 자유단에 집중하중 P가 작용하는 경우를 예로 들면, 굽힘모멘트 $M = Pl$로 인하여 보가 굽어질 때 보 속에 저장되는 탄성변형에너지는 다음 식으로 주어진다.

$$\text{탄성변형에너지} \quad U = \int_0^l \frac{M^2}{2EI} dx \tag{1}$$

식에서 E는 보 재료의 종탄성계수, I는 보 단면의 단면2차모멘트이다.

이와 같이 구한 탄성변형에너지 U는, 하중 P가 보를 δ만큼 처지게 하면서 이동한 일 $W = \frac{1}{2} P\delta$와 같아야 하므로 다음과 같은 식이 성립한다.

$$\frac{1}{2} P\delta = \int_0^l \frac{M^2}{2EI} dx \tag{2}$$

이 식으로부터 보의 처짐량 δ를 구할 수 있는데, 이와 같은 방법을 **탄성변형에너지법**이라 한다.

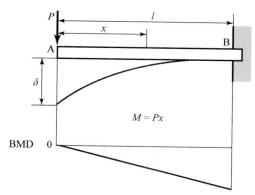

그림 8-19 탄성변형에너지법의 적용 예(외팔보의 처짐곡선과 BMD)

▸ **식 (1)의 유도**

그림 8-20과 같은 순수 굽힘모멘트를 받는 단순보의 경우를 예로 들어보자.

이때 굽힘모멘트는 보의 전체 길이에 걸쳐 균일하므로, 탄성곡선은 곡률 $1/\rho = \theta/l = M/EI$을 만족하는 원호가 되며, 원호의 중심각 θ는 다음 식과 같이 된다.

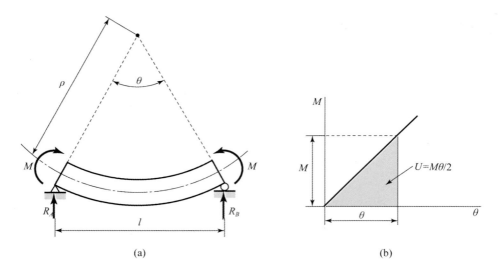

                      (b)

그림 8-20 순수 굽힘모멘트를 받는 보

$$\theta = \frac{Ml}{EI} \qquad\qquad ⓐ$$

중심각 θ는 굽힘모멘트 M에 비례하므로, 굽힘모멘트가 하는 일은 그림 8-20(b)에서 음영 부분의 면적 $\dfrac{M\theta}{2}$로 되고, 이는 보 속에 저장된 탄성변형에너지 U와 같으므로 다음 식을 만족한다.

$$U = \frac{M\theta}{2} \qquad\qquad ⓑ$$

식 ⓑ에 식 ⓐ를 대입하면 다음 식을 얻는다.

$$U = \frac{M^2 l}{2EI} \qquad\qquad ⓒ$$

따라서 그림 8-21과 같이 보의 단면의 위치에 따라 굽힘모멘트가 변화되는 보 속에 저장되는 변형에너지의 경우에도, 미소길이 dx의 양단에서는 굽힘모멘트의 변화를 무시할 수 있으므로, 미소거리 dx 사이의 미소요소에 저장되는 탄성변형에너지도 다음과 같이 식 ⓒ를 적용할 수 있다.

$$dU = \frac{M^2 dx}{2EI} \qquad\qquad ⓓ$$

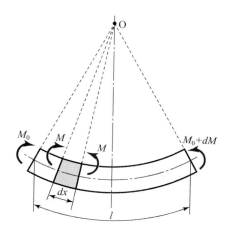

그림 8-21 보의 단면의 위치에 따라 굽힘모멘트가 변화하는 보

따라서 보의 전 길이 l에 대한 탄성변형에너지는 다음 식과 같이 된다.

$$U = \int_0^l \frac{M^2}{2EI} dx \qquad\qquad ⓔ$$

8.4.1 외팔보의 처짐

앞에서의 그림 8-19와 같은 외팔보에서, 자유단으로부터 거리 x만큼 떨어져 있는 임의의 단면에 작용하는 굽힘모멘트 M은

$$M = -Px \qquad\qquad (1)$$

이고, 이것을 탄성변형에너지식 (1)에 대입하여 정리하면, 탄성변형에너지 U는 다음과 같이 된다.

$$U = \int_0^l \frac{M^2}{2EI} dx = \frac{P^2 l^3}{6EI} \qquad\qquad (2)$$

식 (2)에서 구한 에너지는, 이 보가 처지는 동안에 하중 P가 하는 일

$$W = \frac{1}{2} P\delta \qquad\qquad (3)$$

와 같아야 하므로, 다음 식이 성립한다.

$$\frac{1}{2}P\delta = \frac{P^2 l^3}{6EI} \tag{4}$$

따라서 자유단의 처짐량 δ는

$$\delta = \frac{Pl^3}{3EI} \tag{5}$$

이 된다.

8.4.2 단순보의 처짐

그림 8-22와 같이 중앙에 집중하중 P가 작용하는 단순보에서, 중앙에서의 처짐량 δ를 탄성변형에너지법으로부터 구해보기로 하자.

이때 지점 A로부터 임의의 거리 x의 단면에 작용하는 굽힘모멘트는 다음과 같다.

$$M_x = \frac{Px}{2} \tag{1}$$

이 식을 탄성변형에너지식 (1)에 대입하면, 보 속에 저장된 탄성변형에너지 U는 다음과 같이 된다.

$$U = 2\int_0^{l/2} \frac{P^2 x^2}{8EI}dx = \frac{P^2 l^3}{96EI} \tag{2}$$

이때 하중 P가 보에 처짐을 일으키면서 한 일

$$W = \frac{1}{2}P\delta \tag{3}$$

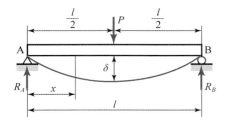

그림 8-22 중앙에 집중하중을 받는 단순보의 처짐

와 같아야 하므로, 다음 식이 성립한다.

$$\frac{1}{2}P\delta = \frac{P^2 l^3}{96EI} \tag{4}$$

이 식으로부터 처짐량 δ는 다음과 같이 된다.

$$\delta = \frac{Pl^3}{48EI} \tag{5}$$

1. 단면의 지름 8 cm, 길이 200 cm인 외팔보의 자유단에 집중하중이 작용할 때, 자유단에서의 처짐량을 0.5 cm로 제한하고자 한다. 이와 같은 보에 최대로 작용시킬 수 있는 하중을 구하라. 단, 재료의 종탄성계수 $E = 200$ GPa이다.

2. 단면의 지름 10 cm, 지점 간의 거리 2 m인 단순보의 중앙에 집중하중이 작용할 때 최대 처짐량을 0.5 cm로 제한하고자 한다. 이와 같은 보에 최대로 작용시킬 수 있는 하중을 구하라. 단, 재료의 종탄성계수 $E = 200$ GPa이다.

3. 단면의 지름 10 cm인 단순보의 전 길이에 걸쳐 1 kN/cm의 등분포하중을 작용시켰더니 최대 처짐량이 0.5 cm였다. 이때 단순보의 길이는 얼마인가? 단, 재료의 종탄성계수 $E = 200$ GPa이다.

4. 그림 8 – 23과 같이 길이 20 cm인 단순보의 지점 B에서 150 kN · m의 굽힘모멘트가 작용할 때 최대 처짐량을 구하라. 단, 재료의 종탄성계수 $E = 200$ GPa이고, 보 단면은 폭 8 cm, 높이 5 cm인 직사각형이다.

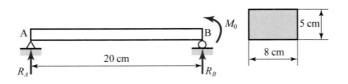

그림 8 – 23

5. 단면의 지름 100 cm, 길이 800 cm인 단순보의 중앙에 5 kN의 집중하중을 작용시킴과 동시에 전 길이에 걸쳐 1 kN/cm의 등분포하중을 작용시켰을 때 최대 처짐량은 얼마인가? 단, 재료의 종탄성계수 $E = 200$ GPa이다.

6. 그림 8–24와 같은 등분포하중 p를 받는 단순보의 중앙에 집중하중 P를 작용시켜 중앙점에서의 처짐이 0이 되도록 하고자 한다. 이때 중앙점에 작용시켜야 할 집중하중 P는 얼마인가?

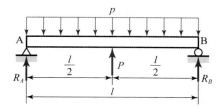

그림 8–24

7. 재료의 종탄성계수 E, 단면의 단면2차모멘트 I, 길이 l인 외팔보의 중앙에 집중하중 P가 작용할 때 자유단에서의 처짐각은 얼마인가?

8. 그림 8–25와 같이 재료의 종탄성계수 E, 단면의 단면2차모멘트 I, 길이 l인 외팔보의 반길이에 걸쳐 등분포하중 p를 받고 있을 때 자유단에서의 처짐량을 구하라.

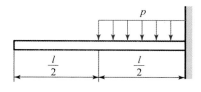

그림 8–25

9. 그림 8–26과 같이 집중하중 P를 받고 있는 길이 l의 단순보에서 보에 저장된 탄성변형에너지를 구하라. 단, 그림에서 $a = l/4$이고, 보 재료의 종탄성계수는 E, 단면의 단면2차모멘트는 I로 한다.

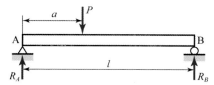

그림 8–26

10. 무게 $W=200$ N인 물체가 높이 $h=5$ cm에서 낙하하여 그림 8-27과 같이 길이 1 m인 외팔보의 자유단에 충돌하여 그 에너지가 모두 보에 흡수되었다고 하면 보의 처짐량은 얼마인가? 단, 보 단면은 폭 $b=4$ cm, 높이 $h=8$ cm인 직사각형 단면이고, 보 재료의 종탄성계수 $E=200$ GPa 이다.

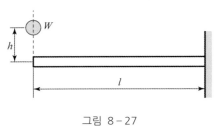

그림 8-27

STRENGTH OF MATERIALS

제9장 부정정보

9.1 부정정보의 의의 및 해석법

외팔보, 단순보 및 돌출보들은 지점의 반력이 두 개 이하로 정역학적인 평형방정식 ($\sum F = 0$, $\sum M = 0$)만을 사용하여 지점에서의 반력을 완전히 해석할 수 있었다.

이와 같이 정역학적인 평형방정식만을 이용하여 지점의 반력을 구할 수 있는 보를 **정정보**(靜定梁, statically determinate beam)라 하며, 이에 대하여 정역학적인 평형방정식만으로는 그 지점의 반력을 구할 수 없는 보를 **부정정보**(不靜定梁, statically indeterminate beam)라 한다. 일단지지 타단 고정보, 고정보 및 연속보 등은 부정정보가 되며, 이들은 보에 작용하는 미지의 반력이 세 개 이상으로 정역학적인 평형방정식만으로는 지점의 반력들을 결정할 수 없다.

따라서 이와 같은 부정정보의 경우에는 정역학적인 평형방정식 외에 보의 변형조건식을 추가하여 보의 반력을 결정해야 한다.

이때 미지의 지점의 반력 수에서 평형방정식의 수를 뺀 수를 **부정정차수**(不靜定次數, stacally indeterminate order)라고 한다.

미지의 지점의 반력을 구하는 방법에는 다음과 같은 세 가지 방법이 있다.

(1) 탄성곡선의 미분방정식에 의한 해법: 임의의 단면에 있어서의 굽힘모멘트 M을 다음과 같은 탄성곡선의 미분방정식에 대입하여 처짐량과 처짐각에 대한 식을 유도한 후, 보의 변형 형태를 고려한 경계조건을 적용하여 미분방정식의 해를 구하고, 이들 식으로부터 지점에서의 반력을 결정한다.

$$\frac{d^2 y}{dx^2} = -\frac{M}{EI}$$

(2) 중첩법: 부정정보를 몇 개의 정정보로 분해하고, 각각의 정정보에 대한 처짐각과 처짐량을 구한 다음, 이들을 각각 합산하여 부정정보의 경계조건과 같아지도록 함으로써 추가의 식을 얻어서 이들 식으로부터 지점에서의 반력을 구한다.

(3) 면적 모멘트법: 중첩법에서와 같이 몇 개의 정정보로 분해하되, 면적 모멘트법을 이용하여 반력을 구한다.

이상의 세 가지 방법 중에서 중첩법과 면적 모멘트법이 편리하므로 많이 사용되고 있다.

9.2.1 집중하중을 받는 양단 고정보

그림 9-1과 같이 왼쪽 지점 A로부터 a만큼 떨어진 거리에서, 집중하중 P가 작용하는 양단 고정보의 지점에는, 수직반력 R_A, R_B, 수평반력 H_A, H_B 및 굽힘모멘트 M_A, M_B 등 6개의 반력이 작용한다. 그런데 일반적으로 수평반력 H_A, H_B는 수직반력 R_A, R_B에 비하여 극히 작기 때문에 무시할 수 있다. 따라서 반력은 R_A, R_B와 굽힘모멘트 M_A, M_B만 작용하는 것으로 볼 수 있으며, 그 값은 각각 다음과 같이 된다.

$$R_A = \frac{Pb^2}{l^3}(3a+b) \tag{1}$$

$$R_B = \frac{Pa^2}{l^3}(a+3b) \tag{2}$$

$$M_A = \frac{Pab^2}{l^2} \tag{3}$$

$$M_B = \frac{Pa^2b}{l^2} \tag{4}$$

이때 보의 최대 처짐량 $y_{\max}$은 다음 식과 같이 된다.

$$y_{\max} = \frac{2Pa^3b^2}{3(3a+b)^2 EI} \tag{5}$$

만약 집중하중 P가 보의 중간 지점에 작용한다고 하면 $a = b = \dfrac{l}{2}$로 되어, 최대 처짐량은 다음과 같이 된다.

$$y_{\max} = \frac{Pl^3}{192EI} \tag{6}$$

식에서 l은 보의 길이이고, E는 보 재료의 종탄성계수, I는 보 단면의 단면2차모멘트이다.

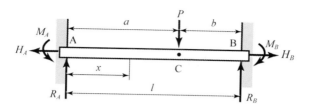

그림 9-1 집중하중 P를 받는 양단 고정보

▶ 식의 유도

1) 탄성곡선의 미분방정식에 의한 해법

그림 9-1에서 왼쪽 지점 A로부터, 임의의 거리 x만큼 떨어진 단면에서의 굽힘모멘트는 다음 식과 같이 된다.

$$0 \leq x \leq a일 \ 때$$
$$M = -M_A + R_A x \qquad \text{ⓐ}$$
$$a \leq x \leq l일 \ 때$$
$$M = -M_A + R_A x - P(x-a) \qquad \text{ⓑ}$$

식 ⓐ를 탄성곡선의 미분방정식 $\dfrac{d^2y}{dx^2} = -\dfrac{M}{EI}$에 대입하면 다음과 같이 된다.

$$EI\frac{d^2y}{dx^2} = M_A - R_A x \qquad \text{ⓒ}$$

이 식을 한 번 적분하면

$$EI\frac{dy}{dx} = M_A x - R_A \frac{x^2}{2} + C_1 \qquad \text{ⓓ}$$

이 식을 한 번 더 적분하면

$$EIy = M_A \frac{x^2}{2} - R_A \frac{x^3}{6} + C_1 x + C_2 \qquad \text{ⓔ}$$

을 얻는다.

또 식 ⓑ를 처짐곡선의 미분방정식 $\dfrac{d^2y}{dx^2} = -\dfrac{M}{EI}$에 대입하면

$$EI\frac{d^2y}{dx^2} = M_A - R_A x + P(x-a) \qquad \text{ⓕ}$$

가 되고, 이를 한 번 적분하면

$$EI\frac{dy}{dx} = M_A x - R_A \frac{x^2}{2} + \frac{P}{2}(x-a)^2 + C_3 \qquad \text{ⓖ}$$

가 되며, 이 식을 다시 적분하면

$$EIy = M_A \frac{x^2}{2} - R_A \frac{x^3}{6} + \frac{P}{6}(x-a)^3 + C_3 x + C_4 \qquad \text{ⓗ}$$

가 된다.

다음에는 식 ⓓ, ⓔ, ⓖ, ⓗ에서의 적분상수 C_1, C_2, C_3, C_4를 구하기 위하여, 다음과 같이 보의 변형 형태를 고려한 경계조건(boundry condition)을 적용한다.

보의 변형 형태를 상상해 보면 $x = 0$인 보의 고정단에서는 보가 더 이상 회전하지 않도록 구속되어 있으므로, 이곳에서의 처짐각은 0이 되어야 한다. 따라서, 거리 $x = 0$ 에서 처짐각 $\theta_A = dy/dx = 0$이라는 경계조건을 식 ⓓ에 적용하면

$$0 = M_A \times 0 - R_A \frac{0^2}{2} + C_1$$

이 되고, 이로부터 적분상수 $C_1 = 0$을 얻을 수 있다.

또 이와 같은 고정단에서는 어떠한 처짐도 일어날 수 없으므로, $x = 0$에서 처짐량 $y = 0$이라는 경계조건을 식 ⓔ에 대입하면

$$EI \times 0 = M_A \frac{0^2}{2} - R_A \frac{0^3}{6} + C_1 \times 0 + C_2$$

가 되어, 적분상수 $C_2 = 0$을 얻는다.

한편 $x = a$인 하중의 작용점에서는, 식 ⓓ의 처짐각이나 식 ⓖ의 처짐각이 서로 같아야 하므로, $x = a$에서 식 ⓓ = 식 ⓖ 하면

$$M_A a - R_A \frac{a^2}{2} + C_1 = M_A a - R_A \frac{a^2}{2} + \frac{P}{2}(a-a)^2 + C_3$$

에서 $C_3 = C_1 = 0$을 얻을 수 있다.

이와 마찬가지로 $x = a$인 하중의 작용점에서는, 식 ⓔ의 처짐량이나 식 ⓗ의 처짐량이 서로 같아야 하므로, $x = a$를 대입하고 식 ⓔ = 식 ⓗ 하면

$$M_A \frac{a^2}{2} - R_A \frac{a^3}{6} + C_1 a + C_2 = M_A \frac{a^2}{2} - R_A \frac{a^3}{6} + \frac{P}{6}(a-a)^3 + C_3 a + C_4$$

가 되어, $C_4 = C_2 = 0$을 얻는다. 따라서 $x = l$에서 처짐각 $dy/dx = 0$이고, 처짐량 $y = 0$이므로, 앞에서 구한 적분상수를 식 ⓖ와 ⓗ에 대입하여 정리하면, 다음과 같은 연립방정식을 얻을 수 있다.

$$2M_A l - R_A l^2 + P b^2 = 0 \qquad \text{ⓘ}$$

$$3M_A l^2 - R_A l^3 + P b^3 = 0 \qquad \text{ⓙ}$$

식 ⓘ × l − 식 ⓙ 하면

$$M_A = \frac{Pab^2}{l^2} \qquad \text{ⓚ}$$

식 ⓘ × $3l$ − 식 ⓙ × 2 하면

$$R_A = \frac{Pb^2}{l^3}(3a + b) \qquad \text{ⓛ}$$

앞에서와 똑같은 방법으로, 지점 B로부터 임의의 거리 x를 설정하여, 지점 B에서의 굽힘모멘트 M_B와 반력 R_B를 구하면, 다음과 같이 된다.

$$M_B = \frac{Pa^2 b}{l^2} \qquad \text{ⓜ}$$

$$R_B = \frac{Pa^2}{l^3}(a + 3b) \qquad \text{ⓝ}$$

하중작용점 C에서의 굽힘모멘트는, 식 ⓐ에서 $x = a$일 때이므로 다음과 같이 된다.

$$M_c = -M_A + R_A a = -\frac{Pab^2}{l^2} + \frac{Pb^2}{l^3}(3a + b)a = \frac{2Pa^2 b^2}{l^3} \qquad \text{ⓞ}$$

$a \geq b$일 때 최대 처짐이 발생하는 위치 x는, 보의 처짐현상으로 볼 때 $0 \leq x \leq a$의

구간임이 분명하므로, 식 ⓓ에서 $\dfrac{dy}{dx}=0$의 조건을 적용하여 구할 수 있으며, 여기서

$$x = \frac{2al}{3a+b} \qquad\qquad ⓟ$$

를 얻는다. 따라서, 이 식을 식 ⓔ에 대입하면, 다음과 같은 최대 처짐량을 구할 수 있다.

$$y_{\max} = \frac{2Pa^3b^2}{3(3a+b)^2 EI} \qquad\qquad ⓠ$$

만약 하중 P가 보의 중앙 지점에 작용할 경우에는 $a=b=\dfrac{l}{2}$이므로, 식 ⓠ에서 최대 처짐량은 다음과 같이 된다.

$$y_{\max} = \frac{Pl^3}{192EI} \qquad\qquad ⓡ$$

2) 중첩법에 의한 해법

앞에서와 같은 양단 고정보를 중첩법을 이용하여 해석하기 위해서는 우선 그림 9-2(b)와 같이 집중하중 P가 작용하는 단순보와 그림 9-2(c)와 같이 양단에 굽힘모멘트 M_A와 M_B가 작용하는 단순보로 분리하여 각각에 대한 처짐량을 구한 후 이들을 중첩한다.

즉 그림 9-2(b)에서 보는 바와 같이 집중하중 P가 작용하는 단순보를 생각해보자. 이 보의 양쪽 지점 A와 B에서의 처짐곡선의 기울기를 $\theta_A{}'$와 $\theta_B{}'$라 하면, 8.1.5절의 식 (1)로부터 다음과 같이 된다.

$$\theta_A{}' = \frac{Pab}{6lEI}(l+b)$$
$$\theta_B{}' = -\frac{Pab}{6lEI}(l+a) \qquad\qquad ⓐ$$

다음에는 그림 9-2(c)와 같이 양단에 굽힘모멘트 M_A와 M_B가 작용하는 단순보를 생각해보자. 이 보의 양단에서의 처짐곡선의 기울기 $\theta_A{}''$와 $\theta_B{}''$는 다음과 같이 구한다.

우선 지점 A와 B에서의 반력을 구하기 위하여 정역학적인 평형방정식을 적용하면

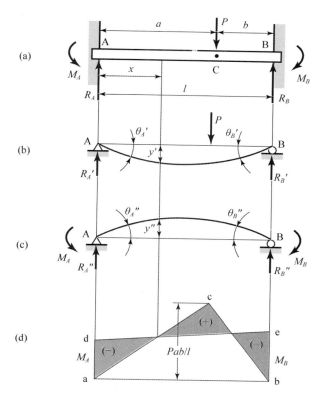

그림 9-2 집중하중 P를 받는 양단 고정보와 굽힘모멘트 선도

다음과 같이 된다.

$$\sum F = R_A'' + R_B'' = 0$$

$$R_A'' = - R_B''$$

$$\sum M = - M_A + R_A''l + M_B = 0$$

$$R_A'' = \frac{M_A - M_B}{l}$$

따라서 지점 A로부터 임의의 거리 x의 단면에 작용하는 굽힘모멘트는 다음 식과 같이 된다.

$$M_x = R_A''x - M_A = \frac{M_A - M_B}{l}x - M_A$$

이 식을 처짐곡선의 미분방정식에 대입하면 다음과 같이 된다.

$$EI\frac{d^2y}{dx^2} = -M_x = -\left(\frac{M_A - M_B}{l}\right)x + M_A$$

이 식을 한 번 적분하면 다음과 같이 된다.

$$EI\frac{dy}{dx} = -\left(\frac{M_A - M_B}{l}\right) \cdot \frac{x^2}{2} + M_A x + C_1 \qquad \text{ⓑ}$$

이 식을 한 번 더 적분하면 다음과 같이 된다.

$$EIy = -\frac{(M_A - M_B)}{l} \cdot \frac{x^3}{6} + M_A \cdot \frac{x^2}{2} + C_1 x + C_2 \qquad \text{ⓒ}$$

처짐곡선의 형태로 볼 때 $x = 0$과 $x = l$에서는 처짐이 생길 수 없으므로, $x = 0$에서 $y = 0$, $x = l$에서 $y = 0$이라는 경계조건을 식 ⓒ에 대입하면, 다음과 같이 적분상수 C_1과 C_2를 얻을 수 있다.

$$C_1 = -\left(\frac{M_A l}{3} + \frac{M_B l}{6}\right), \qquad C_2 = 0$$

여기서 얻은 C_1의 값을 식 ⓑ에 대입하면 식 ⓑ는 다음과 같이 된다.

$$EI\frac{dy}{dx} = -\left(\frac{M_A - M_B}{l}\right) \cdot \frac{x^2}{2} + M_A x - \left(\frac{M_A l}{3} + \frac{M_B l}{6}\right) \qquad \text{ⓓ}$$

따라서 지점 A와 B에서의 처짐각 $\theta_A{}''$와 $\theta_B{}''$는 식 ⓓ에 $x = 0$과 $x = l$을 각각 대입하여 구할 수 있으며, 그 결과는 다음과 같다.

$$\theta_A{}'' = -\left(\frac{M_A l}{3EI} + \frac{M_B l}{6EI}\right)$$

$$\theta_B{}'' = \frac{M_B l}{3EI} + \frac{M_A l}{6EI} \qquad \text{ⓔ}$$

이렇게 하여 집중하중 P가 작용하는 단순보의 양 지점에 발생하는 처짐각 $\theta_A{}'$, $\theta_B{}'$ 및 양단에 굽힘모멘트 M_A, M_B가 작용하는 단순보의 양 지점에 발생하는 처짐각 $\theta_A{}''$, $\theta_B{}''$를 구할 수 있었다.

그런데 양단 고정보의 경우에는, 양단이 어느 방향으로도 구부러지지 않도록 구속되어 있기 때문에, 이곳에서의 처짐각은 0이 되므로 $|\theta_A{}'| = |\theta_A{}''|$, $|\theta_B{}'| = |\theta_B{}''|$라는 조

건이 성립되어야 한다.

따라서 다음과 같은 관계식이 성립한다.

$$\frac{Pab}{6lEI}(l+b) = \frac{M_A l}{3EI} + \frac{M_B l}{6EI}$$ ⓕ

$$\frac{Pab}{6lEI}(l+a) = \frac{M_B l}{3EI} + \frac{M_A l}{6EI}$$ ⓖ

이들 관계식으로부터 고정단에서의 굽힘모멘트 M_A와 M_B를 구하면 다음과 같이 된다.

$$M_A = \frac{Pab^2}{l^2}$$

$$M_B = \frac{Pa^2 b}{l^2}$$ ⓗ

또 반력 R_A와 R_B는 다음과 같이 정역학적인 평형방정식으로부터 구할 수 있다. 우선 점 B에 대한 모멘트의 합은 0이어야 하므로

$$\sum M = R_A l - M_A - Pb + M_B = 0$$

의 조건이 성립하고 이로부터

$$R_A = \frac{Pb^2}{l^3}(3a+b)$$ ⓘ

를 얻을 수 있다.

또 힘의 합은 0이어야 한다는 조건으로부터

$$\sum F = R_A + R_B = 0$$

의 조건이 성립하고, 이로부터

$$R_B = \frac{Pa^2}{l^3}(a+3b)$$ ⓙ

를 얻을 수 있다.

이렇게 하여 지점에서의 반력을 구한 다음 처짐량을 구해보기로 한다.

보의 임의의 단면에서의 처짐량은 그림 9-2(b)와 같이 집중하중을 받는 단순보의 경우 $0 \leq x \leq a$ 구간에서 8.1.5절의 식 ⓝ으로부터 다음과 같이 된다.

$$y_1' = \frac{Pbx}{6lEI}(l^2 - b^2 - x^2) \qquad ⓚ$$

$a \leq x \leq l$ 구간에서 8.1.5절의 식 ⓠ로부터 다음과 같이 된다.

$$y_2' = \frac{Pb}{6lEI}\left\{ \frac{l}{b}(x-a)^3 + (l^2 - b^2)x - x^3 \right\} \qquad ⓛ$$

또 그림 9-2(c)와 같은 양단에 단순굽힘모멘트 M_A와 M_B를 받는 단순보에 있어서의 처짐량 y''는 식 ⓒ로부터 다음과 같이 된다.

$$y'' = -\frac{M_A l^2}{6lEI}\frac{x}{l}\left\{ \left(2 + \frac{M_B}{M_A}\right) - \frac{3x}{l} - \left(\frac{M_B}{M_A} - 1\right)\frac{x^2}{l^2} \right\}$$

$$= -\frac{Pab^2}{6EI}\frac{x}{l}\left\{ \left(2 + \frac{a}{b}\right) - \frac{3x}{l} - \left(\frac{a}{b} - 1\right)\frac{x^2}{l^2} \right\} \qquad ⓜ$$

여기서 집중하중 P가 중앙에 작용할 때(즉 $a = b$일 때)의 최대 처짐량은 중앙 $\left(x = \frac{l}{2}\right)$에서 일어나므로, 식 ⓚ와 ⓜ에 각각 $a = b = \frac{l}{2}$과 $x = \frac{l}{2}$을 대입하여 다음과 같은 결과를 얻을 수 있다.

$$y'_{\max} = \frac{Pl^3}{48EI} \qquad ⓝ$$

$$y''_{\max} = -\frac{Pl^3}{64EI} \qquad ⓞ$$

따라서 중앙에 집중하중 P가 작용하는 양단 고정보에서의 최대 처짐량 $y_{\max}$은 이들을 중첩시켜 다음과 같이 구한다.

$$y_{\max} = y'_{\max} + y''_{\max} = \frac{Pl^3}{48EI} + \left(-\frac{Pl^3}{64EI}\right) = \frac{Pl^3}{192EI} \qquad ⓟ$$

3) 면적 모멘트에 의한 해법

그림 9-3(a)와 같은 양단 고정보를, 집중하중 P가 작용하는 단순보와 양단에 굽힘모멘트 M_A, M_B가 작용하는 단순보로 분리하여, 각각에 대한 굽힘모멘트 선도를

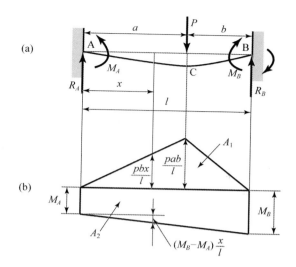

그림 9-3 집중하중 P를 받는 양단 고정보와 굽힘모멘트의 선도

그러면 그림 9-3(b)의 A_1 및 A_2와 같다.

굽힘모멘트 선도에서 각각에 대한 면적을 구하면, 집중하중 P만 작용하는 단순보의 경우의 면적 A_1은

$$A_1 = \frac{Pab}{l}\frac{l}{2} \qquad \text{ⓐ}$$

이 되며, 양단에 굽힘모멘트 M_A, M_B만이 작용하는 단순보의 경우의 면적 A_2는

$$A_2 = -\frac{M_A + M_B}{2}l \qquad \text{ⓑ}$$

이 된다.

그런데 고정보의 처짐곡선의 양단에서는 기울기가 없기 때문에 처짐곡선의 양단에서의 접선 사이의 각은 0이어야 한다. 따라서 "탄성곡선상의 두 점에서의 접선 사이의 각은 그 두 점 사이에 낀 굽힘모멘트 선도의 면적을 보의 굽힘강성 EI로 나눈 것과 같다"는 면적 모멘트법에서의 '모어의 정리 (1)'을 적용하면, 다음 식이 성립한다.

$$\theta = \frac{A_M}{EI} = \frac{A_1 + A_2}{EI} = \left\{\frac{Pab}{l}\frac{l}{2} + \left(-\frac{M_A + M_B}{2}l\right)\right\}\frac{1}{EI} = 0$$

여기서

$$\frac{Pab}{l}\frac{l}{2} = \frac{M_A + M_B}{2}l \qquad \text{ⓒ}$$

의 관계식을 얻을 수 있다.

또 "점 A의 접선으로부터 이탈한 점 B에서의 처짐량은, 점 A와 점 B 사이에 있는 굽힘모멘트 선도의 면적을 점 B에 대하여 면적모멘트를 취하여 그 보의 굽힘강성 EI로 나눈 것과 같다"는 면적 모멘트법의 '모어의 정리 (2)'를 적용하면, 양단 고정보의 양단에서는 굽힘이 일어나지 않으므로 어느 한쪽 단에 관한 면적 모멘트는 0이되어야 한다.

따라서 굽힘모멘트 선도에서 각각의 면적에 대한 면적 모멘트를 구하면, 집중하중 P가 작용하는 단순보의 경우의 점 B에 대한 면적 모멘트 M_1은

$$M_1 = \frac{Pab}{l}\frac{a}{2}\left(b + \frac{a}{3}\right) + \frac{Pab}{l}\frac{b}{2}\frac{2b}{3} \qquad \text{ⓓ}$$

가 되고, 양단에 굽힘모멘트 M_A, M_B만이 작용하는 단순보의 경우의 면적모멘트 M_2는

$$M_2 = -\left\{M_A l\frac{l}{2} + (M_B - M_A)\frac{l}{2}\frac{l}{3}\right\} \qquad \text{ⓔ}$$

이 되며, 이들의 합은 0이어야 하므로

$$M_1 + M_2 = \frac{Pab}{l}\frac{a}{2}\left(b + \frac{a}{3}\right) + \frac{Pab}{l}\frac{b}{2}\frac{2b}{3} + \left[-\left\{M_A l\frac{l}{2} + (M_B - M_A)\frac{l}{2}\frac{l}{3}\right\}\right] = 0$$

이 된다. 따라서 이들로부터 다음과 같은 관계식을 얻을 수 있다.

$$M_A l\frac{l}{2} + (M_B - M_A)\frac{l}{2}\frac{l}{3} = \frac{Pab}{l}\frac{a}{2}\left(b + \frac{a}{3}\right) + \frac{Pab}{l}\frac{b}{2}\frac{2b}{3} \qquad \text{ⓕ}$$

이들 식 ⓒ와 ⓕ로부터 고정단에서의 굽힘모멘트 M_A와 M_B를 구하면 다음 식과 같이 된다.

$$M_A = \frac{Pab^2}{l^2}$$

$$M_B = \frac{Pa^2b}{l^2} \qquad \text{ⓖ}$$

또 정역학적인 평형방정식을 적용하면 고정보의 양단에서의 모멘트의 총합은 0이어야 하므로, 점 B에 대한 굽힘모멘트의 총합 $\sum M_B$는 다음 식으로 된다.

$$\sum M_B = R_A l - M_A - Pb + M_B = 0$$

이로부터 반력 R_A는 다음과 같이 된다.

$$R_A = \frac{1}{l}(M_A - M_B + Pb)$$

$$= \frac{1}{l}\left(\frac{Pab^2}{l^2} - \frac{Pa^2b}{l^2} + Pb\right)$$

$$= \frac{Pb^2}{l^3}(3a + b) \qquad\qquad ⓗ$$

또 힘의 총합 $\sum F = 0$이어야 하므로

$$\sum F = R_A + R_B - P = 0$$

이 되고, 이로부터

$$R_B = P - R_A = P - \frac{Pb^2}{l^3}(3a + b) = \frac{Pa^2}{l^3}(3b + a) \qquad ⓘ$$

를 얻을 수 있다.

다음에 최대 처짐량을 구해보자. 최대 처짐량은 처짐곡선의 기울기가 0일 때 일어나며, 그 위치는 $a > b$일 때 $0 \le x \le a$의 사이에서 일어나게 된다. 지점 A로부터 임의의 거리 x인 단면에서의 기울기가 0이라 하면 "탄성곡선상의 두 점에서의 접선 사이의 각은 그 두 점 사이에 낀 굽힘모멘트 선도의 면적을 그 보의 굽힘강성계수 EI로 나눈 것과 같다"는 면적 모멘트법의 모어의 정리 (1)을 적용하면, 이 두 점의 접선 사이의 각은 0이므로

$$\left\{\frac{Pbx}{l} \times x \times \frac{1}{2} - M_A x - (M_B - M_A)\frac{x}{l} \times x \times \frac{1}{2}\right\}\frac{1}{EI}$$

$$= \left\{\frac{Pbx^2}{2l} - M_A x - (M_B - M_A)\frac{x^2}{2l}\right\}\frac{1}{EI} = 0$$

이 성립한다. 이 식에 식 ⑧를 대입하고, 거리 x에 관하여 풀면 다음과 같이 최대

처짐이 일어나는 위치를 알 수 있다.

$$x = \frac{2al}{3a+b}$$ ⓙ

따라서 최대 처짐 $y_{\max}$은 모어의 정리 (2)를 적용, 거리 x의 단면의 왼쪽에 관한 굽힘모멘트 선도의 면적에 대하여 면적 모멘트를 취하여 EI로 나누어 구할 수 있다. 즉

$$y_{\max} = \frac{1}{EI}\left[\frac{Pbx}{l}\frac{x}{2}\frac{x}{3} - M_A x \frac{x}{2} - (M_B - M_A)\frac{x}{l}\frac{x}{2}\frac{x}{3}\right]$$

$$= \frac{1}{EI}\left[\frac{Pbx^2}{6l} - \frac{Pab^2x^2}{2l^2} - \frac{Pabx^3}{6l^3}(a-b)\right]$$ ⓚ

이 식에 식 ⓙ의 값을 대입하여 정리하면 다음과 같이 된다.

$$y_{\max} = \frac{2Pa^3b^2}{3(3a+b)^2 EI}$$ ⓛ

예제 01

지름 $d=20$ cm이고, 길이 $l=10$ m인 양단 고정보의 중앙에서 집중하중 $P=5$ kN이 작용한다. 하중작용점에서의 최대 처짐량을 구하라. 단, 보 재료의 종탄성계수 $E=200$ GPa이다.

풀이 단면2차모멘트

$$I = \frac{\pi d^4}{64} = \frac{\pi \times 0.2^4}{64} = 7.85 \times 10^{-5} \text{ m}^4$$

이므로 최대 처짐량

$$y_{\max} = \frac{Pl^3}{192EI} = \frac{5,000 \times 10^3}{192 \times (200 \times 10^9) \times (7.85 \times 10^{-5})}$$

$$= 1.66 \times 10^{-3} \text{ m} = 1.66 \text{ mm}$$

9.2.2 등분포하중을 받는 양단 고정보

그림 9-4(a)와 같이 등분포하중 p가 작용하는 양단 고정보의 지점에는 수직반력 R_A, R_B와 굽힘모멘트 M_A, M_B 등 네 개의 반력이 작용하는데 그 값은 다음과 같다.

$$R_A = R_B = \frac{pl}{2} \tag{1}$$

$$M_A = M_B = \frac{pl^2}{12} \tag{2}$$

최대 처짐은 중앙점$\left(x = \dfrac{l}{2}\right)$에서 일어나고 그 값은 다음과 같다.

$$\text{최대 처짐량} \quad y_{\max} = \frac{pl^4}{384EI} \tag{3}$$

▸ 식의 유도

그림 9-4(a)와 같이 등분포하중 p를 받는 양단 고정보를 중첩법에 의하여 해석해 보자.

우선 양단 고정보를 그림 9-4(b)와 같이 등분포하중 p를 받는 단순보와 그림 9-4(c)와 같은 양단에 굽힘모멘트 M_A와 M_B가 작용하는 단순보로 분리한다.

등분포하중 p를 받는 단순보의 경우, 양단에서의 기울기는 대칭이므로, 서로 같은 값을 가지며, 8.1.4절의 식 (1)에서 다음과 같이 된다.

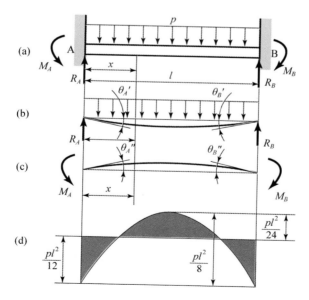

그림 9-4 등분포하중을 받는 양단 고정보와 굽힘모멘트 선도

$$\theta_A{}' = \theta_B{}' = \frac{pl^3}{24EI} \qquad \text{ⓐ}$$

또 양단에서 굽힘모멘트 M_A와 M_B가 작용하는 그림 9-4(c)와 같은 단순보의 경우에도, 양단에 작용하는 굽힘모멘트는 같으므로 $M_A = M_B = M_0$이다. 이때 양단에서의 기울기도 서로 같으므로 $\theta_A{}'' = \theta_B{}''$이다.

따라서 이에 대한 굽힘모멘트 선도는 그림 9-4(d)와 같이 가로 l, 세로 M_0인 직사각형 형태이고, 처짐곡선의 기울기는 "탄성곡선상의 두 점에서의 접선 사이의 각은 그 두 점 사이에 낀 굽힘모멘트 선도의 면적을 그 보의 굽힘강성계수 EI로 나눈 것과 같다"는 면적 모멘트법의 모어의 정리 (1)을 적용하여 구하면 다음 식과 같은 관계를 얻을 수 있다.

$$\theta_A{}'' = \theta_B{}'' = \frac{M_0 l}{2EI} \qquad \text{ⓑ}$$

그런데 양단 고정보에서는 양단에 기울기가 발생하지 않으므로

$$\theta_A{}' + (-\theta_A{}'') = 0, \qquad \theta_B{}' + (-\theta_B{}'') = 0$$

즉 $\theta_A{}' = \theta_A{}''$, $\theta_B{}' = \theta_B{}''$가 되어야 한다. 따라서

$$\frac{pl^3}{24EI} = \frac{M_0 l}{2EI}$$

의 관계가 성립하고, 이로부터

$$M_0 = \frac{pl^2}{12} \qquad \text{ⓒ}$$

을 얻을 수 있다.

따라서 고정보에 대한 굽힘모멘트 선도는 등분포하중 p를 받는 단순보에서의 굽힘모멘트 선도와 굽힘모멘트 M_A, M_B가 작용하는 단순보에서의 굽힘모멘트 선도를 중첩하여 구할 수 있으며, 그 결과는 그림 9-4(d)와 같이 된다. 이와 마찬가지로 고정보에서 발생하는 처짐량도 등분포하중 P를 받는 단순보에서의 처짐량과 굽힘모멘트 M_A, M_B가 작용하는 단순보에서의 처짐량을 중첩하여 구할 수 있다.

즉 그림 9-4(b)와 같이 균일 분포하중 p를 받는 단순보에 있어서의 최대 처짐은

보 지점 간의 중앙에서 발생하고 그 값은 8.1.4절의 식 (2)에서

$$y = \frac{5pl^4}{384EI}$$ ⓓ

이었다.

또 그림 9-4(c)와 같이 양단에서 굽힘모멘트 M_0를 받는 단순보에 있어서도, 최대 처짐은 중앙에서 발생하는데, 그 값은 면적 모멘트법의 모어의 정리 (2)를 적용, 중앙에서의 최대 처짐 y는, 거리 $\frac{l}{2}$인 단면의 왼쪽에 관한 굽힘모멘트 선도에 대하여 면적 모멘트를 취하고 EI로 나누어 구하면, 다음과 같이 된다.

$$y = \frac{M_0 l^2}{8EI} = \frac{pl^4}{96EI}$$ ⓔ

따라서 등분포하중 p를 받는 양단 고정보의 최대 처짐량은 다음 식과 같이 식 ⓓ와 ⓔ를 중첩하여 구할 수 있다.

$$y_{\max} = \frac{5pl^4}{384EI} - \frac{pl^4}{96EI} = \frac{pl^4}{384EI}$$ ⓕ

이 결과로부터 등분포하중 p를 받는 양단 고정보의 최대 처짐량은, 등분포하중 p를 받는 단순보의 최대 처짐량의 1/5 정도밖에 되지 않는다는 사실을 알 수 있다.

예제 01

지름 $d=20$ cm이고 길이 $l=10$ m인 양단 고정보에 등분포하중 $p=3$ kN/m가 작용한다. 최대 처짐량을 구하라. 단, 보 재료의 종탄성계수 $E=200$ GPa이다.

풀이 단면2차모멘트

$$I = \frac{\pi d^4}{64} = \frac{\pi \times 0.2^4}{64} = 7.85 \times 10^{-5} \, \text{m}^4$$

이므로,
최대 처짐량

$$y_{\max} = \frac{pl^4}{384EI} = \frac{3 \times 10^4}{384 \times (200 \times 10^9) \times (7.85 \times 10^{-5})}$$

$$= 5 \times 10^{-6} \, \text{m} = 5 \times 10^{-3} \, \text{mm}$$

그림 9-5와 같이 전 길이에 걸쳐 등분포하중 p가 작용하는 일단지지 타단 고정보에서 지점의 반력 R_A, R_B, M_A는 각각 다음과 같다.

$$R_A = \frac{5}{8}pl \tag{1}$$

$$R_B = \frac{3}{8}pl \tag{2}$$

$$M_A = -\frac{1}{8}pl^2 \tag{3}$$

최대 처짐각이 발생되는 곳은 거리 $x = 0$인 지점이며, 최대 처짐각 $\theta_{\max}$은 다음과 같이 된다.

$$\theta_{\max} = \frac{pl^3}{48EI} \tag{4}$$

최대 처짐량 $y_{\max}$은 $x = 0.4215l$인 곳에서 발생하고, 그 값은 다음과 같다.

$$y_{\max} = \frac{pl^4}{185EI} \tag{5}$$

▸ **식의 유도**

그림 9-5와 같이, 전 길이에 걸쳐 등분포하중 p가 작용하는 일단지지 타단 고정보를 탄성곡선의 미분방정식에 의하여 해석하기로 한다.

우선 지점 B로부터 임의의 거리 x만큼 떨어진 단면에 작용하는 굽힘모멘트는 다음 식과 같이 된다.

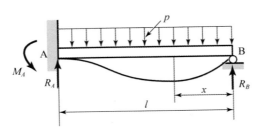

그림 9-5 등분포하중을 받는 일단지지 타단 고정보

$$M = R_B x - \frac{px^2}{2} \tag{ⓐ}$$

이 식을 탄성곡선의 미분방정식 $\left(EI\frac{d^2y}{dx^2} = -M \right)$에 대입하면

$$EI\frac{d^2y}{dx^2} = -R_B x + \frac{px^2}{2} \tag{ⓑ}$$

이 되고, 이 식을 연속하여 두 번 적분하면 다음 식과 같이 된다.

$$EI\frac{dy}{dx} = -\frac{R_B x^2}{2} + \frac{px^3}{6} + C_1 \tag{ⓒ}$$

$$EIy = -\frac{R_B x^3}{6} + \frac{px^4}{24} + C_1 x + C_2 \tag{ⓓ}$$

$x = l$인 고정단에서는 처짐각과 처짐량 모두 0이 된다. 따라서 적분상수 C_1을 구하기 위하여 $x = l$에서 기울기 $dy/dx = 0$인 경계조건을 식 ⓒ에 대입하면

$$C_1 = \frac{R_B l^2}{2} - \frac{pl^3}{6} \tag{ⓔ}$$

이 된다. 다음에 적분상수 C_2를 구하기 위하여 $x = 0$에서 $y = 0$인 경계조건을 식 ⓓ에 대입하면 적분상수

$$C_2 = 0 \tag{ⓕ}$$

임을 알 수 있다.

또 식 ⓓ에 경계조건 $x = l$에서 $y = 0$을 대입하면 다음과 같이 반력 R_B를 구할 수 있다.

$$R_B = \frac{3}{8}pl \tag{ⓖ}$$

다음에는 힘의 평형조건 식($\Sigma F = 0$)으로부터 다음과 같이 반력 R_A를 구할 수 있다.

$$\Sigma F = R_A + R_B - pl = R_A + \frac{3}{8}pl - pl = 0$$

$$R_A = \frac{5}{8}pl \tag{ⓗ}$$

식 ⓔ, ⓕ, ⓖ를 식 ⓒ와 ⓓ에 대입하여 정리하면 다음과 같이 된다.

$$\frac{dy}{dx} = \frac{p}{48EI}(8x^3 - 9lx^2 + l^3) \qquad \text{ⓘ}$$

$$y = \frac{p}{48EI}(2x^4 - 3lx^3 + l^3x) \qquad \text{ⓙ}$$

처짐각이 최대가 되는 곳은 거리 $x = 0$인 지점 B이며, 최대 처짐각 $\theta_{\max}$은 식 ⓘ에서 다음과 같이 된다.

$$\theta_{\max} = \frac{pl^3}{48EI} \qquad \text{ⓚ}$$

또 최대 처짐량은 $dy/dx = 0$인 단면에서 일어나므로 식 ⓘ에서 다음과 같이 된다.

$$8x^3 - 9lx^2 + l^3 = (8x^2 - lx - l^2)(x - l) = 0 \qquad \text{ⓛ}$$

이 식을 만족하는 x의 값은 세 개($x = l$, $x = 0.421^{\cdots}$, $x = -0.2965l$)이나, 이 중에서 가장 적합한 것은 $x = 0.4215l$이다. 이 값을 식 ⓙ에 대입하면 다음과 같은 최대 처짐량을 구할 수 있다.

$$y_{\max} = \frac{pl^4}{184.6EI} \fallingdotseq \frac{pl^4}{185EI} \qquad \text{ⓜ}$$

예제 01

지름 $d = 20\,\mathrm{cm}$이고 길이 $l = 10\,\mathrm{m}$인 일단지지 타단 고정보에 등분포하중 $p = 3\,\mathrm{kN/m}$가 작용한다. 최대 처짐량을 구하라. 단, 보 재료의 종탄성계수 $E = 200\,\mathrm{GPa}$이다.

풀이 단면2차모멘트

$$I = \frac{\pi d^4}{64} = \frac{\pi \times 0.2^4}{64} = 7.85 \times 10^{-5}\,\mathrm{m}^4$$

최대 처짐량

$$y_{\max} = \frac{pl^4}{185EI} = \frac{3 \times 10^4}{185 \times (200 \times 10^9) \times (7.85 \times 10^{-5})}$$

$$= 1.0 \times 10^{-5}\,\mathrm{m} = 0.01\,\mathrm{mm}$$

9.4 연속보

두 개 이상의 지점으로 지지된 보를 **연속보**(continuous beam)라고 한다. 연속보에서는 보통 한 개의 지점을 부동 힌지점으로 그 나머지 지점은 가동 힌지점으로 취급하는데, 이때 수평반력을 무시하면 미지반력의 수는 지점의 수와 같다. 따라서 미지수는 평형방정식의 수보다 항상 한 개가 더 많게 되어, 정역학적인 평형방정식만으로는 지점의 반력을 결정할 수 없게 된다.

따라서 연속보의 해석에서도 앞에서의 부정정보의 해석에서와 같이 중첩법을 사용하든가, 3모멘트의 정리와 같은 새로운 해법을 사용해야 한다.

9.4.1 중첩법에 의한 연속보의 해석

(1) 등분포하중을 받는 연속보

그림 9-6(a)와 같이 등분포하중 p를 받는 세 개의 지점(지점 간의 간격 $l/2$)으로 이루어진 연속보의 반력 R_A, R_B, R_C는 다음과 같다.

$$R_A = R_B = \frac{3}{16}pl \tag{1}$$

$$R_C = \frac{5}{8}pl \tag{2}$$

▸ **식의 유도**

그림 9-6(a)와 같이 등분포하중 p를 받는 세 개의 지점으로 이루어진 연속보의 반력 R_A, R_B, R_C를 중첩법에 의해 구해보자.

우선 과잉반력을 R_C로 보고, 그림 9-6(b), (c)와 같이 등분포하중을 받는 단순보와 집중하중 R_C가 작용하는 단순보로 나누어 생각한다.

그림 9-6(b)와 같은 등분포하중을 받는 단순보의 경우 점 C에서의 처짐 $\delta_C{'}$는 8.1.4절의 식 (2)로부터 다음과 같이 된다.

$$\delta_C{'} = \frac{5pl^4}{384EI} \tag{ⓐ}$$

그림 9-7(c)와 같은 집중하중 R_C를 받는 단순보의 경우, 점 C에서의 처짐 $\delta_C{''}$은

8.1.5절의 식 (4)로부터 다음과 같이 된다.

$$\delta_C{''} = -\frac{R_C l^3}{48EI}$$ ⓑ

그런데 연속보에서는 지점 C에서 처짐이 발생하지 않으므로, $\delta_C = \delta_C{'} + \delta_C{''} = 0$이
어야 한다.

따라서

$$\delta_C = \delta_C{'} + \delta_C{''} = \frac{5pl^4}{384EI} + \left(-\frac{R_C l^3}{48EI} \right) = 0$$ ⓒ

의 관계식이 성립하고, 여기서

$$R_C = \frac{5}{8}pl$$ ⓓ

을 얻을 수 있다.

또 정역학적인 평형방정식으로부터

$$R_A + R_B + R_C = pl$$ ⓔ

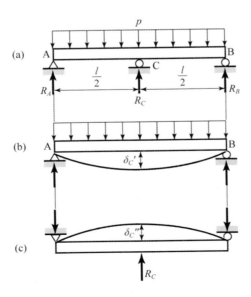

그림 9-6 등분포하중 p를 받는 연속보

이 성립하고, 따라서

$$R_A + R_B = pl - R_C = pl - \frac{5}{8}pl = \frac{3}{16}pl \qquad \text{ⓕ}$$

여기서 $R_A = R_B$이므로

$$2R_A = \frac{3}{16}pl \qquad \text{ⓖ}$$

즉

$$R_A = \frac{3}{16}pl \qquad \text{ⓗ}$$

을 얻을 수 있다.

예제 01

길이 $l = 10$ m 간격으로 A, B, C의 세 개의 지점으로 지지되어 있는 연속보에 등분포하중 $p = 3$ kN/m가 작용한다. 이 보의 지점에서의 수직반력 R_A, R_B, R_C를 구하라.

풀이 $R_A = R_B = \dfrac{3}{16}pl = \dfrac{3}{16} \times 3 \times 10 = 5.625$ kN

$R_C = \dfrac{5}{8}pl = \dfrac{5}{8} \times 3 \times 10 = 18.75$ kN

(2) 두 개의 집중하중을 받는 연속보

그림 9-7(a)와 같이 양단으로부터 같은 간격 a만큼 떨어진 위치에서 두 개의 집중하중 P가 작용하고, 세 개의 등간격으로(지점 간의 간격 $l/2$) 지지된 연속보의 경우 지점에서의 반력은 다음과 같다.

$$R_A = R_B = \frac{P}{l^3}(l^3 - 3al^2 - 4a^3) \qquad (1)$$

$$R_C = \frac{2Pa}{l^3}(3l^2 - 4a^2) \qquad (2)$$

▶ 식 (1), (2)의 유도

중간 지점의 반력 R_C를 과잉구속으로 보고, 그림 9-7(a)를 그림 9-7(b), (c), (d)와 같이 각각 집중하중 P와 R_C를 받는 단순보로 분해하여 해를 구한 다음, 이들을 중첩하여 구한다.

그림 9-7(b)와 (c)에서와 같이 집중하중 P를 받는 단순보에서의 중앙점의 처짐량 δ_1은 8.1.5절의 식 ⑨에 $l/2$을 대입하면 다음과 같이 된다.

$$\delta_1 = \frac{Pa}{48EI}(3l^2 - 4a^2) \qquad\qquad ⓐ$$

이와 같은 방법으로 그림 9-7(d)와 같이 중앙지점에서 반력 R_C가 작용하는 단순보에서의 처짐량 δ_2를 구하면 다음과 같다.

$$\delta_2 = \frac{R_C l^3}{48EI} \qquad\qquad ⓑ$$

그런데 지점 C에서의 처짐량은 0이 되어야 하므로 $2\delta_1 - \delta_2 = 0$이 성립한다. 따라서 $2\delta_1 = \delta_2$의 조건으로부터 다음과 같이 반력 R_C를 구할 수 있다.

$$2 \times \frac{Pa}{48EI}(3l^2 - 4a^2) = \frac{R_C l^3}{48EI}$$

$$R_C = \frac{2Pa}{l^3}(3l^2 - 4a^2) \qquad\qquad ⓒ$$

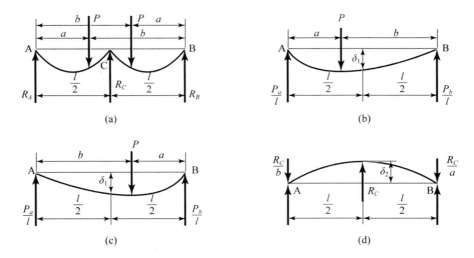

그림 9-7 두 개의 집중하중을 받는 연속보

힘 P가 지점 C를 중심으로 하여 대칭으로 작용하기 때문에 반력 $R_A = R_B$이며, 힘의 평형조건으로부터 다음 식이 성립한다.

$$R_A + R_B + R_C = 2P$$

$$2R_A = 2P - R_C$$

$$R_A = P - \frac{R_C}{2} = P - \frac{2Pa}{2l^3}(3l^2 - 4a^2) = \frac{P}{l^3}(l^3 - 3al^2 - 4a^3) \qquad ⓓ$$

예제 01

등간격의 세 개의 지점으로 지지되어 있고, 길이 $l = 10$ m인 연속보가 양쪽 끝단으로부터 각각 3 m 떨어진 지점에서 집중하중 $P = 5$ kN이 작용한다. 이 보의 지점에서의 수직반력 R_A, R_B, R_C를 구하라.

풀이

$$R_A = R_B = \frac{P}{l^3}(l^3 - 3al^2 - 4a^3) = \frac{5}{10^3}(10^3 - 3 \times 3 \times 10^2 - 4 \times 3^3) = 1.04 \text{ kN}$$

$$R_c = \frac{2Pa}{l^3}(3l^2 - 4a^2) = \frac{2 \times 5 \times 3}{10^3}(3 \times 10^2 - 4 \times 3^2) = 7.92 \text{ kN}$$

9.4.2 3모멘트의 정리에 의한 연속보의 해석

3모멘트의 정리란 여러 개의 지점으로 연속하여 지지된 연속보의 지점에서의 반력을 간단히 해석하기 위한 방법으로, 3모멘트 정리를 적용하여 해석하는 순서는 다음과 같다.

1) 연속보에서 연속된 임의의 세 지점(그림 9−8의 지점 A, B, C)을 선정한다.
2) 보를 A−B와 B−C 두 개의 단순보로 분리한다.
3) 우선 과잉구속으로 인한 굽힘모멘트 M_A, M_B, M_C를 무시하고, 분리된 단순보의 굽힘모멘트 선도를 그린다[그림 9−8(b), (c)].
4) 이를 다음과 같은 3모멘트 방정식

$$M_A l_1 + 2M_B(l_1 + l_2) + M_C l_2 = -\frac{6A_1 a_1}{l_1} - \frac{6A_2 b_2}{l_2} \qquad (1)$$

에 대입하고, 연속된 지점에서의 굽힘모멘트 M_A, M_B, M_C를 구하기에 필요한 수의 방정식을 얻을 때까지 계속 적용하여 M_A, M_B, M_C를 구한다.

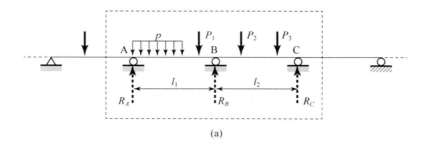

(a)

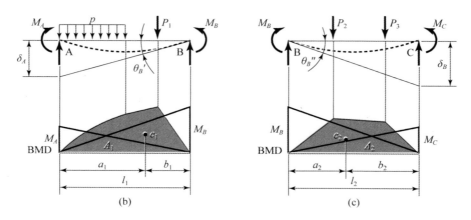

(b)   (c)

그림 9-8 여러 개의 지점으로 이루어진 연속보와 A-B와 B-C지점 사이의 굽힘모멘트 선도

이때 어느 한 지점은 순차적으로 중복 적용한다.

식에서 A_1과 A_2는 외력에 의한 굽힘모멘트 선도의 면적이다.

5) 다음과 같은 식을 이용하여 반력 R_B를 구한다.

$$R_B = R_B' + R_B'' + \frac{M_A - M_B}{l_1} + \frac{M_C - M_B}{l_2} \qquad (2)$$

식에서 R_B'와 R_B''는 지점 B를 기준으로 좌측의 외력(수직하중)에 의한 반력과 우측의 외력에 의한 반력이다.

▸ **3모멘트 정리의 추가 해설**

9.4.1절에서 보는 바와 같이 지점이 세 개인 연속보의 경우, 중간 지점에서 발생하는 수직반력이 과잉구속으로 되어 한 개의 과잉구속을 갖는다는 것을 알았다.

이때 중간 지점에서의 하중에 의한 처짐과 반력에 의한 처짐을 중첩하고, 중간 지점에서의 처짐을 0으로 놓음으로써 중간 지점에서의 반력을 구할 수 있었다.

따라서 지점이 1, 2, 3, 4, …, n개인 연속보인 경우에는 과잉구속의 수가 $(n-2)$개로 되는데, 이들 지점 중 순차적으로(지점 1, 2, 3 다음에 2, 3, 4 그리고 그 다음에 3, 4, 5의 방법으로) 세 개의 지점을 가진 연속보로 분리한 후, 앞에서와 같은 중첩법을 적용하여 차례로 해석할 수 있다.

그러나 이와 같은 중간 지점이 여러 개인 연속보인 경우에는 그만큼 많은 수의 식이 필요하게 되고, 따라서 해석하는 데에 많은 시간과 노력이 필요해지므로 좀 더 간단히 해석하기 위한 방법으로 다음과 같은 3모멘트 정리가 개발되어졌다.

그림 9-8(a)와 같이 여러 개의 지점을 가지고 있는 연속보에서, 우선 A, B, C의 세 개 지점으로 된 연속보를 택한 다음, 그림 9-8(b), (c)와 같이 지점 B를 중심으로 A-B와 B-C의 두 개의 단순보로 분리한다.

이때 두 단순보의 지점 간의 거리를 각각 l_1, l_2라 하고, 각 지점에서의 과잉구속으로 인한 굽힘모멘트를 M_A, M_B, M_C라 하자.

A-B, B-C의 두 보에는 그림 9-8(b) 및 (c)와 같이 굽힘으로 인한 처짐이 발생하며, 이에 따라서 지점 B를 기준으로 좌우 양측에는 각각의 처짐각이 생기게 되는데, 지점 B의 좌측에서의 처짐각을 $\theta_B{}'$, 우측에서의 처짐각을 $\theta_B{}''$라 할 때, 실제 처짐곡선은 분리하기 전의 연속상태이므로, 이들 처짐각은 크기가 같고 방향이 반대가 된다. 따라서 다음과 같은 관계식이 얻어진다.

$$\theta_B{}' = \theta_B{}'' \tag{ⓐ}$$

이때 양단에 작용하는 굽힘모멘트 M_A, M_B, M_C를 제외한, 순전히 외력으로 인한 굽힘모멘트 선도의 면적을 각각 A_1과 A_2라 하고, 두 단순보의 양단으로부터 굽힘모멘트 선도 면적의 도심 c_1과 c_2까지의 거리를 각각 a_1, b_1, a_2, b_2라고 할 때, 지점 간의 거리 l_1인 단순보에서의 처짐각 $\theta_B{}'$는 다음과 같이 된다.

$$\theta_B{}' = \frac{M_A l_1}{6EI} + \frac{M_B l_1}{3EI} + \frac{A_1 a_1}{l_1 EI} \tag{ⓑ}$$

이는 양단에 굽힘모멘트 M_A와 M_B를 받는 단순보의 처짐각

$$\theta_{B1} = \frac{M_A l_1}{6EI} + \frac{M_B l_1}{3EI}$$

와 외력으로 인한 단순보의 처짐각을 면적 모멘트법에 의하여 구한 각[8.2.2절의 (1) 참조]

$$\theta_{B2} = \frac{\delta_A}{l_1} = \frac{A_l a_1}{l_1 EI}$$

을 중첩하여 구한 것이다.

이와 같은 방법으로 지점 간의 거리 l_2인 단순보에서 발생하는 처짐각 $\theta_B{''}$는 다음과 같이 된다.

$$\theta_B{''} = -\frac{M_B l_2}{3EI} - \frac{M_C l_2}{6EI} - \frac{A_2 b_2}{l_2 EI} \qquad ⓒ$$

식 ⓑ와 ⓒ를 식 ⓐ에 대입하여 정리하면 다음과 같은 식을 얻을 수 있다.

$$M_A l_1 + 2M_B(l_1 + l_2) + M_C l_2 = -\frac{6A_1 a_1}{l_1} - \frac{6A_2 b_2}{l_2} \qquad ⓓ$$

이 식을 **3모멘트 방정식**(equation of three moment) 또는 **클라페이론의 정리**(Clapeyron's theorem of moment)라고 한다.

따라서 지점이 여러 개인 연속보를 해석할 때 이와 같은 3모멘트 방정식을 순차적으로 세우고, 연립방정식을 풀면 모든 중간 지점상의 굽힘모멘트를 구할 수 있다.

지점이 세 개인 연속보인 경우에는 한 개의 3모멘트 방정식을 얻을 수 있고, 지점이 네 개인 경우에는 두 개, 지점이 n개의 경우에는 $n-2$개의 방정식이 얻어진다.

보의 끝 지점에서의 굽힘모멘트와 처짐각은 지점의 지지조건으로 얻어진다. 즉 보의 끝 지점이 단순 지지된 경우에는 이곳에서의 굽힘모멘트 $M=0$이고, 고정된 경우에는 처짐각 $\theta=0$이 된다.

예를 들면 그림 9-8(b)에서 지점 A가 고정되어 있다면 왼쪽 끝단의 처짐각 θ_A는 다음 식으로 된다.

$$\theta_A = \frac{M_A l_1}{3EI} + \frac{M_B l_1}{6EI} + \frac{A_1 b_1}{l_1 EI} = 0 \qquad ⓔ$$

따라서 지점 A에서의 굽힘모멘트 M_A는 다음 식과 같이 된다.

$$M_A = -\frac{M_B}{2} - \frac{3A_1 b_1}{l_1} \qquad\qquad \text{(f)}$$

이와 같은 방법으로 하여 모든 지점에 작용하는 굽힘모멘트가 결정되면, 모든 지점의 반력은 다음과 같이 쉽게 구할 수 있다.

지금 지점 B에서의 반력을 구하기 위하여, 연속보를 그림 9-8(b), (c)와 같이 지점 A-B와 B-C의 단순보로 분리하고, 지점 B에서 받는 반력을, 지점 B를 기준으로 좌우측의 외력(수직하중)에 의한 반력 $R_B{}'$와 $R_B{}''$, 굽힘모멘트 M_A, M_B, M_C에 의한 반력 R_{B1}과 R_{B2}로 분리하면, 지점 B에서 받는 총 반력 R_B는 다음과 같이 된다.

$$R_B = R_B{}' + R_B{}'' + R_{B1} + R_{B2}$$

그런데 굽힘모멘트 M_A, M_B, M_C에 의한 반력 R_{B1}과 R_{B2}는 다음과 같이 지점 A와 C에 대한 좌우측의 단순보에서 있어서의 굽힘모멘트의 평형방정식을 사용하여 구할 수 있다.

$$M_A - M_B - R_{B1}l_1 = 0, \qquad R_{B1} = \frac{M_A - M_B}{l_1}$$

$$M_B - M_C - R_{B2}l_2 = 0, \qquad R_{B2} = \frac{M_C - M_B}{l_2}$$

따라서 지점 B에 작용하는 총 반력은 다음 식으로 된다.

$$\begin{aligned} R_B &= R_B{}' + R_B{}'' + R_{B1} + R_{B2} \\ &= R_B{}' + R_B{}'' + \frac{M_A - M_B}{l_1} + \frac{M_C - M_B}{l_2} \end{aligned} \qquad\qquad \text{(g)}$$

이 식에서 지점 $A = n-1$, $B = n$, $C = n+1$로 하여 지점 n에 작용하는 총 반력을 일반식으로 표현하면 다음과 같이 된다.

$$R_n = R_n{}' + R_n{}'' + \frac{M_{n-1} - M_n}{l_n} + \frac{M_{n+1} - M_n}{l_{n+1}} \qquad\qquad \text{(h)}$$

이와 같은 방법으로 반력과 굽힘모멘트가 차례로 구해지면 연속보에 대한 전단력 선도와 굽힘모멘트 선도를 그릴 수 있게 된다.

예제 01

그림 9−9와 같이 네 개의 지점을 가지고 있는 연속보에 등분포하중 p가 작용하고 있다. 이 보에서의 전단력 선도와 굽힘모멘트 선도를 작성하라.

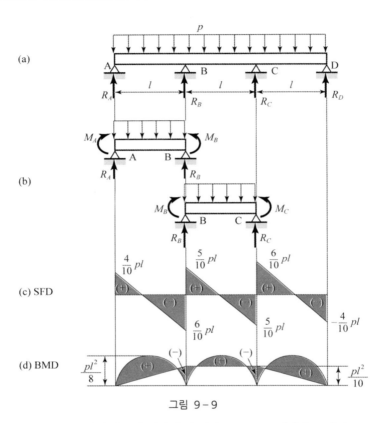

그림 9−9

풀이 1) 우선 그림 9−9(b)와 같이 연속된 임의의 세 지점 A, B, C를 선정하고, 지점 B를 기준으로 좌우 두 개의 단순보로 분리한다.

2) 각 단순보에서 굽힘모멘트 선도의 면적을 구하고, 3모멘트 방정식에 대입하여 각 지점에서의 굽힘모멘트 M_A, M_B, M_C를 구한다.

즉 등분포하중을 받는 단순보에서의 굽힘모멘트 선도는 포물선이고 최대 굽힘모멘트$\left(\dfrac{pl^2}{8}\right)$는 중앙에 생기므로, 이때의 굽힘모멘트 선도의 면적 A는 8장에서의 그림 8−10(c)로부터 다음과 같이 된다.

$$A = \frac{2}{3}\left(l \times \frac{pl^2}{8}\right) = \frac{pl^3}{12}$$

또 지점 A는 자유회전 지점이므로 $M_A = 0$이 되고, $l_1 = l_2 = l$, $A_1 = A_2 = A, a_1 = b_2 = \dfrac{l}{2}$이 므로, 이를 3모멘트 방정식

$$M_A l_1 + 2M_B(l_1 + l_2) + M_C l_2 = -\frac{6A_1 a_1}{l_1} - \frac{6A_2 b_2}{l_2}$$

에 대입하면

$$0 + 2M_B(2l) + M_C l = -\frac{pl^3}{4} - \frac{pl^3}{4}$$

이 되고, 그림에서 $M_B = M_C$이어야 하므로

$$M_B = -\frac{pl^2}{10}$$

$$M_C = -\frac{pl^2}{10}$$

이 된다. 이들 결과를 이용하여 굽힘모멘트 선도를 그리면 그림 9-9(d)와 같이 된다.
또 지점 B에서의 반력 R_B는 3모멘트의 정리에 의하여 다음과 같이 된다.

$$R_B = R_B' + R_B'' + \frac{M_A - M_B}{l_1} + \frac{M_C - M_B}{l_2}$$

$$= \frac{pl}{2} + \frac{pl}{2} + \frac{0 - \left(-\dfrac{pl^2}{10}\right)}{l} + \frac{-\dfrac{pl^2}{10} - \left(-\dfrac{pl^2}{10}\right)}{l}$$

$$= \frac{11}{10}pl$$

따라서 반력 R_C는 보의 대칭조건으로부터 $R_B = R_C$이므로

$$R_C = R_B = \frac{11}{10}pl$$

반력 R_A와 R_D는 힘의 평형방정식에 의하여

$$R_A + R_B + R_C + R_D = 3pl$$

이 되고, 보의 대칭조건으로부터 $R_A = R_D$, $R_B = R_C$이므로

$$2R_A = 2R_B = 3pl$$

$$R_A = \frac{3}{2}pl - R_B$$

$$= \frac{3}{2}pl - \frac{11}{10}pl = \frac{4}{10}pl$$

이 되고, $R_A = R_D$이므로

$$R_D = R_A = \frac{4}{10}pl$$

이와 같이 하여 구한 반력을 이용하여 전단력 선도를 그리면 그림 9-9(c)와 같이 된다.

예제 02

그림 9-10(a)와 같이 세 개의 지점을 가지고 있는 연속보의 각 지점 간의 중앙에 집중하중 P가 작용하고 있다. 전단력 선도와 굽힘모멘트 선도를 작성하라.

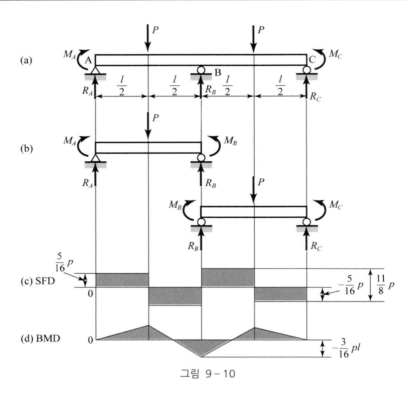

그림 9-10

풀이

1) 우선 그림 9-10(b)와 같이 지점 B를 기준으로 좌우 두 개의 단순보로 분리한다.

2) 각 단순보의 굽힘모멘트 선도의 면적을 구하고, 3모멘트 방정식에 대입하여 각 지점에서의 굽힘모멘트 M_A, M_B, M_C를 구한다.

즉 집중하중을 받는 단순보에서의 굽힘모멘트 선도는, 중앙에서 최대$\left(\dfrac{Pl}{4}\right)$가 되는 이등변삼각형이므로 이때의 굽힘모멘트 선도의 면적 A는 다음과 같이 된다.

$$A = \frac{Pl}{4} \times l \times \frac{1}{2} = \frac{Pl^2}{8}$$

또 지점 A와 C는 자유회전 지점이므로 $M_A = M_C = 0$이고, $l_1 = l_2 = l$, $A_1 = A_2 = A$, $a_1 = b_2 = \dfrac{l}{2}$이므로, 이를 3모멘트 방정식

$$M_A l_1 + 2M_B(l_1 + l_2) + M_C l_2 = -\frac{6A_1 a_1}{l_1} - \frac{6A_2 b_2}{l_2}$$

에 대입하면 다음과 같이 된다.

$$0 + 2M_B(2l) + 0 = -\frac{6 \times \dfrac{Pl^2}{8} \times \dfrac{l}{2}}{l} - \frac{6 \times \dfrac{Pl^2}{8} \times \dfrac{l}{2}}{l}$$

$$4M_B = -\frac{3}{4}Pl$$

$$M_B = -\frac{3}{16}Pl$$

이 결과를 이용하여 굽힘모멘트 선도를 그리면 그림 9-10(d)와 같이 된다.
또 지점 B에서의 반력 R_B는 3모멘트의 정리에 의하여 다음과 같이 된다.

$$R_B = R_B{}' + R_B{}'' + \frac{M_A - M_B}{l_1} + \frac{M_C - M_B}{l_2}$$

$$= \frac{P}{2} + \frac{P}{2} + \frac{0 - \left(-\dfrac{3}{16}Pl\right)}{l} + \frac{0 - \left(-\dfrac{3}{16}Pl\right)}{l}$$

$$= \frac{11}{8}P$$

반력 R_A와 R_C는 힘의 평형방정식에 의하여

$$R_A + R_B + R_C = 2P$$

가 되고, 보의 대칭조건으로부터 $R_A = R_C$이므로 다음과 같이 된다.

$$2R_A + R_B = 2P$$

$$R_A = P - \frac{1}{2}R_B$$

$$= P - \frac{1}{2} \times \frac{11}{8}P = \frac{5}{16}P$$

$R_A = R_C$이므로 R_C는 다음과 같이 된다.

$$R_C = R_A = \frac{5}{16}P$$

이와 같이 하여 구한 반력을 이용하여 전단력 선도를 그리면 그림 9-10(c)와 같이 된다.

9.5 카스틸리아노 정리에 의한 부정정보의 해석

9.5.1 카스틸리아노 정리

카스틸리아노(Castigliano) **정리**란 "탄성체에 하중이 작용할 때 생기는 변형에너지를 작용하중에 대하여 편미분하면 하중의 작용점 방향의 변위와 같다"는 원리를 말하며,

탄성체에 하중 P가 작용하여 δ만큼의 변형량을 주었을 때, 탄성체에 저장된 탄성변형에너지를 U라 하면 하중작용점에서의 변형량 δ는 다음 식으로 된다.

$$\delta = \frac{\partial U}{\partial P} \tag{1}$$

이 카스틸리아노 정리는 탄성변형에너지로부터 변형량을 구하는 데 사용된다.

또 탄성체에 모멘트가 작용할 때, 모멘트 M에 의하여 탄성체에 저장된 탄성변형에너지를 U라 하면, 모멘트의 작용점에 일어나는 비틀림각 θ는 다음과 같은 식으로 된다.

$$\theta = \frac{\partial U}{\partial M}$$

▸ **식의 유도**

그림 9-11에서 보는 바와 같이 공간 내에서 완전히 구속된 탄성체가 외력 P_1, P_2, P_3, $\cdots$를 받는 경우를 생각하자.

재료가 훅의 법칙을 따르고 그 변형량이 미소하다고 하면 외력이 작용하는 점의 변위는 외력의 일차함수로 된다. 이러한 경우에 외력을 받는 재료 속에 저장되는 변형에너지는 그 외력에 의해 이루어지는 일과 같고 그 외력의 작용순서에는 관계가 없다.

따라서 재료 속의 작용점 1, 2, 3, $\cdots$에 외력 P_1, P_2, P_3, $\cdots$가 동시에 작용하여,

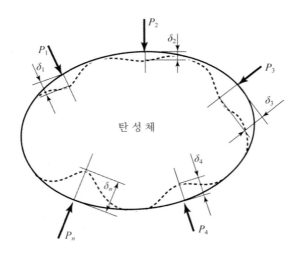

그림 9-11 외력을 받는 탄성체의 변형

그 외력의 방향으로 각각 δ_1, δ_2, δ_3, …만큼씩 변형되었다면, 이때 이루어진 일은 그 재료 속에 저장되는 탄성변형에너지로 다음 식과 같이 표현할 수 있다.

$$U = \frac{1}{2}(P_1\delta_1 + P_2\delta_2 + P_3\delta_3 + \cdots)$$　　　　　ⓐ

여기서 δ_1, δ_2, δ_3, …는 점 1, 2, 3, …의 각 외력방향의 변위 성분을 나타낸다.

지금 임의의 시스템에 i개의 하중 P_1, P_2, P_3, …, P_i가 작용하여, 식 ⓐ로 주어지는 변형에너지 U가 그 재료 속에 저장된 후에 그들 중의 임의의 한 개의 하중 P_n을 dP_n만큼 증가시켰다고 하자. 이때 그 물체의 변형 상태에 다소 변화를 줄 것이며, 저장된 변형에너지도 다소 증가될 것이다. 이 에너지의 증가량은 U의 P_n에 관한 변화율 $\left(\dfrac{\partial U}{\partial P}\right)$에 P_n의 증가량 dP_n을 곱한 형태로 표시할 수 있다.

따라서 이와 같이 변화된 상태에서의 탄성변형에너지량은 다음 식과 같이 된다.

$$U + \frac{\partial U}{\partial P_n}dP_n$$　　　　　ⓑ

한편 최종상태의 탄성변형에너지량은 그들 하중의 작용순서와는 관계가 없으므로, 이번에는 dP_n을 먼저 적용하고 그 뒤에 하중 P_1, P_2, P_3, …, P_i를 작용하는 경우를 생각하자.

먼저 미소하중 dP_n만을 작용시키면 그 재료의 변형량이 미소하여 $d\delta_n$이 될 것이며, 탄성변형에너지는 $dP_n d\delta_n$으로 되어 dP_n으로 인한 탄성변형에너지는 2차의 미소량이 되므로 무시할 수 있다. 그 후에 하중 P_1, P_2, P_3, …, P_i를 작용시켜도 이들이 그 재료의 변형에 주는 효과는 먼저 작용시킨 dP_n의 존재에 영향을 받지 않을 것이므로, 이들 하중으로 인하여 그 재료 속에 저장되는 탄성변형에너지량은 역시 U로 된다.

그러나 하중 P_1, P_2, P_3, …, P_i가 작용하는 동안에 먼저 걸려 있는 하중 dP_n의 작용점에도 δ_n만큼의 변위가 일어나므로 자연적으로 $dP_n\delta_n$만큼의 일이 이루어진다.

이때 최종상태에서 탄성변형에너지량은 다음 식과 같이 된다.

$$U + dP_n\delta_n$$　　　　　ⓒ

따라서, 식 ⓑ와 ⓒ로 표시되는 두 탄성변형에너지량은 서로 같아야 하므로, 다음 식이 성립한다.

$$U + dP_n \delta_n = U + \frac{\partial U}{\partial P_n} dP_n \qquad \text{ⓓ}$$

즉

$$\delta_n = \frac{\partial U}{\partial P_n} \qquad \text{ⓔ}$$

식 ⓔ가 카스틸리아노 정리의 일반형이다. 이 정리는 중첩법이 적용되는 탄성계에서 힘들의 이차함수 형태로 표시한 변형에너지를, 그들 중의 임의의 하나의 힘에 관하여 편미분하면, 그 편도함수는 힘의 작용점에서 그 힘방향의 변위 성분을 나타낸다는 것을 의미한다.

이와 같은 카스틸리아노 정리를 이용하면, 여러 가지 하중을 받는 구조물에서 하중 작용점의 처짐량을 손쉽게 계산할 수 있다.

그림 9−12와 같이 단순 인장을 받는 균일단면봉을 예로 들어보자. 종탄성계수 E, 단면적 A, 길이 l인 균일단면봉의 길이방향으로 하중 P가 작용할 때, 봉 속의 저장되는 탄성변형에너지 U는 2.4.1절에서 다음 식과 같았다.

$$U = \frac{P^2 l}{2AE}$$

카스틸리아노 정리를 적용하면 길이방향의 변형량 δ는 다음 식과 같이 된다.

$$\delta = \frac{\partial U}{\partial P} = \frac{Pl}{AE}$$

다음에는 그림 9−13과 같이 비틀림 하중을 받는 원형단면축을 예로 들어보자. 횡탄성계수 G, 극단면2차모멘트 I_P, 길이 l인 원형단면축의 일단을 고정하고, 그 반대편의 일단에서 비틀림 모멘트 T를 가했을 때, 축 속에 저장되는 탄성변형에너지는 5.3절에서 다음 식과 같았다.

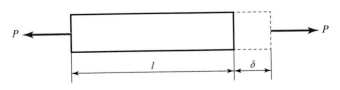

그림 9−12 단순인장을 받는 균일단면봉에서의 변형

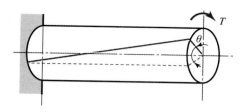

그림 9-13 비틀림 모멘트 T를 받는 원형단면축의 변형

$$U = \frac{T^2 l}{2GI_P}$$

카스틸리아노 정리를 이용하여, 이 탄성변형에너지 U를 비틀림 모멘트 T에 관하여 미분하면 비틀림 변형을 구할 수 있다.

이때 변형량은 축의 고정단에 대한 비틀림 모멘트를 작용시킨 단면의 비틀림각 θ로 나타내며 다음 식과 같이 된다.

$$\theta = \frac{\partial U}{\partial T} = \frac{Tl}{GI_P}$$

이제는 그림 9-14와 같이 자유단에 집중하중 P가 작용하는 외팔보의 경우를 예로 들어보자. 보 재료의 종탄성계수를 E, 단면2차모멘트를 I, 길이를 l이라고 하면 보의 굽힘변형에너지는 8.4.1절에서 다음 식과 같았다.

$$U = \frac{P^2 l^3}{6EI}$$

이 식을 작용하중 P에 관하여 편미분하면, 그 값은 집중하중 P가 작용하는 곳에서의 처짐량을 나타낸다는 것을 알 수 있다.

$$\delta = \frac{\partial U}{\partial P} = \frac{Pl^3}{3EI}$$

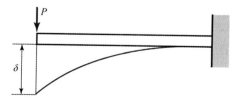

그림 9-14 집중하중 P를 받는 외팔보의 변형

예제 01

그림 9 – 15와 같이 길이 l인 외팔보 자유단에 집중하중 P와 굽힘모멘트 M_0가 작용할 때, 자유단에서의 처짐량 및 처짐각을 카스틸리아노 정리를 적용하여 구하라.

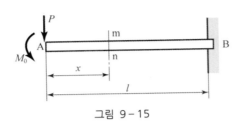

그림 9 – 15

풀이 자유단으로부터 임의의 거리 x의 단면에서 발생되는 굽힘모멘트 $M = -M_0 - Px$ 이고, 보에서의 굽힘탄성변형에너지는 8.4절에서

$$U = \int_0^l \frac{M^2}{2EI} dx$$

이므로, 이들을 카스틸리아노 정리식에 대입하면, 처짐량

$$\delta = \frac{\partial U}{\partial P} = \int_0^l \frac{\partial \left(\frac{M^2}{2EI} \right)}{\partial P} dx = \int_0^l \frac{M}{EI} \frac{\partial M}{\partial P} dx$$

$$= \frac{1}{EI} \int_0^l (-M_0 - Px)(-x) dx = \frac{M_0 l^2}{2EI} + \frac{Pl^3}{3EI}$$

이 되고, 처짐각은 다음과 같이 된다.

$$\theta = \frac{\partial U}{\partial M} = \int_0^l \frac{M}{EI} \frac{\partial M}{\partial M_0} dx = \frac{1}{EI} \int_0^l (-M_0 - Px)(-1) dx = \frac{M_0 l}{EI} + \frac{Pl^2}{2EI}$$

9.5.2 카스틸리아노 정리를 이용한 부정정보의 해석

카스틸리아노 정리는 부정정보를 해석하는 경우에 대단히 유리하다.

여러 개의 과잉지점을 가지고 있는 연속보의 경우를 생각해보자.

이때 지점에서의 반력들을 R_1, R_2, R_3, ⋯라고 하면, 이 보의 지점에서의 탄성변형에너지 U는 R_1, R_2, R_3, ⋯의 함수로 될 것이며, 그 반력의 작용점에서의 변위량들은 카스틸리아노 정리에 의하여 다음과 같이 된다.

$$\delta_1 = \frac{\partial U}{\partial R_1}, \ \delta_2 = \frac{\partial U}{\partial R_2}, \ \delta_3 = \frac{\partial U}{\partial R_3}, \ \cdots$$

그러나 지점에서의 구속조건을 고려하면, 이러한 변위량은 모두 0임을 알 수 있으므로, 다음과 같은 조건식들을 얻을 수 있게 된다.

$$\delta_1 = \frac{\partial U}{\partial R_1} = 0, \ \delta_2 = \frac{\partial U}{\partial R_2} = 0, \ \delta_3 = \frac{\partial U}{\partial R_3} = 0, \ \cdots \tag{1}$$

이러한 방정식의 개수는 과잉구속의 개수와 같으므로, 이것들을 연립방정식으로 하여 해석하면 그 반력들을 결정할 수 있게 되는 것이다.

또 연속보의 각 지점에서의 굽힘모멘트 M_1, M_2, M_3, $\cdots$를 과잉구속으로 보면, 탄성변형에너지 U는 M_1, M_2, M_3, $\cdots$의 함수로 될 것이며, 그 지점에서의 좌우 양쪽의 처짐곡선의 두 접선 사이의 상대회전각들은 카스틸리아노 정리에 의하여 다음과 같이 된다.

$$\theta_1 = \frac{\partial U}{\partial M_1}, \ \theta_2 = \frac{\partial U}{\partial M_2}, \ \theta_3 = \frac{\partial U}{\partial M_3}, \ \cdots$$

그러나 처짐곡선의 각 지점에서의 연속조건을 고려하면, 이러한 상대회전각들은 모두 0임을 알 수 있으므로, 다음과 같은 조건식들을 얻을 수 있게 된다.

$$\theta_1 = \frac{\partial U}{\partial M_1} = 0, \ \theta_2 = \frac{\partial U}{\partial M_2} = 0, \ \theta_3 = \frac{\partial U}{\partial M_3} = 0, \ \cdots \tag{2}$$

따라서 부정정보의 과잉구속력들을 계산하는 과정은 다음과 같다.

과잉구속들을 그들에 대응되는 힘들로 대치하고, 그 보 속에 저장되는 탄성변형에너지를 그 힘들의 함수로 나타낸 후에, 카스틸리아노 정리를 적용하여 변형량을 구하고, 경계조건을 사용하여 과잉구속력을 계산한다.

예제 _01

그림 9-16과 같이 등분포하중을 받고 있는 일단지지 타단 고정보에서 지점에서의 반력 R_A와 고정단에 작용하는 굽힘모멘트 M_A를 카스틸리아노 정리를 사용하여 구하라.

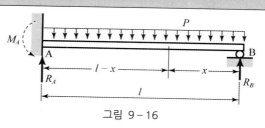

그림 9-16

이 보에는 1개의 과잉구속력이 있는데, 이때 B에서의 수직반력 R_B를 과잉구속력으로 취급하면, 이 보의 지점 B로부터 임의의 거리 x의 단면에 작용하는 굽힘모멘트는 다음과 같이 된다.

$$M_x = \frac{1}{2}px^2 - R_B x$$

이때 탄성변형에너지 U는 8.4절의 식 (1)을 적용하면 다음과 같이 된다.

$$U = \int_o^l \frac{M_x^2}{2EI}dx$$

B점에서의 처짐량은 0이라는 사실을 알고 있으므로, 카스틸리아노 정리식에 대입하여 다음과 같은 조건식을 얻을 수 있다.

$$\delta = \frac{\partial U_x}{\partial R_B} = \int_0^l \frac{\partial \left(\dfrac{M_x^2}{2EI}\right)}{\partial R_B}dx$$

$$= \frac{1}{EI}\int_0^l M_x \frac{\partial M_x}{\partial R_B}dx = \frac{1}{EI}\int_0^l \left(\frac{1}{2}px^2 - R_B x\right) \cdot (-x)dx$$

$$= -\frac{1}{EI}\int_0^l \frac{1}{2}px^3 + R_B x^2 dx = -\frac{1}{8}pl^4 + \frac{1}{3}R_B l^3 = 0$$

따라서

$$R_B = \frac{3}{8}pl$$

을 얻을 수 있다.

이번에는 보의 고정단에 작용하는 굽힘모멘트 M_A를 과잉구속력으로 취급하면, 이 보의 지점 B로부터 임의의 거리 x의 단면에 작용하는 굽힘모멘트는 다음과 같이 구할 수 있다.

우선 지점 A에서의 반력 R_A를 구하기 위하여 지점 B를 기준으로 한 모멘트의 평형방정식을 취하면, 다음과 같이 된다.

$$R_A l - \frac{1}{2}pl^2 - M_A = 0$$

$$R_A = \frac{1}{2}pl + \frac{M_A}{l}$$

따라서 임의의 거리 x의 단면에 작용하는 굽힘모멘트는 다음과 같이 된다.

$$M_x = R_A(l-x) - p(l-x) \cdot \frac{l-x}{2} - M_A$$

$$= R_A(l-x) - \frac{p}{2}(l-x)^2 - M_A$$

$$= \left(\frac{1}{2}pl + \frac{M_A}{l}\right)(l-x) - \frac{p}{2}(l-x)^2 - M_A$$

$$=-\frac{1}{2}px^2+\frac{1}{2}plx-\frac{M_A}{l}x$$

$$=-\frac{1}{2}px^2+\left(\frac{1}{2}pl-\frac{M_A}{l}\right)x$$

이때 탄성변형에너지 U는 8.4절의 식 (1)을 적용하면 다음과 같이 된다.

$$U=\int_0^l\frac{M_x^2}{2EI}dx$$

지점 A에서의 처짐곡선상의 접선의 회전각은 0이라는 것을 알고 있으므로, 카스틸리아노 정리 식에 대입하면 다음과 같은 조건식을 얻을 수 있다.

$$\theta=\frac{\partial U_x}{\partial M_A}$$

$$=\int_0^l\frac{\partial\left(\frac{M_x^2}{2EI}\right)}{\partial M_A}dx=\frac{1}{EI}\int_0^l M_x\frac{\partial M_x}{\partial M_A}dx$$

$$=\frac{1}{EI}\int_0^l\left\{-\frac{1}{2}px^2+\left(\frac{1}{2}pl-\frac{M_A}{l}\right)x\right\}\cdot\left(-\frac{x}{l}\right)dx$$

$$=\frac{1}{EI}\int_0^l\frac{p}{2l}x^3+\left(-\frac{p}{2}+\frac{M_A}{l^2}\right)x^2dx$$

$$=\frac{1}{8}pl^3+\frac{1}{3}\left(-\frac{p}{2}+\frac{M_A}{l^2}\right)l^3=0$$

따라서

$$M_A=\frac{1}{8}pl^2$$

을 얻을 수 있다.

| 제9장 |

연습문제

1. 길이 2 m인 양단 고정보에 등분포하중 $p = 1\ kN/cm$가 작용하고 있다. 최대 처짐량을 구하라. 단, 보 단면은 지름 $d = 25\ cm$인 원형단면이고, 보 재료의 종탄성계수 $E = 200\ GPa$이다.

2. 그림 9 – 17과 같이 길이 4 m인 양단 고정보에서 점 C에서 집중하중 $P = 1{,}200\ kN$이 작용할 때 고정단 B에 발생하는 굽힘모멘트를 구하라.

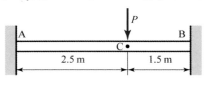

그림 9 – 17

3. 그림 9 – 18과 같이 지지된 보에서 집중하중 $P = 5\ kN$을 받고 있을 때 지점 C에서의 반력을 구하라. 단, $a = 2\ m$, $b = 4\ m$, $l = 6\ m$이다.

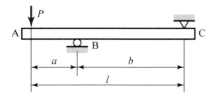

그림 9 – 18

4. 일단지지 타단 고정보에서 그림 9 – 19와 같이 지지단에 굽힘모멘트 M_0가 작용할 때 고정단에서의 반력을 구하라.

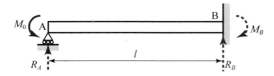

그림 9 – 19

5. 그림 9-20과 같이 양단 고정보의 반 길이에 걸쳐 등분포하중 p를 받고 있다. 오른쪽 고정단 B에서의 반력을 구하라.

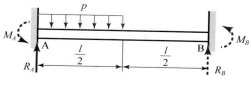

그림 9-20

6. 양단 고정보가 그림 9-21과 같이 두 개의 집중하중을 대칭으로 받고 있다. 고정단 B에서의 굽힘모멘트 M_B를 구하라.

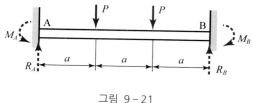

그림 9-21

7. 그림 9-22와 같은 등분포하중 $p = 2\,\text{kN/cm}$를 받는 연속보에서 $l = 1\,\text{m}$ 일 때 지점 B에서의 반력 R_B를 구하라.

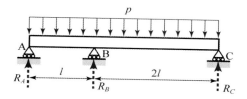

그림 9-22

8. 그림 9-23과 같은 3점 지지보에서 지점 C에서의 반력 R_C를 구하라. 단, $l = 2a$이다.

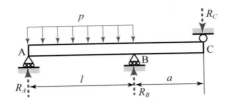

그림 9 - 23

9. 그림 9 - 24와 같은 3점 지지 연속보에서 지점 A 및 B에서의 반력을 구하라. 단, $P = pl$이다.

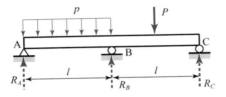

그림 9 - 24

10. 그림 9 - 25와 같은 3점 지지 연속보에서 중앙 지점의 반력 R_B를 구하라. 단 $l = 2a$이다.

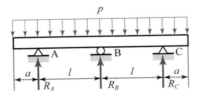

그림 9 - 25

STRENGTH OF MATERIALS

제10장 균일강도의 보

10.1 균일강도의 보의 의의

단면계수 Z인 보에 굽힘모멘트 M이 작용할 때 굽힘응력 $\sigma = \dfrac{M}{Z}$ 임을 7.1절에서 소개한 바 있다.

이 식에서 알 수 있는 바와 같이, 보의 각 단면에서의 단면계수 Z가 일정한 균일단면 보에 있어서는 굽힘응력 σ는 굽힘모멘트 M에 비례하므로, 굽힘모멘트가 보의 각 단면에 따라 변화하는 보에서는 굽힘응력도 각 단면에 따라 변화하게 된다.

따라서 어떤 단면에서는 허용응력의 한계에 이르는 큰 응력이 발생하는가 하면, 어느 단면에서는 거의 응력이 발생하지 않게 되어 불필요한 재료의 낭비가 될 수 있다.

이와 같은 재료의 낭비를 줄이고 중량을 경감시킬 목적으로, 다음 식과 같이 모든 단면에 작용하는 굽힘응력 σ가 균일하게 작용하도록 각 단면의 치수를 조정한 보를 **균일강도의 보**(beam of uniform strength)라고 한다.

$$\sigma = \frac{M}{Z} = 일정$$

이와 같은 균일강도의 보를 설계할 때에는 굽힘응력 σ를 일정한 사용응력으로 설정하고, 굽힘모멘트 M에 따라 각 단면의 단면계수 Z가 변화 되도록 단면의 치수를 단면의 위치에 따라 변화시켜야 한다. 이와 같은 이유로 해서 균일강도의 보를 **불균일 단면보**(beam of variable cross section)라고도 한다. 이와 같이 굽힘모멘트에 따라 각 단면의 치수를 결정할 때, 굽힘모멘트 M이 0인 단면에서는 단면계수가 0이 되어, 그 단면은 없어도 되는 것으로 생각되지만, 사실상 전단력에 대한 영향을 생각하면 그에 상당한 단면적이 필요하게 된다. 따라서 이와 같은 부분은 수정하여 설계해야 한다.

10.2 균일강도의 외팔보

10.2.1 집중하중이 작용하는 균일강도의 외팔보

(1) 폭이 일정한 직사각형 단면의 외팔보

그림 10-1과 같이 외팔보의 자유단에 집중하중 P가 작용할 때, 보의 자유단으로부

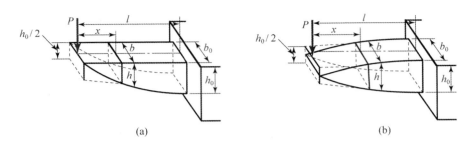

그림 10 – 1 자유단에 집중하중을 받는 균일강도의 외팔보(폭 b가 일정한 경우)

터 임의의 거리 x만큼 떨어진 단면이 폭 b, 높이 h인 직사각형 단면일 때, 폭 b는 일정하게 하고 높이 h만 변경시킨 균일강도 보는 자유단에 꼭짓점을 가지는 포물선 형상인 균일강도의 보가 된다. 이때 고정단에서의 단면의 높이 h_0와 자유단으로부터 임의의 거리 x에서의 단면의 높이 h는 각각 다음과 같이 된다.

$$h_0 = \sqrt{\frac{6Pl}{b\sigma}} \tag{1}$$

$$h = \sqrt{\frac{6Px}{b\sigma}} = h_0\sqrt{\frac{x}{l}} \tag{2}$$

식에서 σ는 허용응력이고 l은 보의 길이이다.

또 이와 같은 균일강도 보의 경우에도 자유단에서 최대 처짐이 발생하고, 그 값은 다음과 같다.

$$\delta_{\max} = \frac{2Pl^3}{3EI_0} \tag{3}$$

식에서 E는 보 재료의 종탄성계수이고, I_0는 고정단의 단면에서의 단면2차모멘트 이다.

▸ 식의 유도

그림 10 – 1과 같이 단면의 폭은 일정하고 높이 h가 단면의 위치에 따라 변화하는 외팔보의 자유단에 집중하중 P가 작용할 때, 보의 자유단으로부터 임의의 거리 x만큼 떨어진 단면이 폭 b, 높이 h인 직사각형 단면이라면, 이 단면의 단면계수 $Z = \dfrac{bh^2}{6}$이 고, 굽힘모멘트 $M = Px$가 된다. 또 보의 고정단에서의 단면이 폭 b, 높이 h_0인 직사각 형 단면이라면 이 단면의 단면계수 $Z = \dfrac{bh_0^2}{6}$이 되고, 굽힘모멘트 $M = Pl$이 된다.

따라서 다음 식과 같이 각 단면에 작용하는 굽힘응력 σ를 일정하게 놓으면

$$\sigma = \frac{M}{Z} = \frac{6Px}{bh^2} = \frac{6Pl}{bh_0^2} = 일정 \qquad \text{ⓐ}$$

으로 되어, 단면의 폭 b가 일정한 경우, 고정단에서의 단면의 높이 h_0와 자유단으로부터 임의의 거리 x에서의 단면의 높이 h는 각각 다음과 같이 된다.

$$h_0 = \sqrt{\frac{6Pl}{b\sigma}} \qquad \text{ⓑ}$$

$$h = \sqrt{\frac{6Px}{b\sigma}} = h_0\sqrt{\frac{x}{l}} \qquad \text{ⓒ}$$

이것을 그림으로 나타내면, 그림 10-1과 같이 자유단에 꼭짓점을 가지는 포물선 형상인 균일강도의 보가 된다.

이러한 균일강도 보의 임의의 단면에서의 처짐량은 8.2절의 면적 모멘트법(식 ⓔ)을 적용하여 다음과 같이 구할 수 있다.

$$\delta = \int_0^l \frac{1}{EI}Mx\,dx = \int_0^l \frac{12Px^2}{Ebh^3}dx \qquad \text{ⓓ}$$

이때 최대 처짐은 보의 자유단에서 발생하므로, 이 식에 $h = h_0\sqrt{\dfrac{x}{l}}$를 대입하면, 자유단에서의 최대 처짐량은 다음과 같이 된다.

$$\delta_{\max} = \frac{12Pl^{3/2}}{Ebh_0^3}\int_0^l \sqrt{x}\,dx = \frac{2Pl^3}{3EI_0} \qquad \text{ⓔ}$$

이 식에서 $I_0 = bh_0^3/12$로서, 고정단에서의 단면의 단면2차모멘트이다.

이와 같은 결과는 단면2차모멘트 I_0인 직사각형 균일단면보의 최대 처짐량 $\delta_{\max} = \dfrac{Pl^3}{3EI_0}$에 비하여 2배 정도 크다는 것을 알 수 있다. 따라서 균일강도 보에 있어서는 균일단면 보와 강도는 같다고 볼 수 있으나, 강성(剛性)은 다르다는 것을 알 수 있으며, 실제 설계 시, 자유단에서는 전단력에 의한 저항을 고려하여 그림과 같이 $h_0/2$로 수정한다.

예제 01

자유단에 집중하중 $P=20$ kN을 받는 외팔보를 만들고자 한다. 이때 단면은 직사각형으로 하는데, 단면의 폭 $b=15$ cm로 일정하게 하고, 높이 h만 변경시켜 균일강도 보를 만들고 싶다고 하면, 자유단으로부터 30 cm 되는 위치에 있는 단면의 높이는 얼마로 하여야 하는가? 단, 이 보 재료의 허용응력 $\sigma_a =50$ MPa이다.

풀이 단면의 높이

$$h = \sqrt{\frac{6Px}{b\sigma}} = \sqrt{\frac{6 \times (20 \times 10^3) \times 0.3}{0.15 \times (50 \times 10^6)}} = 4.8 \times 10^{-3} \text{ m} = 4.8 \text{ mm}$$

(2) 높이가 일정한 직사각형 단면의 외팔보

그림 10-2와 같이 외팔보의 자유단에 집중하중 P가 작용할 때, 보의 자유단으로부터 임의의 거리 x만큼 떨어진 단면이 폭 b, 높이 h인 직사각형 단면이고, 높이는 그대로 두고 폭 b만 변화시켜 균일강도 보로 한 경우, 폭은 그림 10-2와 같은 삼각형 형태의 균일강도의 보가 된다.

이때 고정단에서의 단면의 폭 b_0와 자유단으로부터 임의의 거리 x에서의 단면의 폭 b는 각각 다음과 같이 된다.

$$b_0 = \frac{6Pl}{\sigma h^2} \tag{1}$$

$$b = \frac{6Px}{\sigma h^2} = b_0 \frac{x}{l} \tag{2}$$

식에서 σ는 허용응력이고 l은 보의 길이이다.

이때에도 자유단에서 최대 처짐이 생기고 그 값은 다음과 같다.

$$\delta_{\max} = \frac{Pl^3}{2EI_0} \tag{3}$$

식에서 E는 보 재료의 종탄성계수이고, I_0는 고정단의 단면에서의 단면2차모멘트이다.

▶ 식의 유도

그림 10-2와 같이 단면의 높이 h는 일정하고 폭 b가 단면의 위치에 따라 변화하는 외팔보의 자유단에 집중하중 P가 작용할 때, 보의 자유단으로부터 임의의 거리 x만큼

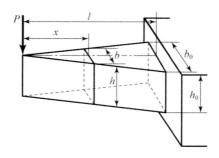

그림 10-2 자유단에 집중하중을 받는 균일강도의 외팔보(높이 h가 일정한 경우)

떨어진 단면이 폭 b, 높이 h인 직사각형 단면이라면, 이 단면의 단면계수 $Z = \dfrac{bh^2}{6}$이 고, 굽힘모멘트 $M = Px$가 된다. 또 보의 고정단에서의 단면의 폭이 b_0, 높이가 처음과 같은 h인 직사각형 단면이라면, 이 단면의 단면계수 $Z = \dfrac{b_0 h^2}{6}$이 되고, 굽힘모멘트 $M = Pl$이 된다.

따라서 균일강도 보의 이론에 의하여 다음 식과 같이 각 단면에 작용하는 굽힘응력 σ를 일정하게 놓으면

$$\sigma = \frac{M}{Z} = \frac{6Px}{bh^2} = \frac{6Pl}{b_0 h^2} = 일정 \qquad \text{ⓐ}$$

이 되고, 여기서

$$b_0 = \frac{6Pl}{\sigma h^2}, \quad b = \frac{6Px}{\sigma h^2} = b_0 \frac{x}{l} \qquad \text{ⓑ}$$

의 관계를 얻을 수 있다.

따라서 이 식의 관계를 그림으로 표시하면, 폭이 그림 10-2와 같은 삼각형 형태의 균일강도의 보가 된다. 이때 보의 자유단에서 최대 처짐이 생기는데, 그 값은 8.2절의 면적 모멘트법(식 ⓔ)에 의하여 다음과 같이 구할 수 있다.

$$\delta_{\max} = \int_0^l \frac{1}{EI} Mx\, dx = \int_0^l \frac{12Px^2}{Ebh^3} dx = \frac{12Pl}{Eb_0 h^3} \int_0^l x\, dx = \frac{Pl^3}{2EI_0} \qquad \text{ⓒ}$$

위의 식에서 $I_0 = b_0 h^3 / 12$로, 고정단의 단면에서의 단면2차모멘트(관성모멘트)이다. 따라서 두께가 일정하고 폭이 변화하는 균일강도 보의 처짐량은, 균일단면보의 최대

처짐량 $\delta_{\max} = Pl^3/3EI$에 비해 1.5배 정도 더 크다는 것을 알 수 있다.

예제 01

자유단에 집중하중 $P=20$ kN을 받는 외팔보를 만들고자 한다. 이때 단면은 직사각형으로 하는데, 단면의 높이 $h=15$ cm로 일정하게 하고, 폭 b만 변경시켜 균일강도 보를 만들고 싶다고 하면, 자유단으로부터 30 cm 떨어진 단면의 폭 b는 얼마로 하여야 하는가? 단, 이 보 재료의 허용응력 $\sigma_a=50$ MPa이다.

풀이 $b = \dfrac{6Px}{\sigma h^2} = \dfrac{6 \times (20 \times 10^3) \times 0.3}{(50 \times 10^6) \times 0.15^2} = 0.032\,\text{m} = 32\,\text{mm}$

(3) 원형단면의 외팔보

그림 10-3에서 보는 바와 같이 원형단면을 가지는 외팔보에서, 굽힘응력의 크기에 따라 지름 d를 변화시켜 균일강도 보로 한 경우, 지름 d는 보의 길이 x의 삼승근에 비례하는 3차곡선이 되며, 고정단에서의 지름 d_0와 자유단으로부터 임의의 거리 x만큼 떨어진 단면에서의 지름 d는 다음 식과 같다.

$$d_0 = \sqrt[3]{\frac{32Pl}{\pi\sigma}} \tag{1}$$

$$d = \sqrt[3]{\frac{32Px}{\pi\sigma}} = d_0\sqrt[3]{\frac{x}{l}} \tag{2}$$

식에서 σ는 허용응력이고, l은 보의 길이이다.

이때 자유단에서 최대 처짐이 발생하고, 그 값은 다음과 같다.

$$\delta_{\max} = \frac{3Pl^3}{5EI_0} \tag{3}$$

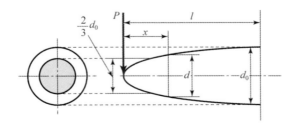

그림 10-3 자유단에 집중하중을 받는 균일강도의 외팔보(원형단면의 경우)

식에서 E는 보 재료의 종탄성계수이고, I_0는 고정단의 단면에서의 단면2차모멘트이다.

▸ **식의 유도**

그림 10-3에서 보는 바와 같이 원형단면을 가진 외팔보에서, 지름 d인 원형단면의 단면계수 $Z = \dfrac{\pi d^3}{32}$ 이므로, 응력이 일정한 균일강도의 보로 하면

$$\sigma = \frac{M}{Z} = \frac{32Px}{\pi d^3} = \frac{32Pl}{\pi d_0^3} = 일정 \qquad\qquad ⓐ$$

의 관계식이 성립하고, 여기서

$$d_0 = \sqrt[3]{\frac{32Pl}{\pi\sigma}} \qquad\qquad ⓑ$$

$$d = \sqrt[3]{\frac{32Px}{\pi\sigma}} = d_0\sqrt[3]{\frac{x}{l}} \qquad\qquad ⓒ$$

를 얻는다.

이 식에 의하면 지름 d는 보의 길이 x의 삼승근에 비례하는 3차곡선으로 된다.

이때 8.2절의 면적 모멘트법(식 ⓔ)을 적용하여 보의 최대 처짐량을 계산하면 다음과 같이 된다.

$$\delta_{\max} = \int_0^l \frac{1}{EI} Mx\,dx = \int_0^l \frac{64Px^2}{E\pi d^4}\,dx$$

$$= \int_0^l \frac{64Px^2}{E\pi d_0^4} \cdot \frac{l}{x} \cdot \sqrt[3]{\frac{l}{x}}\,dx = 64\frac{Pl^{\frac{4}{3}}}{E\pi d_0^4}\int_0^l x^{\frac{2}{3}}\,dx$$

$$= \frac{3Pl^3}{5EI_0} \qquad\qquad ⓓ$$

보의 자유단에서는 전단력의 영향을 고려하여 $\dfrac{2}{3}d_0$로 수정한다.

예제 01

자유단에 집중하중 $P=20$ kN을 받는 길이 $l=2$ m인 원형단면의 균일강도 외팔보를 만들고자
한다. 보 재료의 허용응력 $\sigma_a=50$ MPa이라고 할 때 보의 고정단에서의 지름을 구하라.

풀이 고정단에서의 지름

$$d_0 = \sqrt[3]{\frac{32Pl}{\pi\sigma}} = \sqrt[3]{\frac{32 \times (20 \times 10^3) \times 2}{\pi \times (50 \times 10^6)}} = 0.2 \text{ m} = 20 \text{ cm}$$

10.2.2 등분포하중이 작용하는 균일강도의 외팔보

(1) 폭이 일정한 직사각형 단면의 외팔보

그림 10−4와 같이 외팔보의 전 길이에 걸쳐 균일 분포하중 p가 작용할 때, 보의
자유단으로부터 임의의 거리 x만큼 떨어진 단면이 폭 b, 높이 h인 직사각형 단면이라
면, 폭 b는 일정하게 하고 높이 h만을 변화시켜 균일강도 보로 한 경우, 그림과 같은
삼각형 형태의 균일강도 보가 되는데, 고정단에서의 높이 h_0와 자유단으로부터 임의
의 거리 x에서의 높이 h는 다음 식으로 된다.

$$h_0 = \sqrt{\frac{3pl^2}{b\sigma}} \tag{1}$$

$$h = \sqrt{\frac{3px^2}{b\sigma}} = \frac{h_0}{l}x \tag{2}$$

식에서 σ는 허용응력이고, l은 보의 길이이다.

이때 자유단에서 최대 처짐이 일어나고 그 값은 다음과 같다.

$$\delta_{\max} = \frac{pl^4}{2EI_0} \tag{3}$$

식에서 E는 보 재료의 종탄성계수이고, I_0는 고정단의 단면에서의 단면2차모멘트
이다.

▸ 식의 유도

그림 10−4와 같이 단면의 폭은 일정하게 하고, 높이 h가 단면의 위치에 따라 변화
하는 외팔보의 전 길이에 걸쳐 균일 분포하중 p가 작용할 때, 보의 자유단으로부터
임의의 거리 x만큼 떨어진 단면이 폭 b, 높이 h인 직사각형 단면이라면, 이 단면의

단면계수 $Z=\dfrac{bh^2}{6}$ 이고, 이곳에서의 굽힘모멘트 $M=\dfrac{px^2}{2}$ 이 된다. 또 보의 고정단에서의 단면이 폭 b, 높이 h_0 인 직사각형 단면이라면, 이 단면의 단면계수 $Z=\dfrac{bh_0^2}{6}$ 이 되고, 굽힘모멘트 $M=\dfrac{pl^2}{2}$ 이 된다.

따라서 균일강도 보의 이론에 의하여 다음 식과 같이 각 단면에 작용하는 굽힘응력 σ 를 일정하게 놓으면

$$\sigma=\frac{M}{Z}=\frac{6}{bh^2}\cdot\frac{px^2}{2}=\frac{6}{bh_0^2}\cdot\frac{pl^2}{2}=\text{일정} \qquad \text{ⓐ}$$

로 된다.

따라서 보 단면의 높이

$$h_0=\sqrt{\frac{3pl^2}{b\sigma}} \qquad \text{ⓑ}$$

$$h=\sqrt{\frac{3px^2}{b\sigma}}=\frac{h_0}{l}x \qquad \text{ⓒ}$$

로 되어, 그림 10-4와 같은 삼각형 형태의 균일강도 보가 된다.

이때 보의 최대 처짐량 $\delta_{\max}$ 는 8.2절의 면적 모멘트법(식 ⓔ)에 의하여 다음과 같이 된다.

$$\delta_{\max}=\int_0^l\frac{1}{EI}Mxdx=\int_0^l\frac{12\cdot\dfrac{px^2}{2}\cdot x}{Ebh^3}dx=\frac{12pl^3}{2Ebh_0^3}\int_0^l dx=\frac{pl^4}{2EI_0} \qquad \text{ⓓ}$$

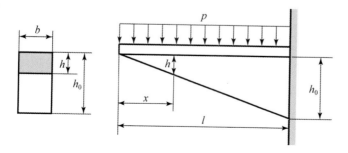

그림 10-4 등분포하중을 받는 균일강도의 외팔보(폭 b가 일정한 경우)

이는 균일단면보에 있어서의 최대 처짐량 $\delta_{max} = pl^4/8EI_0$에 비해 4배 정도 더 크다는 사실을 알 수 있다.

예제 01

균일 분포하중 $p = 2\,kN/m$를 받는 길이 3 m의 외팔보를 만들고자 한다. 이때 단면은 직사각형으로 하는데, 단면의 폭 $b = 15\,cm$로 일정하게 하고, 높이 h만 변경시켜 균일강도 보를 만들고 싶다고 하면, 고정단에서의 단면의 높이는 얼마로 하여야 하는가? 단, 이 보 재료의 허용응력 $\sigma_a = 50\,MPa$이다.

풀이 고정단에서의 단면의 높이

$$h_0 = \sqrt{\frac{3pl^2}{b\sigma}} = \sqrt{\frac{3 \times (2 \times 10^3) \times 3^2}{0.15 \times (50 \times 10^6)}} = 0.085\,\text{m} = 85\,\text{mm}$$

(2) 높이가 일정한 직사각형 단면의 외팔보

그림 10-5(a)와 같이 외팔보의 전 길이에 걸쳐 균일 분포하중 p가 작용할 때, 보의 자유단으로부터 임의의 거리 x만큼 떨어진 단면이 폭 b, 높이 h인 직사각형 단면이고, 높이 h는 일정하게 하고 폭 b만 변경시킨 균일강도 보로 한 경우, 폭이 포물선 형태의 균일강도의 보가 되며, 고정단에서의 폭 b_0와 자유단으로부터 임의의 거리 x에서의 폭 b는 다음 식과 같다.

$$b_0 = \frac{3pl^2}{\sigma h^2} \tag{1}$$

$$b = \frac{3p}{\sigma h^2}x^2 = b_0\left(\frac{x}{l}\right)^2 \tag{2}$$

식에서 σ는 허용응력이고, l은 보의 길이이다.

이때에도 자유단에서 최대 처짐이 발생하고 그 값은 다음과 같다.

$$\delta_{max} = \frac{pl^4}{4EI_0} \tag{3}$$

식에서 E는 보 재료의 종탄성계수이고, I_0는 고정단의 단면에서의 단면2차모멘트이다.

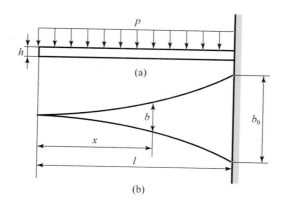

그림 10 − 5 등분포하중을 받는 균일강도 외팔보(높이가 일정한 경우)

▸ **식의 유도**

그림 10 − 5(a)와 같이 단면의 높이는 일정하게 하고, 폭 b가 단면의 위치에 따라 변화하는 외팔보의 전 길이에 걸쳐 균일 분포하중 p가 작용할 때, 보의 자유단으로부터 임의의 거리 x만큼 떨어진 단면이 폭 b, 높이 h인 직사각형 단면이라면 이 단면의 단면계수 $Z = \dfrac{bh^2}{6}$이고, 이곳에서의 굽힘모멘트 $M = \dfrac{px^2}{2}$이 된다. 또 보의 고정단의 단면에서의 높이는 변함 없이 h이고, 폭이 b_0로 변화된 직사각형 단면이라면 이 단면의 단면계수 $Z = \dfrac{b_0 h^2}{6}$이 되고, 굽힘모멘트 $M = \dfrac{pl^2}{2}$이 된다.

따라서 균일강도 보의 이론에 의하여, 다음 식과 같이 각 단면에 작용하는 굽힘응력 σ를 일정하게 놓으면 다음 식이 성립한다.

$$\sigma = \frac{M}{Z} = \frac{6}{bh^2}\frac{px^2}{2} = \frac{6}{b_0 h^2}\frac{pl^2}{2} = 일정 \qquad\qquad ⓐ$$

따라서 이로부터

$$b_0 = \frac{3pl^2}{\sigma h^2} \qquad\qquad ⓑ$$

$$b = \frac{3p}{\sigma h^2}x^2 = b_0\left(\frac{x}{l}\right)^2 \qquad\qquad ⓒ$$

의 관계를 얻을 수 있다.

이 식을 그림으로 나타내면 그림 10 − 5(b)와 같이, 폭이 포물선 형태로 변화되는 균일강도의 보가 됨을 알 수 있다.

이때 보의 최대 처짐량 $\delta_{\max}$은 면적 모멘트법(식 ⓔ)에 의하여 다음과 같이 된다.

$$\delta_{\max} = \int_0^l \frac{1}{EI} Mx\,dx = \int_0^l \frac{12\dfrac{px^2}{2}x}{Ebh^3}\,dx = \frac{12pl^2}{2Eb_0h^3}\int_0^l x\,dx = \frac{pl^4}{4EI_0} \qquad ⓓ$$

이것은 균일단면보의 최대 처짐량 $\delta_{\max} = pl^4/8EI_0$에 비해 2배 정도 더 크다는 사실을 알 수 있다.

예제 01

균일 분포하중 $p=2$ kN/m를 받는 길이 3 m의 균일강도 외팔보를 만들고자 한다. 이때 단면은 직사각형으로 하는데, 단면의 높이 $h=15$ cm로 일정하게 하고, 폭 b만 변경시켜 균일강도 보로 만들고 싶다고 하면, 고정단에서의 단면의 폭은 얼마로 하여야 하는가? 단, 이 보 재료의 허용응력 $\sigma_a = 50$ MPa이다.

풀이 고정단에서의 단면의 폭

$$b_0 = \frac{3pl^2}{\sigma h^2} = \frac{3 \times (2 \times 10^3) \times 3^2}{(50 \times 10^6) \times 0.15^2} = 0.048 \text{ m} = 48 \text{ mm}$$

10.3 균일강도의 단순보

10.3.1 집중하중이 작용하는 균일강도의 단순보

그림 10−6(a)에서 보는 바와 같이 직사각형 단면을 가진 단순보의 중앙에 집중하중이 작용하는 경우, 폭 b는 일정하게 하고 높이 h만 변경시켜 균일강도 보로 한 경우, 보의 형상은 그림 10−6(b)와 같이 되며, 중앙에서의 높이 h_0와 좌측 지점으로부터 임의의 거리 x만큼 떨어진 단면에서의 높이 h는 다음 식과 같다.

$$h_0 = \sqrt{\frac{3Pl}{2b\sigma}} \qquad (1)$$

$$h = \sqrt{\frac{3Px}{b\sigma}} = h_0\sqrt{\frac{2}{l}}\,x \qquad (2)$$

식에서 σ는 허용응력이고, l은 보의 길이이다.

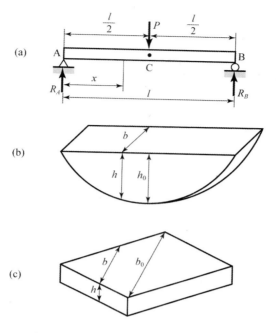

그림 10-6 집중하중을 받는 균일강도의 단순보

또 보의 높이 h를 일정하게 유지하고 폭 b를 변화시켜 균일강도 보로 한 경우, 보의 형상은 그림 10-6(c)와 같이 되는데, 폭 b는 다음 식과 같다.

$$b = \frac{2b_0}{l}x \tag{3}$$

식에서 b_0는 보의 중앙에서의 폭이다.

▶ **식의 유도**

그림 10-6(a)에서 보는 바와 같이 직사각형 단면을 가진 단순보의 중앙에 집중하중 P가 작용하는 경우, 구간 AC 사이에서 좌측 지점으로부터 임의의 거리 x의 단면에 작용하는 굽힘모멘트

$$M = \frac{Px}{2}$$

이고, 이곳에서의 단면계수

$$Z = \frac{bh^2}{6}$$

이 된다.

또 중앙 지점에서의 굽힘모멘트

$$M = \frac{Pl}{4}$$

이 되고, 직사각형 단면의 폭 b를 일정하게 유지하고, 높이 h를 변화시켜, 중앙 지점에서의 높이를 h_0라 하면, 이 단면에서의 단면계수

$$Z = \frac{bh_0^2}{6}$$

이므로, 균일강도 보의 이론에 의하여, 각 단면에서의 굽힘응력 σ를 같게 되도록 하면

$$\sigma = \frac{M}{Z} = \frac{\dfrac{Px}{2}}{\dfrac{bh^2}{6}} = \frac{\dfrac{Pl}{4}}{\dfrac{bh_0^2}{6}} = 일정 \qquad \text{ⓐ}$$

의 관계를 얻을 수 있다. 이로부터

$$h_0 = \sqrt{\frac{3Pl}{2b\sigma}} \qquad \text{ⓑ}$$

$$h = \sqrt{\frac{3Px}{b\sigma}} = h_0 \sqrt{\frac{2}{l}} \, x \qquad \text{ⓒ}$$

를 얻는다. 이 식에서 보의 높이 h는 보의 길이 x에 따라 포물선 형태로 변화함을 알 수 있으며, 이것을 그림으로 나타내면 그림 10-6(b)와 같이 된다.

또 보의 높이 h를 일정하게 유지하고, 폭 b를 변화시켜 중앙 지점에서의 폭을 b_0라고 하면, 이 단면에서의 단면계수

$$Z = \frac{b_0 h^2}{6}$$

이므로, 균일강도 보의 이론에 의하여, 각 단면에서의 굽힘응력 σ를 같게 되도록 하면

$$\sigma = \frac{M}{Z} = \frac{\dfrac{px}{2}}{\dfrac{bh^2}{6}} = \frac{\dfrac{pl}{4}}{\dfrac{b_0 h^2}{6}} = 일정$$

의 관계를 얻을 수 있다. 이로부터 다음과 같은 결과를 얻을 수 있다.

$$b_0 = \frac{3pl}{2\sigma h^2}$$

$$b = \frac{3px}{\sigma h^2} = \frac{2b_0}{l} x$$

따라서 보의 형상은 그림 10-6(c)와 같다.

예제 01

중앙 지점에서 집중하중 $P=20\,\text{kN}$을 받는 균일강도의 단순보를 만들고자 한다. 이때 단면은 직사각형으로 하는데, 단면의 폭 $b=15\,\text{cm}$로 일정하게 하고 높이 h만 변경시킨 균일강도 보로 만들고 싶다고 하면, 중앙 지점에서의 단면의 높이 h_0는 얼마로 하여야 하는가? 단, 이 보 재료의 허용응력 $\sigma_a =50\,\text{MPa}$이고, 보의 길이는 4 m로 한다.

풀이 중앙 지점에서의 단면의 높이

$$h_0 = \sqrt{\frac{3Pl}{2b\sigma}} = \sqrt{\frac{3 \times (20 \times 10^3) \times 4}{2 \times 0.15 \times (50 \times 10^6)}} = 0.127\,\text{m} = 127\,\text{mm}$$

10.3.2 등분포하중이 작용하는 균일강도의 단순보

그림 10-7에서 보는 바와 같은 등분포하중 p를 받는 단순보에서, 폭 b는 일정하게 하고 높이 h만 변경시켜 균일강도 보로 한 경우, 보의 형상은 그림 10-7(b)와 같은 곡선 형태의 보가 되며, 중앙에서의 높이 h_0와 좌측 지점으로부터 임의의 거리 x만큼 떨어진 단면의 높이 h는 다음과 같이 된다.

$$h_0 = \sqrt{\frac{3pl^2}{4\sigma b}} \qquad (1)$$

$$h = \frac{2h_0}{l} \sqrt{x(l-x)} \qquad (2)$$

식에서 l은 보의 길이이다.

또 보의 높이 h를 일정하게 유지하고 보의 폭 b를 변화키면 보의 형상은 그림 10-7(c)와 같이 되며, 폭 b는 다음 식과 같이 된다.

$$b = \frac{4b_0}{l^2} x(l-x) \tag{3}$$

식에서 b_0는 보의 중앙에서의 폭이다.

▶ **식의 유도**

그림 10−7에서 보는 바와 같은 균일 분포하중 p를 받는 단순보에서, 보의 좌측 지점으로부터 임의의 거리 x의 단면에 작용하는 굽힘모멘트 M는 다음 식과 같이 된다.

$$M = \frac{pl}{2} x - \frac{px^2}{2} = \frac{p}{2} x(l-x)$$

이곳에서의 단면계수 Z는 다음과 같이 된다.

$$Z = \frac{bh^2}{6}$$

또한 중앙 지점에서의 굽힘모멘트 M은 다음과 같이 된다.

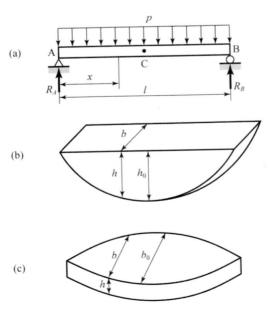

그림10−7 등분포하중을 받는 균일강도의 단순보

$$M = \frac{pl^2}{8}$$

직사각형 단면의 폭 b를 일정하게 유지하고, 높이 h를 변화시켜 중앙 지점에서의 높이를 h_0라 하면, 이 단면에서의 단면계수 Z는 다음과 같이 된다.

$$Z = \frac{bh_0^2}{6}$$

따라서 균일강도 보의 이론에 의하여, 각 단면에서의 굽힘응력 σ를 같게 되도록 하면 다음과 같이 된다.

$$\sigma = \frac{M}{Z} = \frac{\dfrac{p}{2}x(l-x)}{\dfrac{bh^2}{6}} = \frac{\dfrac{pl^2}{8}}{\dfrac{bh_0^2}{6}} = 일정 \qquad \text{ⓐ}$$

이로부터 중앙 지점에서의 높이 h_0를 구하면 다음과 같이 된다.

$$h_0 = \sqrt{\frac{3pl^2}{4\sigma b}} \qquad \text{ⓑ}$$

또한 임의의 거리 x에서의 높이 h는 다음과 같이 된다.

$$h = \frac{2h_0}{l}\sqrt{x(l-x)} \qquad \text{ⓒ}$$

따라서 보의 형상은 그림 10−7(b)와 같은 포물선 형태가 된다.

이번에는 보의 높이 h를 일정하게 유지하고, 보의 폭 b를 변화시켜 중앙 지점에서의 폭을 b_0라 하면 이곳에서의 단면계수 $Z_0 = \dfrac{b_0 h^2}{6}$이 된다.

따라서 균일강도 보의 이론에 의하여 각 단면에서의 굽힘응력 σ를 같게 되도록 하면 다음과 같은 관계식을 얻게 된다.

$$\sigma = \frac{M}{Z} = \frac{\dfrac{p}{2}x(l-x)}{\dfrac{bh^2}{6}} = \frac{\dfrac{pl^2}{8}}{\dfrac{b_0 h^2}{6}} = 일정 \qquad \text{ⓓ}$$

이로부터 다음과 같은 결과를 얻을 수 있다.

$$중앙\ 지점에서의\ 폭\ b_0 = \frac{3pl^2}{4\sigma h^2}$$

$$임의의\ 거리\ x에서의\ 폭\ b = \frac{4b_0}{l^2}x(l-x)$$

이때 보의 형상은 그림 10-7(c)와 같이 된다.

예제 01

균일 분포하중 $P=2\ \mathrm{kN/m}$를 받는 균일강도의 단순보를 만들고자 한다. 이때 단면은 직사각형으로 하는데, 단면의 폭 $b=15\ \mathrm{cm}$로 일정하게 하고, 높이 h만 변경시킨 균일강도 보로 만들고 싶다고 하면, 중앙 지점에서의 단면의 높이 h_0는 얼마로 하여야 하는가? 단, 이 보 재료의 허용응력 $\sigma_a = 50\ \mathrm{MPa}$이고, 보의 길이는 $4\ \mathrm{m}$로 한다.

풀이 중앙 지점에서의 단면의 높이

$$h_0 = \sqrt{\frac{3Pl^2}{4\sigma b}} = \sqrt{\frac{3 \times (2 \times 10^3) \times 4^2}{4 \times (50 \times 10^6) \times 0.15}} = 0.057\ \mathrm{m} = 57\ \mathrm{mm}$$

10.3.3 균일강도의 단순보의 처짐

그림 10-8과 같이 중앙에 집중하중 P를 받고 있는 균일강도 단순보의 경우, 중앙에서 최대 처짐량 $\delta_{\max}$이 발생하고, 그 값은 다음과 같다.

$$\delta_{\max} = \frac{Pl^3}{32EI_0} \tag{1}$$

식에서 E는 보 재료의 종탄성계수이고, I_0는 보의 중앙 단면에서의 단면2차모멘트이다.

▸ 식의 유도

보의 곡률반지름 ρ와 굽힘모멘트 M 사이에는 $\dfrac{1}{\rho} = \dfrac{M}{EI}$의 관계가 성립함을 이미 7장에서 소개한 바 있다. 이 식에서 굽힘모멘트 M은 굽힘응력 σ와 $M = \sigma Z$의 관계가 성립하고, I는 단면2차모멘트인데 폭 b, 높이 h인 직사각형 단면의 경우, 단면2차모멘

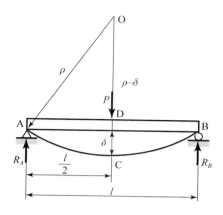

그림 10-8 균일강도 보의 처짐

트 $I = \dfrac{bh^3}{12}$이고, 단면계수 $Z = \dfrac{bh^2}{6}$이다.

따라서 이들을 정리하면 다음과 같은 관계를 얻는다.

$$\frac{1}{\rho} = \frac{M}{EI} = \frac{\sigma Z}{EI} = \frac{2\sigma}{Eh}$$

그런데 균일강도의 단순보에서는 굽힘응력 σ가 보의 전 길이에 걸쳐 균일하게 작용하고, 보의 높이 h를 일정하게 유지시킨 균일강도 단순보에서는 h도 일정하므로, 이 식에서 E와 h가 일정하고 σ도 일정하다고 하면, 곡률반지름 ρ도 일정하다는 것을 알 수 있다.

따라서 보는 원호상으로 굽어지며, 이를 이용하여 다음과 같이 균일강도 보의 처짐량을 구하는 식을 간단히 유도할 수 있다.

그림 10-8과 같은 단순보에서 ACB는 보가 처짐으로 인하여 생긴 탄성곡선이며, 이는 O를 중심으로 하는 원호가 된다. D는 보의 지점 A, B의 중점인데, 이 보의 최대 처짐은 이 점에서 발생하고 그 크기는 DC가 된다. 따라서 DC=δ라 하면, △AOD 에서 다음과 같은 관계를 얻을 수 있다.

$$\rho^2 = \left(\frac{l}{2}\right)^2 + (\rho - \delta)^2$$

$$\rho^2 = \frac{l^2}{4} + \rho^2 - 2\rho\delta + \delta^2$$

여기서 δ는 l에 비하여 극히 적으므로 $\delta^2 = 0$으로 하면 다음과 같이 된다.

$$2\rho\delta = \frac{l^2}{4}$$

$$\delta = \frac{l^2}{8\rho}$$

따라서 이 식에 $\frac{1}{\rho} = \frac{M}{EI}$의 관계를 대입하면 다음과 같이 된다.

$$\delta = \frac{Ml^2}{8EI} \qquad\qquad ⓐ$$

이 식에 중앙에 집중하중 P를 받는 단순보의 최대굽힘모멘트 $M_{max} = \frac{Pl}{4}$을 대입하면, 다음과 같은 균일강도 단순보의 최대 처짐량 δ_{max}을 구할 수 있게 된다.

$$\delta_{max} = \frac{Pl^3}{32EI} \qquad\qquad ⓑ$$

여기서 보 단면의 단면2차모멘트는 보 중앙 단면의 단면2차모멘트로 $I = I_0$로 한다. 이 결과를 균일 단면의 단순보에 있어서의 최대 처짐량 $\delta_{max} = \frac{Pl^3}{48EI}$과 비교하면 1.5배 정도 더 큼을 알 수 있다.

이번에는 식 ⓐ를 외팔보에 대하여도 적용해보자.

자유단에 집중하중이 작용하는 외팔보일 경우에는 단순보의 점 D를 고정단, A 또는 B단을 자유단, 보의 길이 AD = DB = l로 간주하면, 고정단에서의 최대굽힘모멘트 $M_{max} = Pl$이므로 이러한 관계를 앞의 식 ⓐ에 대입하여, 다음과 같은 자유단에서의 최대 처짐량 δ_{max}을 얻을 수 있다.

$$\delta_{max} = \frac{M(2l)^2}{8EI} = \frac{Ml^2}{2EI} = \frac{Pl^3}{2EI} \qquad\qquad ⓒ$$

이 결과는 10.2.1절의 집중하중을 받는 균일강도의 외팔보에서의 최대처짐량과 일치함을 알 수 있다.

이와 같이 균일강도의 보는 일정한 하중에 대하여 처짐이 커지게 되는 반면에 체적이 작아지게 되므로, 보의 단위체적당 탄성에너지가 커지게 되는데, 이러한 원리를 응용한 예가 바로 **판 스프링**이다.

10.4 겹판 스프링

균일강도의 보를 응용한 예로 판 스프링을 들 수 있다. 판 스프링을 두께가 일정한 직사각형 단면의 외팔보 형태로 해도 되지만, 이렇게 하면 폭이 넓어져서 실제 사용하기에는 불편하다(실제로 자동차에 사용되고 있음).

따라서 그림 10-9와 같이 판을 삼각형 형태로 하여 여러 개 중첩하여 만드는데, 이것을 **겹판 스프링**(leaf spring)이라 한다.

1) 그림 10-9와 같이 고정단이 폭 B이고, 높이 h인 직사각형 단면을 가진 삼각형 형태의 판 스프링을, 폭 b인 n개의 스프링으로 나누어 겹친 다음, 외팔보 형태로 고정시킨 겹판 스프링에서 자유단에서의 허용하중 P는 다음 식으로 된다.

$$P = \frac{\sigma n b h^2}{6l} \tag{1}$$

또 자유단에서 발생하는 최대 처짐량 $\delta_{\max}$은 다음 식으로 된다.

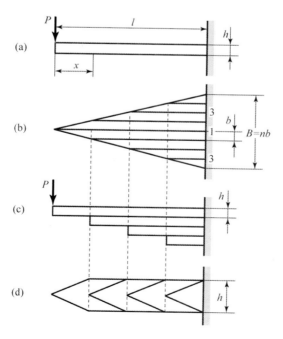

그림 10-9 겹판 스프링의 원리

$$\delta_{\max} = \frac{\sigma P l^3}{n E b h^3} \tag{2}$$

이때 곡률반지름 ρ는 다음식과 같다.

$$\rho = \frac{n E b h^3}{12 P l} \tag{3}$$

2) 그림 10-10과 같이 겹판 스프링을 양단에서 지지한 경우, 중앙 지점에서의 허용 하중 P는 다음 식으로 된다.

$$P = \frac{2 \sigma n b h^2}{3 l} \tag{4}$$

또 중앙에서 발생하는 최대 처짐량 $\delta_{\max}$은 다음 식으로 된다.

$$\delta_{\max} = \frac{3 P l^3}{8 E n b h^3} \tag{5}$$

이때 곡률반지름 ρ는 다음과 같다.

$$\rho = \frac{E n b h^3}{3 P l} \tag{6}$$

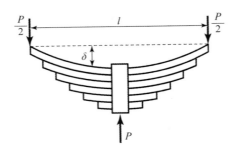

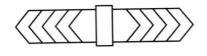

그림 10-10 겹판 스프링

▸ **식의 유도**

고정단이 폭 B이고, 높이 h인 직사각형 단면을 가진 삼각형 형태의 판 스프링을 폭 b인 n개의 스프링으로 나누어 겹쳤다고 하면, 고정단의 단면의 단면계수

$$Z = \frac{nbh^2}{6} \qquad \text{ⓐ}$$

이므로, 굽힘모멘트 M은 다음과 같은 식으로 나타낼 수 있다.

$$M = Pl = \sigma Z = \frac{\sigma nbh^2}{6} \qquad \text{ⓑ}$$

따라서 이로부터 다음과 같은 허용하중 P에 대한 식을 얻을 수 있다.

$$P = \frac{\sigma nbh^2}{6l} \qquad \text{ⓒ}$$

또 자유단에 집중하중이 작용하는 균일강도의 외팔보의 자유단에서의 처짐량은 10.3.3절의 식 ⓒ에서

$$\delta = \frac{Pl^3}{2EI} \qquad \text{ⓓ}$$

이고, 단면2차모멘트

$$I = \frac{nbh^3}{12} \qquad \text{ⓔ}$$

이므로, 식 ⓔ를 식 ⓓ에 대입하면, 자유단에서 발생하는 처짐량 δ는 다음 식과 같이 된다.

$$\delta = \frac{Pl^3}{2EI} = \frac{6Pl^3}{nEBh^3} \qquad \text{ⓕ}$$

또 곡률반지름 ρ는 $1/\rho = M/EI$의 관계식으로부터, 다음과 같은 곡률반지름 ρ에 관한 식을 얻을 수 있다.

$$\rho = \frac{EI}{M} = \frac{E\dfrac{nbh^3}{12}}{Pl} = \frac{Enbh^3}{12Pl} \qquad \text{ⓖ}$$

그러나 실제로 사용되는 겹판 스프링은, 그림 10-10과 같이 겹판 스프링을 대칭으로 하여 중앙에서 체결한 단순보 형태로 만들어 사용한다.

따라서 단순보에서의 최대굽힘모멘트

$$M = \frac{Pl}{4} \qquad \text{ⓗ}$$

이고, 고정단에서의 단면의 단면계수 $Z = \dfrac{nbh^2}{6}$ 이므로

$$M = \frac{Pl}{4} = \sigma Z = \frac{\sigma nbh^2}{6} \qquad \text{ⓘ}$$

으로 나타낼 수 있다. 따라서 식 ⓘ로부터 허용하중 P는 다음 식으로 된다.

$$P = \frac{2\sigma nbh^2}{3l} \qquad \text{ⓙ}$$

또 균일강도 단순보의 처짐량 δ는 10.3.3절 식 ⓑ에서

$$\delta = \frac{Pl^3}{32EI} \qquad \text{ⓚ}$$

이므로, 식 ⓔ를 식 ⓚ에 대입하면, 다음과 같은 겹판 스프링에서의 중앙점에서의 최대 처짐량 $\delta_{\max}$을 얻을 수 있다.

$$\delta_{\max} = \frac{Pl^3}{32EI} = \frac{3Pl^3}{8Enbh^3} \qquad \text{ⓛ}$$

또 곡률반지름 ρ는 $1/\rho = M/EI$의 관계식으로부터 다음과 같은 곡률반지름 ρ에 관한 식을 얻을 수 있다.

$$\rho = \frac{EI}{M} = \frac{E\dfrac{nbh^3}{12}}{\dfrac{Pl}{4}} = \frac{Enbh^3}{3Pl} \qquad \text{ⓜ}$$

| 제10장 |

연습문제

1. 자유단에 집중하중 $P = 40\,\text{kN}$을 받는 균일강도의 외팔보를 만들고자 한다. 이때 단면은 직사각형으로 하는데, 단면의 폭 $b = 20\,\text{cm}$로 일정하게 하고 높이 h만 변경시켜 균일강도 보로 하고 싶다고 하면, 고정단에서의 높이는 얼마로 하여야 하는가? 단, 이 보 재료의 허용응력 $\sigma_a = 50\,\text{MPa}$ 이고, 길이는 1 m이다.

2. 자유단에 집중하중 $P = 50\,\text{kN}$을 받는 외팔보를 만들고자 한다. 이때 단면은 직사각형으로 하는데, 단면의 높이 $h = 15\,\text{cm}$로 일정하게 하고 폭 b만 변경시켜 균일강도 보를 만들고 싶다고 하면, 고정단에서의 폭은 얼마로 하여야 하는가? 단, 이 보 재료의 허용응력 $\sigma_a = 50\,\text{MPa}$이고, 길이는 2 m이다.

3. 자유단에 집중하중 $P = 40\,\text{kN}$을 받는 길이 $l = 2\,\text{m}$인 원형단면의 균일 강도 외팔보를 만들고자 한다. 보 재료의 허용응력 $\sigma_a = 50\,\text{MPa}$이라고 할 때 보의 고정단에서의 지름을 구하라.

4. 3번 문제에서 자유단에서의 처짐량을 구하라. 단, 보 재료의 종탄성계수 $E = 200\,\text{GPa}$이다.

5. 균일 분포하중 $p = 2\,\text{kN/m}$를 받는 길이 4 m의 외팔보를 만들고자 한다. 이때 단면은 직사각형으로 하는데, 단면의 폭 $b = 20\,\text{cm}$로 일정하게 하고 높이 h만 변경시켜 균일강도 보를 만들고 싶다고 하면, 고정단에서의 단면의 높이는 얼마로 하여야 하는가? 단, 이 보 재료의 허용응력 $\sigma_a = 40\,\text{MPa}$이다.

6. 균일 분포하중 $p = 2\,\text{kN/m}$를 받는 길이 3 m의 균일강도 외팔보를 만들고자 한다. 이때 단면은 직사각형으로 하는데 단면의 높이 $h = 15\,\text{cm}$로 일정하게 하고, 폭 b만 변경시켜 균일강도 보로 만들고 싶다고 하면 고정단에서의 단면의 폭은 얼마로 하여야 하는가? 단, 이 보 재료의 허용응력 $\sigma_a = 50\,\text{MPa}$이다.

7. 중앙 지점에서 집중하중 $P = 40\,\text{kN}$을 받는 균일강도의 단순보를 만들고자 한다. 이때 단면은 직사각형으로 하는데, 단면의 폭 $b = 5\,\text{cm}$로 일정하게 하고, 높이 h만 변경시킨 균일강도 보로 만들고 싶다고 하면, 중앙 지점에서의 단면의 높이 h는 얼마로 하여야 하는가? 단, 이 보 재료의 허용응력 $\sigma_a = 50\,\text{MPa}$이고, 보의 길이는 4 m로 한다.

8. 7번 문제에서 집중하중 P가 작용하는 지점에서의 처짐량을 구하라. 단, 보 재료의 종탄성계수 $E = 200\,\text{GPa}$이다.

9. 균일 분포하중 $P = 2\,\text{kN/m}$를 받는 균일강도의 단순보를 만들고자 한다. 이때 단면은 직사각형으로 하는데, 단면의 폭 $b = 30\,\text{cm}$로 일정하게 하고, 높이 h만 변경시킨 균일강도 보로 만들고 싶다고 하면, 중앙 지점에서의 단면의 높이 h는 얼마로 하여야 하는가? 단, 이 보 재료의 허용응력 $\sigma_a = 50\,\text{MPa}$이고, 보의 길이는 4 m로 한다.

10. 그림 10 – 11과 같이 폭 $b = 10\,\text{cm}$, 두께 $h = 1\,\text{cm}$인 판재를 10개 겹쳐서 만든 자동차용 겹판 스프링을 양단에서 지지하여 사용하고자 한다. 스프링의 지점 간의 거리 $l = 50\,\text{cm}$, 판재의 허용응력 $\sigma_b = 42{,}000\,\text{N/cm}^2$, 종탄성계수 $E = 200\,\text{GPa}$이라 할 때 이 스프링에 작용시킬 수 있는 안전하중은 얼마인가?

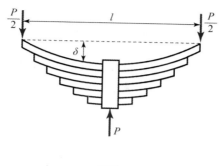

그림 10 - 11

STRENGTH OF MATERIALS

제11장 기둥

11.1 기둥의 의의

단면의 치수에 비해 길이가 긴 부재가 축방향으로 압축하중을 받게 되는 경우, 이 부재를 **기둥**(柱, column)이라 한다. 단면이 작고 길이가 긴 부재라는 점에서 보와 같으나, 보의 경우 하중이 작용하는 방향이 보의 길이 방향의 축선에 대하여 수직인데 비하여,

기둥에서는 축선과 같은 방향인 점이 다르다. 일반적으로 단면에 비하여 길이가 짧은 부재의 경우 축선과 같은 방향으로 압축하중을 받으면 그 단면에는 압축응력 $\sigma = \dfrac{P}{A}$ 가 생기고, 이 압축응력이 재료의 파괴강도를 초과하면 파괴된다.

그러나 기둥 길이가 단면 최솟값수의 약 10배 이상이거나, 단면의 회전반지름의 30배 이상이 되는 장주(長柱, long column)의 경우에는 압축응력에 의해서 파괴되기 전에 그림 11-1과 같이 굽어지면서 파괴되는 현상이 일어난다.

이와 같이 기둥이 축방향으로 압축력을 받아 갑자기 굽어지면서 파괴되는 현상을 **좌굴**(buckling)이라 하고, 파괴되기 시작하는 순간의 하중을 **좌굴하중**(buckling load) 또는 **임계하중**(critical load)이라 하며 P_{cr}로 표기한다. 또 좌굴하중을 그 기둥의 단면적으로 나눈 값을 **좌굴응력**(buckling stress) 또는 **임계응력**(critical stress)이라 한다.

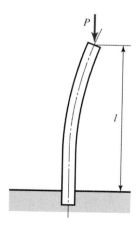

그림 11-1 기둥의 좌굴

11.2 기둥의 종류

좌굴은 그 길이에 비해 단면이 작은 기둥일수록 쉽게 일어난다. 따라서 기둥 길이에 비하여 단면이 얼마나 작은가 하는 기둥의 가는 정도를 표시하기 위해, 기둥 길이 l과 단면의 회전반지름 k와의 비 $\dfrac{l}{k}$을 사용하는데, 이를 기둥의 **세장비**(slenderness ratio)라 하고 λ로 표시한다.

$$\lambda = \frac{l}{k} \tag{1}$$

이 세장비는 기둥의 좌굴하중을 결정하는 중요한 상수이며, 기둥을 장주, 중간주, 단주로 구분하는 데에도 사용한다. 즉 미국의 포우멘(Pourman) 교수는 기둥의 세장비 λ가 30 이하면 **단주**(短柱), 30~150까지는 **중주**(中柱), 150 이상일 때 **장주**(長柱)로 구분하였다.

그러나 토목 분야에서는 독일 및 일본식을 따라 $\lambda = 45$를 경계로 하여 λ가 45 이하이면 단주, λ가 45 이상이면 장주로 분류하고 있다. 보통의 구조물 설계에 사용되는 기둥의 세장비는 50~150 정도가 된다.

기둥에서 일어나는 좌굴은 세장비뿐만 아니라 기둥을 지지하고 있는 끝단에서의 지지조건에 의해서도 크게 달라진다. 기둥의 지지단에는 **자유단, 회전단, 고정단**이 있는데, 이와 같은 기둥의 끝단에서의 지지상태에 따라 다음과 같이 기둥을 분류한다.

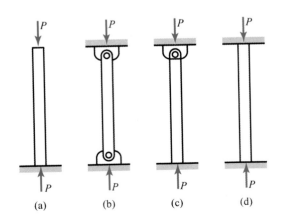

그림 11-2 기둥의 종류

(1) 일단고정 타단 자유기둥[그림 11 – 2(a)]

(2) 양단 회전기둥[그림 11 – 2(b)]

(3) 일단고정 타단 회전기둥[그림 11 – 2(c)]

(4) 양단 고정기둥[그림 11 – 2(d)]

예제 01

길이 8 m, 지름 32 cm인 원형단면을 가진 기둥의 세장비 λ를 구하고, 포우멘 교수의 분류법에 따른 보의 종류 중 무엇에 해당하는지 밝혀라.

풀이 회전반지름

$$k = \sqrt{\frac{I}{A}} = \sqrt{\frac{\pi d^4/64}{\pi d^2/4}} = \frac{d}{4} = \frac{32}{4} = 8 \text{ cm}$$

따라서 세장비

$$\lambda = \frac{l}{k} = \frac{800}{8} = 100$$

이 된다. 따라서 $30 < \lambda < 150$이므로 중주이다.

11.3 장주의 응력해석

11.3.1 오일러 공식에 의한 장주의 응력해석

길이가 긴 기둥(長柱)에서 축방향으로 압축하중 P를 서서히 증가시켜 가면 어느 순간 기둥이 갑자기 구부러지면서 붕괴되기 시작하는데, 이때의 하중을 좌굴하중 또는 임계하중 P_{cr}이라 하며 다음 식으로 된다.

$$P_{cr} = \frac{n\pi^2 EI}{l^2} = \frac{\pi^2 EI}{\left(\frac{l}{\sqrt{n}}\right)^2} \tag{1}$$

이 식을 **오일러 공식**(Euler's column formular)이라 한다.

식에서 E는 기둥재의 종탄성계수, I는 기둥단면의 단면2차모멘트, l은 기둥 길이이며, n은 기둥 양단의 지지조건에 따라 달라지는 상수로 **단말계수**(端末係數, coefficient of fixity)라 한다.

단말계수 n은 양단의 지지조건에 따라 다음과 같이 된다.

$$\begin{aligned} \text{양단 회전일 때} &\quad n = 1 \\ \text{일단고정 타단 자유일 때} &\quad n = \frac{1}{4} \\ \text{일단고정 타단 회전일 때} &\quad n = 2.05 \\ \text{양단 고정일 때} &\quad n = 4 \end{aligned} \tag{2}$$

또 $\dfrac{l}{\sqrt{n}}$을 장주의 **상당길이**(equivalent length of long column) 또는 **좌굴길이**(buckling length)라 하는데, 이와 같은 상당길이는 여러 가지 단말조건을 가지는 기둥의 좌굴길이를, $n = 1$인 양단회전의 단말조건을 가지는 기둥의 길이로 환산하여 나타낸 것이다.

기둥의 단말조건을 단말조건계수 n 및 좌굴길이 $\dfrac{l}{\sqrt{n}}$로 표시하면 표 11-1과 같다.

또 좌굴하중을 그 기둥의 단면적으로 나눈 값을 **좌굴응력**(buckling stress) 또는 **임계응력**(critical stress)이라고 하는데, 좌굴응력 σ_c는 다음 식으로 된다.

$$\sigma_c = \frac{P_c}{A} = \frac{n\pi^2 E}{\left(\dfrac{l}{k}\right)^2} = \frac{n\pi^2 E}{\lambda^2} \tag{3}$$

식에서 k는 단면의 회전반지름, λ는 세장비이다.

오일러 공식에 의한 좌굴하중은 기둥이 휘어지기 시작하는 순간의 하중이므로, 실제로 설계할 때 안전한 안전하중 P_s는, 다음과 같이 좌굴하중 P_{cr}을 안전율 S로 나누어 구해야 한다.

$$P_s = \frac{P_{cr}}{S} \tag{4}$$

표 11-1 기둥의 단말조건계수와 좌굴길이

단말조건	n	$\dfrac{l}{\sqrt{n}}$
일단고정 타단 자유	1/4	$2l$
양단 회전	1	l
일단고정 타단 회전	2.05	$0.7l$
양단고정	4	$l/2$

▸ 식 (1), (2), (3), (4)의 유도

그림 11-3과 같이 양쪽 끝단이 자유롭게 회전될 수 있도록 힌지로 지지된 장주에서, 축방향으로 압축하중 P가 작용하여 굽힘이 일어날 때, 기둥의 임의의 위치 x에서의 처짐량을 y라 하면, 이곳에서의 굽힘모멘트 M은 다음과 같이 된다.

$$M = Py \qquad \text{ⓐ}$$

따라서 이 식을 8장에서의 탄성곡선의 미분방정식에 대입하면 다음과 같이 된다.

$$EI\frac{d^2y}{d^2x} = -Py \qquad \text{ⓑ}$$

여기서

$$\alpha^2 = \frac{P}{EI} \qquad \text{ⓒ}$$

로 놓고, 식 ⓑ를 선형미분방정식의 형태로 고치면 다음과 같이 된다.

$$\frac{d^2y}{d^2x} + \alpha^2 y = 0 \qquad \text{ⓓ}$$

이 미분방정식의 일반해를 구하면 다음과 같이 된다.

$$y = C_1\cos\alpha x + C_2\sin\alpha x \qquad \text{ⓔ}$$

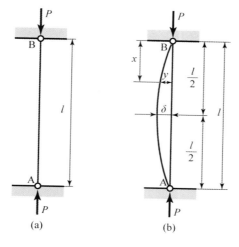

그림 11-3 양단 회전으로 지지된 기둥

이 식에서 C_1 및 C_2는 적분상수인데, 이 적분상수는 다음과 같이 양단의 경계조건으로부터 구할 수 있다.

즉, $x = 0$에서 $y = 0$과 $x = l$에서 $y = 0$의 경계조건을 식 ⓔ에 대입하면, 적분상수 C_1 및 C_2는 다음과 같이 된다.

$$C_1 = 0$$
$$C_2 \sin \alpha l = 0 \qquad\qquad ⓕ$$

식 ⓕ에서 $C_2 = 0$ 또는 $\sin \alpha l = 0$임을 알 수 있다.

만약 $C_2 = 0$이라면 x가 어떠한 값을 가지더라도 항상 $y = 0$이 되어, 기둥의 어느 위치에서도 굽힘변형이 생기지 않는다는 것을 의미하므로, 기둥의 좌굴과는 관계가 없게 된다. 따라서

$$\sin \alpha l = 0 \qquad\qquad ⓖ$$

이 되어야 하고, 이 식을 만족시키기 위해서는

$$\alpha l = n\pi \ (여기서 \ n = 0, 1, \ 2, \ 3, \ \cdots) \qquad\qquad ⓗ$$

이어야 한다. 따라서 식 ⓒ를 ⓗ에 대입하면 다음과 같이 된다.

$$\sqrt{\frac{P}{EI}}\, l = n\pi \qquad\qquad ⓘ$$

따라서 이 식으로부터 하중 P를 구하면 다음과 같이 된다.

$$P = \frac{n^2 \pi^2 EI}{l^2} \qquad\qquad ⓙ$$

식 ⓙ에서의 하중 P를 좌굴하중으로 하여 P_{cr}로 표시하는데, 이 식을 오일러 공식이라 한다.

또 식 ⓕ에서 $C_1 = 0$이고, 식 ⓗ에서 $\alpha = \dfrac{n\pi}{l}$이므로 식 ⓔ는 다음과 같이 된다.

$$y = C_2 \sin \alpha x = C_2 \sin \frac{n\pi}{l} x \qquad\qquad ⓚ$$

그림 11−3(b)를 보면, $x = \dfrac{l}{2}$에서 $y = \delta$이므로 식 ⓚ에 이 조건을 대입하면

$$\delta = C_2 \sin \frac{n\pi}{2} \qquad ①$$

가 되고, 식 ①에 $n = 1$을 대입하면, $C_2 = \delta$가 된다.

따라서 식 ⓚ는 다음과 같이 된다.

$$y = \delta \sin \frac{n\pi}{l} x \qquad ⓜ$$

이 식 ⓜ이 일반적인 탄성곡선의 식이다.

이 식으로부터 기둥의 굽은 모양은 사인곡선임을 알 수 있다.

식 ⓙ에 $n = 0,\ 1,\ 2,\ 3,\ \cdots$을 차례로 대입하여 보면, $n = 0$을 대입했을 때 $P = 0$으로 되어 무의미하게 되므로, $n = 0$은 해당되지 않는 것을 알 수 있다.

따라서 $n = 1,\ 2,\ 3$을 식 ⓜ의 탄성곡선식에 대입하여 그림으로 나타내면 그림 11－4의 (a), (b), (c)와 같이 된다.

기둥이 구부러지는 현상으로 보아, $n = 1$일 때 가장 취약할 것으로 생각되므로, $n = 1$을 식 ⓙ에 대입하면 다음과 같다.

$$P = \frac{\pi^2 EI}{l^2} \qquad ⓝ$$

따라서 이 식에서 P는 양단이 자유롭게 회전할 수 있도록 지지된 긴 기둥이 압축하

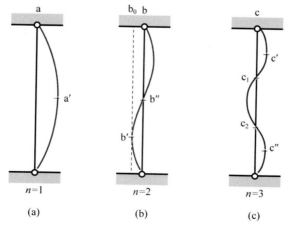

그림 11－4 기둥의 좌굴원리

중 P를 받을 때 굽힘이 일어나기 시작하는 하중, 즉 좌굴하중이 된다.

이 식이 양단 회전의 장주에 대한 오일러 공식이다.

식 ⓙ에 $I = k^2 A$를 대입하고, 양변을 단면적 A로 나누면 다음과 같은 좌굴응력 또는 임계응력 σ_c를 구할 수 있다.

$$\sigma_c = \frac{P_c}{A} = \frac{n\pi^2 E}{\left(\dfrac{l}{k}\right)^2} = \frac{n\pi^2 E}{\lambda^2} \qquad \text{ⓞ}$$

여기서 k는 기둥단면의 회전반지름이고 λ는 세장비이다.

식에서 기둥의 임계응력은 기둥단면의 회전반지름이 커짐에 따라 증가되고, 기둥의 세장비에 반비례하며 압축하중에는 무관함을 알 수 있다.

따라서 단면적을 증가시키지 않고도 임계응력을 크게 하기 위해서는 가능한 한 재료의 살이 단면의 주축으로부터 먼 곳에 위치하도록 해야 함을 알 수 있다.

이와 같은 이유로 하여 단면의 가운데가 빈 중공단면의 기둥이 속이 비지 않은 중실단면의 기둥보다 더욱 경제적임을 알 수 있다. 그러나 중공단면의 두께가 너무 작으면 기둥이 좌굴하기도 전에 그 기둥의 벽면에 주름이 나타나면서 파괴될 수가 있는데 이를 국부좌굴이라 한다.

한편 일단고정 타단 자유단의 기둥의 경우에는 굽어지는 형상이 그림 11-4(a)의 a-a′의 부분과 같으며, a-a′부의 길이를 l이라 하면, 이 길이를 양단 회전의 상태에 있을 때의 길이와 같게 했을 때의 길이는 $2l$이 되므로 이것을 양단 회전 상태의 오일러 공식 ⓝ에 대입하면 다음과 같이 된다.

$$P = \frac{\pi^2 EI}{(2l)^2} = \frac{\pi^2 EI}{4l^2} \qquad \text{ⓟ}$$

또 양단 고정단의 기둥인 경우에는 구부러지는 형상이 그림 11-4(c)의 $c'-c''$의 부분과 같으며, $c'-c''$부의 길이를 양단 회전 상태에 있을 때의 길이와 같게 했을 때, 양단 회전 상태일 때의 길이인 c_1-c_2의 두 배이므로 $c'-c''$의 길이를 l로 하면, 양단 회전 상태일 때의 길이에 해당하는 부분 c_1-c_2은 $\dfrac{l}{2}$이 된다. 따라서 이것을 양단 회전 상태의 오일러 공식 ⓝ에 대입하면 다음과 같이 된다.

$$P = \frac{\pi^2 EI}{\left(\dfrac{l}{2}\right)^2} = \frac{4\pi^2 EI}{l^2}$$

ⓓ

마지막으로 일단고정 타단 회전기둥의 경우에는 구부러지는 형상이 그림 11-4(b)의 b-b′의 부분과 같은데, 이는 양단 회전 상태인 b-b″부분의 $\frac{3}{2}$ 정도에 해당한다.

그러나 b는 b′를 지나는 연직선상에 놓여 있지 않으므로 이것을 일단고정 타단 회전의 경우에 적용시키려면 점 b를 b_0로 이동시켜야 한다.

이와 같이 하면 탄성곡선의 변곡점이 이동하게 되고 변곡점의 위치가 분명하지 않게 되므로, 앞의 방법과는 다른 탄성곡선의 미분방정식을 사용하여 해석해야 한다.

그림 11-5에서 고정단으로부터 임의의 거리 x의 단면에 발생하는 굽힘모멘트 M_x는 다음과 같이 된다.

$$M_x = R(l - x) - Py$$

따라서 이 식을 8장에서의 탄성곡선의 미분방정식에 대입하면 다음과 같다.

$$EI\frac{d^2y}{dx^2} = -M$$

$$EI\frac{d^2y}{dx^2} = Py - R(l - x)$$

여기서 $\alpha^2 = \dfrac{P}{EI}$로 놓으면, 이 식은 다음과 같이 된다.

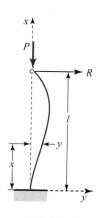

그림 11-5

$$\frac{d^2y}{dx^2} = \alpha^2 y - \frac{R}{EI}(l-x)$$ ⓡ

이 미분방정식의 일반해는 다음 식과 같이 된다.

$$y = C_1\cos\alpha x + C_2\sin\alpha x - \frac{R}{P}(l-x)$$

양단에서의 지지조건을 보면, 고정단에서의 처짐량과 처짐각은 0이므로 $x=0$일 때, $y=0$, $\frac{dy}{dx}=0$이 되고, 회전단에서의 처짐량도 0이 되므로 $x=l$일 때 $y=0$이 된다.

따라서 이러한 조건들을 식 ⓡ에 대입하면 각각 다음과 같이 된다.

$$C_1 - \frac{Rl}{P} = 0$$

$$\alpha C_2 + \frac{R}{P} = 0$$

$$C_1\cos\alpha l + C_2\sin\alpha l = 0$$

이 식들 중 첫째와 둘째 식으로부터 $C_1 = \frac{Rl}{P}$, $C_2 = -\frac{R}{\alpha P}$을 얻을 수 있으며, 이 결과를 셋째 식에 대입하면 다음과 같이 된다.

$$\frac{R}{P}\left(l\cos\alpha l - \frac{1}{\alpha}\sin\alpha l\right) = 0$$

그런데 하중 P가 임계값에 도달할 때에는 $R=0$이 아니므로, 식의 괄호 속이 0이 되어야 한다.

따라서 다음과 같은 식을 얻을 수 있다.

$$l\cos\alpha l - \frac{1}{\alpha}\sin\alpha l = 0$$

$$l\cos\alpha l = \frac{1}{\alpha}\sin\alpha l$$

$$\frac{\sin\alpha l}{\cos\alpha l} = \alpha l$$

$$\tan\alpha l = \alpha l$$

이 식은 초월함수이므로 간단히 풀 수가 없다. 따라서 여러 수치를 대입하여 풀어보는 시행착오법으로 풀어보면 αl의 최솟값은 다음과 같이 된다.

$$\alpha l = 4.4934$$

$$\alpha = \frac{4.4934}{l}$$

따라서 이 결과를 $\alpha^2 = \dfrac{P}{EI}$의 식에 대입하면 다음과 같이 된다.

$$P = \alpha^2 EI = \left(\frac{4.4934}{l}\right)^2 EI = \frac{20.19\,EI}{l^2} = \frac{2.046\pi^2 EI}{l^2} \approx \frac{2.05\pi^2 EI}{l^2}$$

이 식이 일단고정 타단 회전기둥이 압축하중 P를 받을 때의 좌굴하중을 나타내는 식이 된다.

이 하중을 P_{cr}로 표시하면 다음과 같이 된다.

$$P_{cr} = \frac{2.05\pi^2 EI}{l^2} \qquad\qquad ⓢ$$

이 식을 일단고정 타단 회전기둥의 오일러 공식이라 한다.

따라서 이상을 종합하면 다음과 같다.

오일러 공식에 의한 좌굴하중 P_{cr}의 일반식은

$$P_{cr} = \frac{n\pi^2 EI}{l^2} \qquad\qquad ⓣ$$

가 되고, 임계응력 σ_{cr}의 일반식은

$$\sigma_{cr} = \frac{P_{cr}}{A} = \frac{n\pi^2 E}{\left(\dfrac{l}{k}\right)^2} = \frac{n\pi^2 E}{\lambda^2} \qquad\qquad ⓤ$$

가 된다. 식에서 k는 단면의 회전반지름으로 $k = \left(\dfrac{I}{A}\right)^{\frac{1}{2}}$이고, λ는 세장비로 $\lambda = \dfrac{l}{k}$이다.

여기서 n은 양단의 지지조건에 따라 다음과 같이 되는데, 기둥양단의 지지조건에 따라 달라지는 상수로 '단말계수'라고 한다.

양단 회전일 때 $\qquad n = 1$

일단고정 타단 자유일 때 $\quad n = \dfrac{1}{4}$

일단고정 타단 회전일 때 $\quad n = 2.05$

양단 고정일 때 $\qquad n = 4$

또 식 ⓣ를 다음과 같이 고쳐 쓸 수 있는데,

$$P_{cr} = \dfrac{\pi^2 EI}{\left(\dfrac{l}{\sqrt{n}}\right)^2} \qquad\qquad ⓥ$$

식에서 $\dfrac{l}{\sqrt{n}}$을 장주의 상당길이 또는 좌굴길이라 한다. 이러한 길이를 가정하는 이유는, 양단 회전으로 지지된 장주에서 $n = 1$인데, 이것을 기준으로 하여 같은 좌굴하중을 갖는 다른 단말조건 기둥의 좌굴길이를 표시할 수 있기 때문이다.

한편 오일러 공식에 의한 좌굴하중은 기둥이 휘어지기 시작하는 순간의 하중이므로, 실제로 설계할 때에는, 안전한 안전하중 P_s는 다음과 같이 좌굴하중 P_{cr}을 안전율 S로 나누어 구한 값을 사용하여야 한다.

$$P_s = \dfrac{P_{cr}}{S} \qquad\qquad ⓦ$$

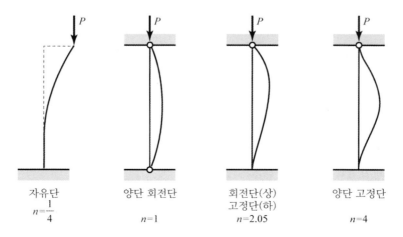

그림 11-6 양단의 지지조건에 따른 단말계수

예제 01

양단이 고정된 길이 $l=2\,\mathrm{m}$, 지름 $d=1.2\,\mathrm{cm}$인 긴 기둥이 축방향으로 압축하중을 받고 있다. 이 재료의 탄성계수 $E=200\,\mathrm{GPa}$이라고 할 때, 이 기둥의 좌굴하중과 좌굴응력을 오일러 공식을 사용하여 구하라.

풀이 양단 고정의 기둥이므로 단말조건계수 $n=4$이고, 기둥단면의 단면2차모멘트

$$I = \frac{\pi d^4}{64} = \frac{\pi \times 0.012^4}{64} = 1.02 \times 10^{-9}\,\mathrm{m}^4$$

이므로, 좌굴하중

$$P_{cr} = \frac{n\pi^2 EI}{l^2} = \frac{4 \times \pi^2 \times (200 \times 10^9) \times (1.02 \times 10^{-9})}{2^2} = 2{,}009\,\mathrm{N}$$

좌굴응력

$$\sigma_{cr} = \frac{P_{cr}}{A} = \frac{2{,}009}{\dfrac{\pi \times 0.012^2}{4}} = 17{,}763{,}645\,\mathrm{N/m}^2 = 17.8\,\mathrm{MPa}$$

(1) 오일러 공식의 적용범위

오일러 공식을 적용할 수 있는 한계는, 다음과 같은 공식에서 임계응력 σ_c 대신에 기둥재의 압축 시의 탄성한도 σ_E를 대입했을 때의 세장비 λ이다.

$$\lambda = \sqrt{\frac{n\pi^2 E}{\sigma_c}} = \frac{l}{k} \tag{1}$$

▸ 식 (1)의 유도 및 보충설명

앞에서 좌굴응력은 다음 식으로 주어졌다.

$$\sigma_c = \frac{n\pi^2 E}{\lambda^2} \tag{ⓐ}$$

이 식을 세장비 λ에 대한 식으로 고쳐 쓰면

$$\lambda = \sqrt{\frac{n\pi^2 E}{\sigma_c}} = \frac{l}{k} \tag{ⓑ}$$

이 된다.

오일러 공식의 유도과정에서 기둥재료의 변형이 탄성적이라고 가정하였으므로, 임

계응력 σ_c가 재료의 압축 시의 탄성한도 σ_E와 같을 때, 즉 $\sigma_c = \sigma_E$일 때의 세장비 λ가 오일러 공식을 적용할 수 있는 한계가 된다.

예를 들어 탄성한도 $\sigma_E = 2,000\,\mathrm{kgf/cm^2}$이고, 종탄성계수 $E = 2.1 \times 10^6\,\mathrm{kgf/cm^2}$, 단말계수 $n = 1$인 양단 회전단의 연강재의 기둥에서 세장비 λ를 계산하면 다음과 같다.

$$\lambda = \frac{l}{k} = \sqrt{\frac{n\pi^2 E}{\sigma_E}} = \pi \sqrt{\frac{2.1 \times 10^6}{2,000}} \cong 102$$

따라서 기둥의 세장비 $\lambda = 102$가 오일러 공식을 적용할 수 있는 한계로, $\lambda = 102$ 이상이면 오일러 공식을 적용할 수 있지만 그 이하이면 오일러 공식을 적용하지 못한다.

세장비의 값이 작은 기둥, 즉 $\lambda = l/k < 100$인 경우에는 좌굴응력 σ_c가 대단히 커지게 되므로, 좌굴이 일어나기도 전에 압축응력이 먼저 탄성한도에 도달하여 파괴되므로 오일러 공식을 적용할 수 없게 된다.

그림 11 – 7은 좌굴응력 σ_c와 세장비 $\lambda = \dfrac{l}{k}$의 관계를 도시한 것이다.

그림에서 곡선 ABC는 오일러 공식에 의한 이론적인 곡선이고, DEBC는 실제 실험으로부터 구한 곡선이다. 그림에서 세장비 $\lambda = \dfrac{l}{k}$이 점 B보다 클 때에는 오일러 곡선과 실험결과가 일치하여, 오일러 공식이 만족됨을 알 수 있다. 따라서 이와 같은 범위에 있는 기둥을 장주(長柱)라고 한다.

그러나 세장비 $\lambda = \dfrac{l}{k}$이 점 B보다 작을 때에는, 좌굴응력 σ_c가 곡선 AB를 따라 무한히 커져, 그 기둥이 도저히 파괴되지 않을 것 같은 결과가 나오지만, 실제로는 재료의 탄성한도 σ_E 또는 최대압축응력에 의하여 파괴되게 된다.

따라서 그림 11 – 7의 BE에 대응하는 세장비를 가지는 기둥을 중주(中柱), 곡선 ED에 대응되는 세장비를 가지는 기둥을 단주(短柱)라 한다.

세장비가 대단히 작은 기둥에서는, 압축응력이 좌굴응력에 도달하기 전에 그 재료의 특성으로 인해 먼저 파괴가 일어난다. 즉, 구조용 철강재료에서 항복에 기인하는 파괴와 콘크리트에서의 압괴가 그 일례이다. 따라서 이러한 단주에서는, 그 재료의 강도특성을 고려하여 설계기준이 될 수 있는 최대압축응력을 지정해 주어야 한다. 그림 11 – 7에서 DE가 단주에 대한 강도한계선이다. 일반적으로 연강의 경우 항복강

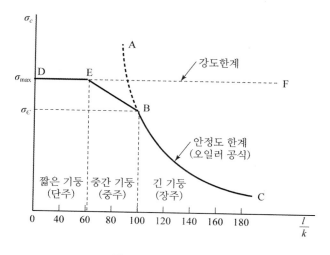

그림 11-7 오일러 곡선

도 σ_y를 단주의 강도한계로 잡고 있다. 이러한 기둥의 실험결과에 의하면 $0 < l/k < 60$인 단주(short column)의 범위에서는 기둥에 좌굴이 발생하지 않고, 재료의 압축응력이 강도한계에 도달함이 밝혀졌다.

그림 11-7에서 $60 < l/k < 100$인 중간범위는, 순전히 강성안정성만을 고려하기에는 세장비가 너무 작고, 재료의 강도만을 고려하기에는 세장비가 너무 큰 기둥의 범위로서, 중주(medium column)라 부른다. 이와 같은 중주의 파괴는 단주나 장주의 경우와는 다른 복잡한 양상을 띠므로 실험식들이 이용되고 있다.

표 11-2는 양단 회전단의 기둥일 때, 각종 재료에 대하여 오일러 공식을 적용할 수 있는 세장비 λ의 한계점과 안전율 S를 나타낸 것이다.

표 11-2 양단 회전기둥의 경우 각종 재료에 대한 오일러 공식의 적용범위

재료	주철	연철	연강	경강	목재
S	8~10	5~6	5~6	5~6	10~12
E (kgf/cm²)	1,000,000	2,000,000	2,150,000	2,200,000	100,000
λ	70	115	102	95	80

예제 01

탄성한도 $\sigma_E = 2{,}000\,\text{kgf/cm}^2$이고, 종탄성계수 $E = 2.1 \times 10^6\,\text{kgf/cm}^2$인 양단이 고정된 연강재의 기둥에서 오일러 공식을 적용할 수 있는 세장비 λ의 한계를 결정하라.

풀이 양단 고정이므로 단말계수 $n = 4$이다. 따라서 오일러 공식을 적용할 수 있는 세장비의 한계는 다음과 같다.

$$\lambda = \sqrt{\frac{n\pi^2 E}{\sigma_E}} = \pi \sqrt{\frac{4 \times (2.1 \times 10^6)}{2{,}000}} \cong 204$$

따라서 기둥의 세장비 $\lambda = 204$가 오일러 공식을 적용할 수 있는 한계이다.

11.3.2 고든–랭킨 식에 의한 장주의 응력해석

오일러 공식은 기둥에 작용하는 압축응력은 고려하지 않고, 기둥의 굽힘응력만을 고려하여 유도한 식이다. 따라서 세장비가 큰 긴 기둥에 적용할 때에는 비교적 정확하지만 세장비가 작은 짧은 기둥에 적용할 때에는 정확하지 않게 된다.

실제로, 압축하중에 의해 기둥이 구부러지면, 기둥이 구부러져 기울어지는 쪽의 단면에는 굽힘으로 인한 응력에 압축력으로 인한 응력이 부가되어 응력이 그만큼 더 커지게 되고, 그 반대쪽에서는 그만큼 더 작아지게 된다. 이와 같이 압축응력이 기둥의 좌굴응력에 영향을 미치게 되는데, 그와 같은 영향은 짧은 기둥일수록 더 커지게 된다.

따라서 고든–랭킨(Gordon-Rankine)은 굽힘응력과 압축응력 둘 다 고려하여 세장비가 작은 짧은 기둥에 대해서도 적용시킬 수 있는 다음과 같은 실험식을 제시하였다.

$$\text{좌굴응력} \quad \sigma_{cr} = \frac{P_{cr}}{A} = \frac{\sigma_c}{1 + \dfrac{a}{n}\left(\dfrac{l}{k}\right)^2} = \frac{\sigma_c}{1 + \dfrac{a\lambda^2}{n}} \tag{1}$$

식에서 P_{cr}은 좌굴하중, A는 기둥의 단면적, n은 단말계수, l은 기둥 길이, k는 단면의 회전반지름, λ는 세장비, σ_c는 압축응력, a는 재료의 종류에 따라 결정되는 상수로 $a = \dfrac{\sigma_b}{\pi^2 E}$이다. 여기서 σ_b는 굽힘응력이다.

표 11–3은 각종 재료의 σ_c, a, λ의 값을 보여주고 있다.

표 11-3 각종 재료에 대한 고든 - 랭킨식의 정수와 적용범위

재료	σ_c(MPa)	$1/a$	$\lambda = l/k$
주철	560	1,600	80 이하
연강	340	7,500	90 이하
경강	490	5,000	85 이하
목재	500	750	60 이하

▶ 식 (1)의 유도 및 해설

그림 11-8과 같이 일단고정 타단 자유단인 기둥에 축방향으로 압축하중 P가 작용하면 자유단에 처짐량 δ가 발생한다. 이 기둥의 고정단의 단면 중, 구부러진 쪽의 부분의 점 C에서는 압축응력 σ_c와 굽힘응력 σ_b가 동시에 작용한다.

이때 압축응력

$$\sigma_c = \frac{P}{A} \qquad\qquad ⓐ$$

이고, 굽힘응력

$$\sigma_b = \frac{M}{Z} = \frac{P\delta e}{I} \qquad\qquad ⓑ$$

이므로, 이 부분에서의 종합응력 σ는 다음과 같이 구할 수 있다.

그림 11-8 기둥의 좌굴

$$\sigma = \sigma_c + \sigma_b = \frac{P}{A} + \frac{M}{Z} = \frac{P}{A} + \frac{P\delta e}{I} \qquad \text{ⓒ}$$

식에서 A는 단면적, I는 단면2차모멘트, e는 단면의 도심으로부터 구부러진 쪽의 최외단(最外端)까지의 거리이다.

또 $I = k^2 A$를 식 ⓒ에 대입하면

$$\sigma = \frac{P}{A} + \frac{P\delta e}{Ak^2} = \frac{P}{A}\left(1 + \frac{\delta e}{k^2}\right) \qquad \text{ⓓ}$$

가 된다. 여기서 k는 단면의 회전반지름이다.

식 ⓑ에서 굽힘하중

$$P = \frac{I\sigma_b}{\delta e} \qquad \text{ⓔ}$$

이고, 오일러 공식에서 좌굴하중

$$P = \frac{n\pi^2 EI}{l^2} \qquad \text{ⓕ}$$

이므로, 이 굽힘하중과 좌굴하중이 같은 것으로 간주하면

$$\frac{I\sigma_b}{\delta e} = \frac{n\pi^2 EI}{l^2} \qquad \text{ⓖ}$$

가 된다. 이로부터

$$\delta e = \frac{\sigma_b l^2}{n\pi^2 E} \qquad \text{ⓗ}$$

을 얻는다. 식 ⓗ를 식 ⓓ에 대입하면 다음과 같은 식을 얻을 수 있다.

$$\sigma = \frac{P}{A}\left\{\left(1 + \frac{\sigma_b}{\pi^2 E} \cdot \frac{1}{n}\left(\frac{l}{k}\right)^2\right)\right\} \qquad \text{ⓘ}$$

여기서 $\dfrac{\sigma_b}{\pi^2 E}$는 재료의 종류에 따라 결정되는 상수로, $a = \dfrac{\sigma_b}{\pi^2 E}$로 하면 다음과 같이 된다.

$$\sigma = \frac{P}{A}\left\{1 + \frac{a}{n}\left(\frac{l}{k}\right)^2\right\} \qquad \text{ⓙ}$$

이와 같이 하여 얻어진 응력 σ가 재료의 압축응력 σ_c와 같게 되었을 때 파손된다고 가정하고, 이때의 하중 P를 좌굴하중 P_{cr}로 하여 나타내면 식 ⓙ는 다음과 같이 된다.

$$P_{cr} = \frac{A\sigma_c}{\left\{1 + \frac{a}{n}\left(\frac{l}{k}\right)^2\right\}} \qquad \text{ⓚ}$$

따라서 좌굴응력 또는 임계응력 σ_{cr}은 다음과 같이 된다.

$$\sigma_{cr} = \frac{P_{cr}}{A} = \frac{\sigma_c}{\left\{1 + \frac{a}{n}\left(\frac{l}{k}\right)^2\right\}} = \frac{\sigma_c}{1 + \frac{a\lambda^2}{n}} \qquad \text{ⓛ}$$

여기서 σ_c는 연성재료에서는 압축 시의 항복강도, 취성재료에서는 파단강도를 적용한다.

예제 01

양쪽 끝단이 회전단으로 된 길이 2 m, 단면의 지름 10 cm의 경강재 둥근단면의 기둥에 대한 좌굴응력을 구하라. 단, 재료의 종탄성계수 $E = 2 \times 10^5$ MPa이다.

풀이 먼저 세장비를 구하여 어떠한 공식에 적용할지를 결정한다.

단면적 $A = \frac{\pi d^2}{4}$, 단면2차모멘트 $I = \frac{\pi d^4}{64}$이므로 단면의 회전반지름

$$k = \sqrt{\frac{I}{A}} = \frac{d}{4} = \frac{10}{4} = 2.5 \text{ cm}$$

이므로, 기둥의 세장비

$$\lambda = \frac{l}{k} = \frac{200}{2.5} = 80$$

이 된다. 따라서 표 11-3에서 경강의 경우 세장비 λ가 85 이하이므로 고든-랭킨의 식에 적용할 수 있다. 표에서 $\sigma_c = 490$ MPa, $\frac{1}{a} = 5{,}000$이고, 양단 회전단이므로 단말계수 $n = 1$이 된다. 따라서 좌굴응력

$$\sigma_{cr} = \frac{\sigma_c}{1 + \frac{a\lambda^2}{n}} = \frac{490}{1 + \frac{80^2}{1 \times 5{,}000}} = 214.91 \text{ MPa}$$

11.3.3 테트마이어 식에 의한 장주의 응력해석

테트마이어(Tetmajor)는 양단 회전의 조건으로 지지된 기둥에 대하여 실험을 하여, 오일러 식을 적용할 수 있는 범위 이하의 세장비에도 적용할 수 있는 다음과 같은 실험식을 만들었다.

$$\sigma_{cr} = \frac{P_{cr}}{A} = \sigma_b \left[1 - a\left(\frac{l}{k}\right) + b\left(\frac{l}{k}\right)^2 \right] (\mathrm{MPa}) \tag{1}$$

이 식을 테트마이어 식이라 한다.

식에서 σ_b, a, b는 실험상수이며 표 11-4와 같다.

그림 11-9는 오일러 곡선과 고든-랭킨, 테트마이어의 실험곡선을 비교한 것이다.

여기서 ABC는 오일러 곡선, DEC는 테트마이어 곡선을 나타내는데, 세장비 λ가 큰 곳에서는 테트마이어 곡선과 오일러 곡선이 일치함을 볼 수 있다.

표11-4 각종 재료에 대한 테트마이어 식의 상수(양단 회전 지지기둥)와 적용범위

재료	$\sigma_b(\mathrm{MPa})$	a	b	$\lambda = l/k$
주철	776	0.01546	0.00007	5~80
연강	310	0.00368	0	10~105
경강	335	0.00185	0	90 이하
목재	29.3	0.00625	0	1.8~100

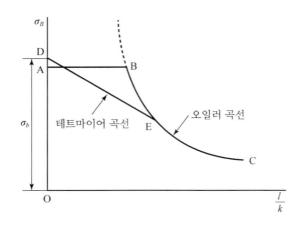

그림 11-9 오일러 곡선과 테트마이어 곡선

예제 01

길이 2 m, 지름이 10 cm가 되는 연강재료로 된 기둥이 있다. 이 기둥의 좌굴응력을 테트마이어 식을 사용하여 구하라.

풀이 기둥의 회전반지름

$$k = \sqrt{\frac{I}{A}} = \frac{d}{4} = \frac{10}{4} = 2.5 \text{ cm}$$

이므로, 세장비

$$\lambda = \frac{l}{k} = \frac{200}{2.5} = 80$$

이 된다. 따라서 표 11−4에서 연강재의 압축강도 $\sigma_c = 310 \text{ MPa}$이고, 상수 $a = 0.00368$, $b = 0$이므로 이를 테트마이어 식에 대입하면, 좌굴응력은 다음과 같이 된다.

$$\sigma_{cr} = \sigma_b \left[1 - a\left(\frac{l}{k}\right) + b\left(\frac{l}{k}\right)^2 \right]$$
$$= 310 \times [1 - 0.00368 \times (80) + 0 \times (80)^2] = 218.74 \text{ MPa}$$

11.4 편심하중을 받는 단주의 응력해석

세장비가 30 이하인 기둥을 일반적으로 **단주**(短柱, short post or strut)라 한다. 단주의 경우에도 압축하중이 축선에 일치되지 않으면 굽어지게 된다. 따라서 이와 같이 하중이 축선과 일치되지 않는 경우에는, 그것이 짧은 기둥이라 할지라도, 단순히 압축하중 P를 단면적 A로 나누어 압축응력을 결정할 수 없으며, 굽힘모멘트를 고려해야 한다.

그림 11−10과 같이 짧은 기둥(短柱)이 축심으로부터 e만큼 벗어나 하중 P가 작용하는 경우, 기둥의 축심으로부터 최외단까지의 거리를 각각 c_1, c_2라 할 때, 단면에 발생하는 최대응력과 최소응력은 다음 식으로 된다.

$$\sigma_{max} = -\frac{P}{A}\left(1 + \frac{e c_1}{k^2}\right) \tag{1}$$

$$\sigma_{min} = -\frac{P}{A}\left(1 - \frac{e c_2}{k^2}\right) \tag{2}$$

식에서 A는 기둥의 단면적, k는 단면의 회전반지름이다.

또 이와 같이 편심하중을 받을 때, 단면 내의 어느 곳에서도 인장응력을 발생시키지

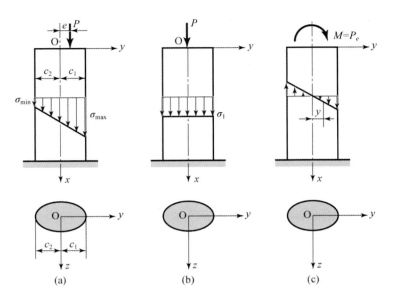

그림 11 - 10 짧은 기둥에 작용하는 편심하중에 의한 응력의 발생

않도록 하는 편심거리 e를 **단면의 핵심**(core of section)이라 하며, 다음과 같은 식으로
된다.

$$e = \pm \frac{k^2}{c} \tag{3}$$

식에서 c는 축심으로부터 최외단까지의 거리이다.

▸ 식 (1), (2), (3)의 유도 및 해설

축심으로부터 e만큼 벗어나 작용하는 편심하중 P에 의하여 발생하는 응력분포는
그림 11 - 10(a)와 같으며, 이는 그림 11 - 10(b)와 같이 단면에 균일하게 작용하는
압축 응력 $\sigma_c = \dfrac{P}{A}$와 그림 11 - 10(c)와 같이 편심으로 인한 굽힘모멘트 $M = Pe$에
의하여 생기는 굽힘응력 $\sigma_b = \dfrac{M}{Z}$으로 나눌 수 있다.

이때 이 두 개의 응력을 중첩하면 다음과 같이 된다.

$$\text{응력} \quad \sigma = \sigma_c + \sigma_b = -\left(\frac{P}{A} + \frac{M}{Z}\right) = -\left(\frac{P}{A} + \frac{Pey}{I}\right) \qquad \text{ⓐ}$$

식에서 A는 기둥의 단면적이고, I는 단면2차모멘트, e는 축선으로부터 하중이 작용
하는 점까지의 거리이며, y는 축선으로부터 해당응력이 발생하는 점까지의 임의의 거리

이다.

이때 굽힘모멘트가 증가하면, 편심하중이 작용하는 곳과 반대쪽 어느 곳에서는 굽힘응력과 압축응력이 같아지는 부분이 생기는데, 이것을 **0 응력선**(line of zero stress)이라 한다.

따라서 단면에는 0 응력선을 경계로 하여 인장응력과 압축응력으로 나뉘어 작용하게 된다.

단면에 작용하는 최대응력 $\sigma_{\max}$은 편심하중이 작용하는 쪽의 최외단에서 발생하므로 식 ⓐ의 y 대신에 c_1을 대입하고, 단면2차모멘트 $I = k^2 A$를 대입하면 다음과 같이 된다.

$$\sigma_{\max} = -\frac{P}{A}\left(1 + \frac{ec_1}{k^2}\right) \qquad ⓑ$$

이와 같은 방법으로 y 대신에 표면까지의 거리 $-c_2$를 대입하면, 다음과 같은 최소응력 $\sigma_{\min}$이 구해진다.

$$\sigma_{\min} = -\frac{P}{A}\left(1 - \frac{ec_2}{k^2}\right) \qquad ⓒ$$

식 ⓒ에서 $\dfrac{ec_2}{k^2}$의 값이 1보다 커지는 경우에는, 식 ⓒ의 결과는 양(+)의 값을 같게 되므로 인장응력이 작용하게 된다.

따라서 기둥의 단면에 인장응력이 발생되지 않도록 하기 위한 한계는, 식 ⓑ에서 $\dfrac{ec_1}{k^2} = -1$이고, 식 ⓒ에서 $\dfrac{ec_2}{k^2} = 1$이므로, 인장응력을 발생시키지 않는 하중의 편심거리 e는 다음 식으로 된다.

$$e = \pm \frac{k^2}{c} \qquad ⓓ$$

만약 기둥의 단면이 폭 b와 높이 h인 직사각형 단면이라면, $c = \dfrac{h}{2}$, $k^2 = \dfrac{I}{A} = \dfrac{h^2}{12}$이 되므로, 기둥이 편심압축하중을 받아도 단면의 어느 곳에서도 인장응력을 발생시키지 않는 하중작용점의 편심거리 e는 다음과 같이 된다.

$$e = \pm \frac{k^2}{c} = \pm \frac{h^2}{12} \bigg/ \frac{h}{2} = \pm \frac{h}{6} \qquad ⓔ$$

또는

$$e = \pm \frac{k^2}{c} = \pm \frac{b^2}{12} \Big/ \frac{b}{2} = \pm \frac{b}{6}$$

ⓕ

따라서 단면의 어느 곳에서도 인장응력을 발생시키지 않는 하중작용점의 편심거리 e의 범위는 다음과 같다.

$$-\frac{h}{6} < e < \frac{h}{6}$$

ⓖ

또 지름이 d인 원형단면의 경우 인장응력을 발생시키지 않는 하중작용점의 편심거리는 식 ⓓ로부터

$$e = \pm \frac{k^2}{c} = \pm \frac{d^2}{16} \Big/ \frac{d}{2} = \pm \frac{a}{8}$$

ⓗ

이므로, 편심거리 e의 범위는 다음과 같이 된다.

$$-\frac{d}{8} < e < \frac{d}{8}$$

ⓘ

이와 같이 편심거리 e의 범위 내에서 하중이 작용하면 단면 내의 어느 곳에서도 인장응력을 발생시키지 않게 되는데, 이 편심거리 e를 **단면의 핵심**(core of section)이라 한다.

압축강도는 크지만 인장강도가 작은 콘크리트, 벽돌, 주철 등에서는 하중이 단면의 핵심 내에 작용시키도록 해야 한다.

그림 11-11(a)와 같은 직사각형 단면에서, 하중 P의 작용점이 도심에서 e만큼 편심되어 작용하는 경우, 모서리에서 인장응력이 일어날 수 있으므로 모서리에서 인장응력이 발생하지 않도록 하는 작용점의 범위를 구해야 한다. 따라서 이와 같이 하여 구하면 음영 부분인 마름모꼴과 같이 된다.

그림 11-11(b)와 같은 원형단면의 경우에는 모든 방향에 대하여 대칭이므로 핵심은 $\frac{d}{8}$가 된다.

이번에는 좀 더 일반적인 경우로서, 압축하중 P의 작용선이 기둥의 두 굽힘평면 중의 한 평면 내에 놓이지 않은 경우를 고찰하기로 한다.

그림 11-12에서 O_y와 O_z를 그 단면의 두 주축이라 하고, A를 하중 P의 작용점이

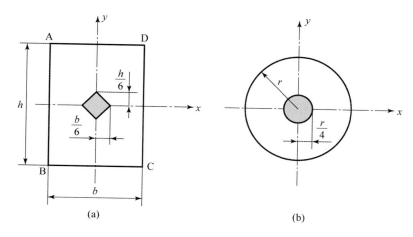

(a)　　　　　　　　　　　　(b)

그림 11-11 단면의 핵심

라고 하자. 여기서 A점의 좌표가 m과 n이라고 하면, 하중 P의 두 축 O_y와 O_z에 대한 모멘트는 각각 Pn 및 Pm으로 된다.

　따라서 단면 위의 임의의 점에 작용하는 압축응력 σ는 다음과 같이 된다.

$$\sigma = \frac{Pmy}{I_z} + \frac{Pnz}{I_y} + \frac{P}{A} \qquad \text{ⓙ}$$

　이 식의 우변을 0으로 놓으면 응력이 0인 점들의 궤적을 나타내는 식을 만들 수 있다. 즉

$$\frac{Pmy}{I_z} + \frac{Pnz}{I_y} + \frac{P}{A} = 0$$

　이 식의 양변을 $\dfrac{P}{A}$로 나누면 다음과 같이 된다.

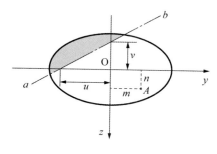

그림 11-12

$$\frac{my}{I_z/A} + \frac{nz}{I_y/A} + 1 = 0 \qquad \qquad ⓚ$$

단면의 회전반지름 k와 단면2차모멘트 I 사이에는 $k^2 = \dfrac{I}{A}$의 관계가 성립하므로, 이 식은 다음과 같이 고쳐 쓸 수 있다.

$$\frac{my}{k_z^2} + \frac{nz}{k_y^2} + 1 = 0 \qquad \qquad ①$$

이 식은 직선의 방정식이며, 그림 11-12에서 직선 ab를 나타낸다.

따라서 이 식으로부터, 그림 11-12의 직선 ab를 경계로 하여 음영 부분의 단면에서는 인장응력 상태에 놓이게 되고, 그 외의 부분은 압축응력 상태로 놓이게 됨을 알 수 있다.

이 직선 ab는 압축응력과 인장응력 그 어느 것도 작용하지 않는 0 응력선으로, 직선 ab가 y축 및 z축을 지나가는 절편 u 및 v는, 식 ①로부터 다음과 같이 된다.

$$u = -\frac{k_z^2}{m}, \qquad u = -\frac{k_y^2}{n} \qquad \qquad ⓜ$$

이 식으로부터 기둥단면의 모든 부분에 압축응력만 작용하게 하기 위해서는, 압축하중 P의 작용점을 그 단면의 도심을 내포하는 어떤 구역 안에 두어야 함을 알 수 있다.

이런 구역을 그 단면의 핵심(核心)이라 한다.

그러면 일례로 그림 11-13에서와 같은 직사각형 단면을 가진 짧은 기둥에 편심압축하중을 작용시키고자 할 때 핵심을 구해보기로 하자.

우선 압축하중 P의 작용점이 좌표의 제1상한(m과 n이 모두 +인 곳) 내에 작용하는 것으로 제한구역을 설정해보자.

이때 0 응력선이 B점을 지날 조건이면 될 것이고, 식 ①에 B점의 위치인 $y = -\dfrac{h}{2}$와 $z = -\dfrac{b}{2}$를 대입하면 다음과 같이 된다.

$$\frac{mh}{2k_z^2} + \frac{nb}{2k_y^2} = 1 \qquad \qquad ⓝ$$

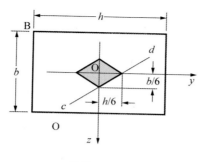

그림 11 – 13

이 식에 직사각형에서의 회전반지름 $k_z^2 = \dfrac{h^2}{12}$, $k_y^2 = \dfrac{b^2}{12}$ 을 대입하면 다음과 같이 된다.

$$\frac{6m}{h} + \frac{6n}{b} = 1 \qquad \text{◎}$$

이 식은 그림 11 – 13에서 직선 cd의 방정식이며, 이 직선이 y 및 z축으로부터 잘라내는 절편은 $\dfrac{h}{6}$ 및 $\dfrac{b}{6}$이다.

따라서 이 직선과 y 및 z축으로 이루어지는 삼각형 구역 안에 하중 P의 작용점이 있으면, B점에 작용하는 응력은 항상 압축응력이 된다.

이와 같은 방법으로 나머지 3개의 상한에 대해서도 제한구역을 설정하여 계산해 보면, 그림 11 – 13의 음영 부분으로 표시된 마름모꼴 모양의 핵심이 됨을 알 수 있다.

예제 01

그림 11 – 14와 같이 지름 8 cm의 단주에 축심으로부터 2 cm 떨어진 곳에 편심하중 1000 kg이 작용할 때 A점 및 B점에 발생하는 응력을 구하라.

풀이 단면적

$$A = \frac{\pi d^2}{4} = \frac{\pi \times 0.08^2}{4} = 0.005 \text{ m}^2$$

단면의 회전반지름

$$k = \sqrt{\frac{I}{A}} = \left(\frac{\dfrac{\pi d^4}{64}}{\dfrac{\pi d^2}{4}} \right)^{\frac{1}{2}} = \frac{d}{4} = \frac{0.08}{4} = 0.02 \text{ m}$$

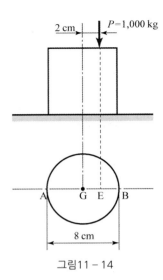

그림11 – 14

따라서 점 A에 발생하는 응력은 최소응력으로 다음과 같다.

$$\sigma_A = \sigma_{min} = -\frac{P}{A}\left(1 - \frac{ec_2}{k^2}\right) = -\frac{1,000}{0.005} \times \left\{1 - \frac{0.02 \times (0.04)}{0.02^2}\right\}$$

$$= +200,000 \ \text{N/m}^2 = 200,000 \ \text{Pa} = 0.2 \ \text{MPa}(인장)$$

점 B에 발생하는 응력은 최대응력으로 다음과 같다.

$$\sigma_B = \sigma_{max} = -\frac{P}{A}\left(1 + \frac{ec_1}{k^2}\right) = -\frac{1,000}{0.005} \times \left\{1 + \frac{0.02 \times (0.04)}{0.02^2}\right\}$$

$$= -600,000 \ \text{N/m}^2 = -600,000 \ \text{Pa} = -0.6 \ \text{MPa}(압축)$$

연습문제

1. 길이 5 m, 지름 20 cm인 원형단면 기둥의 세장비를 구하라.

2. 양단이 고정된 길이 $l = 4$ m, 지름 $d = 5$ cm인 긴 기둥이 축방향으로 압축하중을 받고 있다. 이 재료의 탄성계수 $E = 200$ GPa이라고 할 때, 이 기둥의 좌굴하중과 좌굴응력을 오일러 공식을 사용하여 구하라.

3. 탄성한도 $\sigma_E = 25$ kgf/mm²이고, 종탄성계수 $E = 2.1 \times 10^6$ kgf/cm²인 양단이 고정된 연강재의 기둥에서 오일러 공식을 적용할 수 있는 세장비 λ의 한계를 결정하라.

4. 양쪽 끝단이 회전단으로 된 길이 2 m, 단면의 지름 40 cm의 경강재 둥근 단면을 가진 기둥에 대한 좌굴응력을 구하라. 단, 재료의 종탄성계수 $E = 200$ GPa이다.

5. 일단고정 타단 자유의 단말조건을 가진 길이 2 m, 단면의 지름 40 cm의 경강재 둥근단면의 기둥에 대한 좌굴응력을 구하라. 단, 재료의 종탄성 계수 $E = 200$ GPa이다.

6. 단면의 치수 $b \times h = 5 \times 10$ cm, 길이 3 m의 기둥이 축방향의 압축하중을 받을 경우 세장비를 구하라.

7. 지름 $d = 50$ cm인 원형단면을 가진 단주에서 단면의 중심으로부터 $e = 10$ cm만큼 편심되어 압축하중 $P = 400$ kN이 작용하면 단면에 발생하는 최대응력은 얼마인가?

8. 변의 길이가 50 cm인 정사각형 단면을 가진 단주에서 단면의 중심으로부터 $e = 10$ cm만큼 편심되어 압축하중 $P = 400$ kN이 작용하면 단면에 발생하는 최대응력은 얼마인가?

9. 지름 $d = 50$ cm인 원형단면을 가진 단주에서 핵심을 구하라.

10. 안지름 d_1, 바깥지름 d_2인 중공원형단면을 가진 단주의 핵심을 구하라.

참고문헌

재료역학, 형설출판사, 정해일 외 3인 공저, 1998. 2.

재료역학, 원창출판사, 이창희 외 2인 공저, 1998. 1.

재료역학 총정리, 청문각, 오양균 외1인 공저, 1989. 1.

재료역학, 청호, 유승원 외 4인 공저, 2000. 2.

재료역학, 형설출판사, 김희송 외 1인 공저, 1998. 2.

재료역학, 동명사, 오세욱 저, 1992. 1.

종합 재료역학, 문운당, 조영현 외 2인 공저, 1992. 1.

신편 재료역학, 세경서원, 심규석 외 3인 공저.

재료역학, 원창출판사, 김정기 외 3인 공저.

재료역학, 문운당, 임상전 역, 1993. 1.

Strength of materials, McGRAW-HILL book company, WILLIAM A. NASH

최신재료역학, 동명사, 이범성, 유택인 공저, 2002. 3.

연습문제 해답

| 제1장 |

1. 35.65 N/mm^2
2. 13.19 MN
3. $150\left(\dfrac{d}{d'}\right)^2$
4. 99,000 kPa, 0.99 mm

5. 2,500 N/cm^2
6. 1.765×10^4 GPa
7. 0.059 mm
8. 5.2 MN

9. 71.4 kPa
10. 700 MPa
11. $v=0.25$, $K=133$ GPa
12. 1.53 GPa

| 제2장 |

1. 0.75 mm
2. 234.4 kPa
3. 1×10^{-9}/℃
4. 92 MPa

5. 98.17 N · m
6. 7.5 mm
7. $\sigma=79.7$ MPa, $\delta=0.4$ mm
8. 1.6 GPa

9. 80 MPa
10. 1 MN · m

| 제3장 |

1. $\sigma_1=191$ MPa, $\sigma_2=29$ MPa, $\tau_{max}=\pm81$ MPa

2. $\sigma_1=200$ MPa, $\sigma_2=0$ MPa, $\tau_{max}=\pm100$ MPa

3. $\sigma_n=112.5$ MPa, $\tau=-13$ MPa

4. 0

5. $\sigma_n=16$ kPa, $\tau=-59.75$ kPa

6. $\sigma_n=299$ kPa, $\tau=-172$ kPa

7. 375 kPa

8. 그림 (1)의 모어원으로부터 $\sigma_1=215$ MPa, $\sigma_2=-215$ MPa, $\tau_{max}=\pm215$ MPa

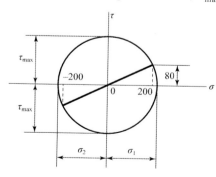

9. 그림 (2)의 모어원으로부터 $\sigma_1 = 228$ MPa, $\sigma_2 = 28$ MPa, $\tau_{max} = \pm 128$ MPa

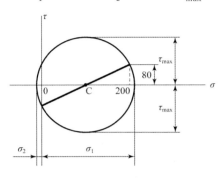

10. 그림 (3)의 모어원으로부터 $\sigma_n = 97.5$ MPa, $\tau = 13$ MPa

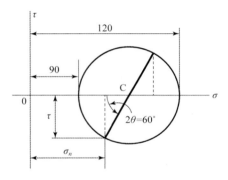

11. 그림 (4)의 모어원으로부터 $\sigma_n = 99.5$ MPa, $\tau = 172$ MPa

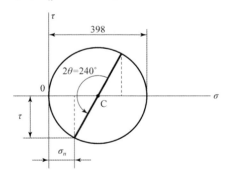

12. 그림 (5)의 모어원으로부터 $\sigma_1 = 80$ MPa, $\sigma_2 = -80$ MPa, $\tau_{max} = \pm 80$ MPa

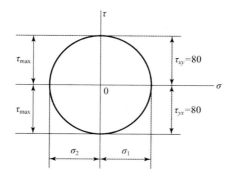

| 제4장 |

1. 8   2. 17.33 cm   3. 373,667 cm^4 4. 628,319 cm^4

5. 11,958 cm^3 6. $\dfrac{1}{\sqrt{2}}$ 7. 104 cm^4 8. $I_P = 613,592$ cm^4, $Z_P = 24,544$ cm^4

9. 90,000 cm^4 10. 5.3°

| 제5장 |

1. $\theta = 0.001$ rad, $\tau = 4.9$ MPa   2. 8배   3. 1,271,875 N · m   4. 5 MN · m

5. 413 kgf/cm^2 6. 23 mm   7. 2.406 ps   8. 0.052 J

9. 864 kgf/cm^2 10. 9.67 cm

| 제6장 |

1. 25 kN · m   2. $M = 64$ kN · m, $F = 16$ kN   3. 2 N · m, 시계방향   4. 1 kN · m

5. 28.8 kN · m   6. 1.51 kN · m   7. 115 N · m   8. 333 N · m

9. 4 N · m   10. 1.8 kN · m   11. 1 kN · m   12. 200 N · m

13. 1.25 kN · m   14. 15 kN   15. $M_{max} = 0.5$ kN · m, $F_{max} = 6$ kN

16. $M_{max} = 1.5$ kN · m, $F_{max} = 5$ kN

| 제7장 |

1. $\sigma_b = 391$ MPa, $M = 0.6$ kN · m   2. 469 kPa   3. 98 mm   4. 1.2 MN

5. $d_1 = 10.2$ cm, $d_2 = 20.4$ cm   6. 60 MPa   7. 10 MPa   8. 9.4 MPa

9. 661 kN · m   10. $\sigma_{max} = 1.1$ GPa, $\tau_{max} = 0.6$ GPa   11. 4 GPa

| 제8장 |

1. 754 N

2. 29.4 kN

3. 1.39 m

4. 2.3 mm

5. 0.5 mm

6. $\dfrac{5}{8}pl$

7. $\dfrac{5pl^3}{48EI}$

8. $\dfrac{7pl^4}{384EI}$

9. $\dfrac{3P^2l^3}{512EI}$

10. 4.7 mm

| 제9장 |

1. 0.11 mm

2. $-703\ \text{kN} \cdot \text{m}$

3. 2.5 kN

4. $-\dfrac{3M_0}{2l}$

5. $\dfrac{3pl}{32}$

6. $\dfrac{2}{3}Pa$

7. 125 kN

8. $\dfrac{pl}{6}$

9. $R_A = \dfrac{11}{32}pl,\ R_B = \dfrac{21}{16}pl$

10. $\dfrac{17}{18}pl$

| 제10장 |

1. 15.5 cm

2. 53 cm

3. 25 cm

4. 5 mm

5. 11 cm

6. 4.8 cm

7. 31 cm

8. 3.2 mm

9. 4 cm

10. 56 kN

| 제11장 |

1. 100

2. $P_{cr} = 151.2\ \text{kN},\ \sigma_{cr} = 75.6\ \text{MPa}$

3. 103

4. 453.7 MPa

5. 371.2 MPa

6. 104

7. 5.3 MPa

8. 3.5 MPa

9. ±6.25 cm

10. 핵심의 지름 $= \dfrac{d_2^2 + d_1^2}{4d_2}$

찾아보기

재료역학

2016년 3월 7일 1판 1쇄 펴냄 | 2019년 8월 10일 1판 2쇄 펴냄
지은이 이범성 | 펴낸이 류원식 | 펴낸곳 (주)교문사(청문각)

편집부장 김경수 | 책임진행 안영선
제작 김선형 | 홍보 김은주 | 영업 함승형 · 박현수 · 이훈섭
주소 (10881) 경기도 파주시 문발로 116(문발동 536-2)
전화 1644-0965(대표) | 팩스 070-8650-0965
등록 1968. 10. 28. 제406-2006-000035호
홈페이지 www.cheongmoon.com | E - mail genie@cheongmoon.com
ISBN 978-89-6364-266-6 (93550) | 값 24,000원